한성의 정체성 회복 이야기

개잔 이후 한성의 공간변천사

| 임희지 지음 |

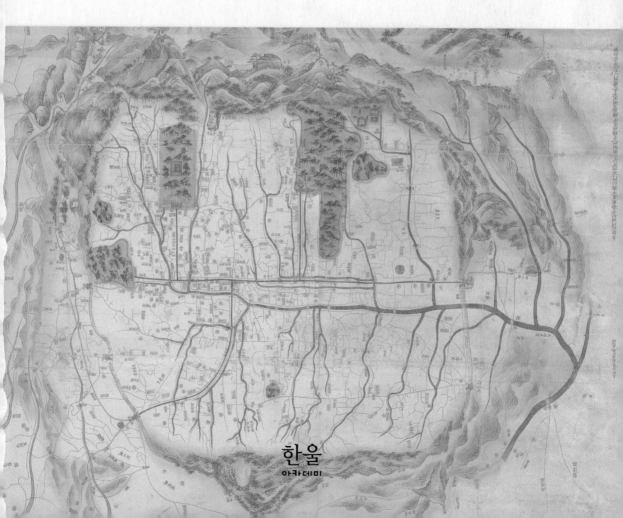

한울
아카데미

이 도서의 국립중앙도서관 출판시도서목록(CIP)은 서지정보유통지원시스템 홈페이지
(http://seoji.nl.go.kr)와 국가자료공동목록시스템(http://www.nl.go.kr/kolisnet)에서
이용하실 수 있습니다. (CIP제어번호 : CIP2014003753)

인체를 그리는 드로잉

|제1장|

잘 아시다시피 서울은 조선시대 600여 년간 수도의 역할을 한 역사적 도시입니다. 그 이전인 고려시대에도 한성 터에는 남경이라는 이름의 거점 도시를 만들어왔으니, 이때부터 따지면 역사가 1,000여 년에 이른다고 할 수 있으며, 한강변에 있었던 한성백제의 위례성을 서울의 역사로 본다면 2,000여 년의 역사를 가진 고도라고 할 수 있습니다.

하지만 서울에서 600년 전의 역사적 흔적을 찾기는 그리 쉽지 않습니다. 가까이는 한글을 창제한 조선의 찬란한 역사문화를 느끼기도 쉽지 않습니다. 우리는 서양의 외압에 의하여 시장이 개방되었고, 일제의 수탈과정 속에서 근대화를 경험했습니다. 이러한 과정 속에서 우리의 역사와 전통은 무분별하게 훼손되었고, 이는 해방 이후에도 계속되었습니다. 최근까지도 사대문 안은 도심 재개발사업을 통하여 역사성과 장소성이 지속적으로 사라져갔고, 아직도 상당한 면적이 재개발구역으로 남아 있습니다.

이 연구는 이러한 배경에서 그동안 도심부 정책을 반성하면서 향후 도심부의 정책을 어떻게 바꾸어나가야 하는지에 대한 방향을 설정하기 위하여 수행되었습니다. 서울의 정체성에서 역사성이 차지하는 비중을 확인하고, 한성의 정체성 회복이 갖는 의미를 되짚어보는 계기가 될 것이라고 생각됩니다. 또한, 이 책자는 최근 관심이 증대되고 있는 서울의 정체성을 찾는 데 도움을 주고, 향후 도성지역의 역사성을 회복하는 데 무엇을 해야 하는지 시책 마련을 위한 자료로도 유용하게 활용될 수 있을 것입니다. 이 책의 전반부는 한성의 정체성을 회복하기 위하여 어떻게 해야 하는지를 밝혔고, 후반부는 한성의 정체성 요소인 중심대로와 하천을 왜 회복해야 하고 회복하려면 무엇을 해야 하는지에 대하여 제시하고 있습니다.

방대한 자료의 수집과 정리, 도면제작, 토론회와 자문 등 연구과정에서 많은 분들이 도움을 주셨습니다. 시기별 심층토론회에 참석해주신 고동환 한국과학기술연구원 교수님, 권영상 인천대 교수님, 전우용 박사님, 염복규 국사5편찬위원회 편사연구사님, 최종현 통의도시연구소장님, 양윤재 한국과학기술원 석좌교수님께 감사드립니다. 다양한 자료와 편의를 제공해준 서울역사박물관, 서울학연구소, 서울시사편찬위원회, 규장각 한국학연구원, 삼성미술관 리움에 감사드립니다. 그리고 토론회 및 자문회의에 참석하여 고견을 주셨던 김기호 서울시립대 교수님, 김광중 서울대학교 환경대학원 교수님, 송인호 서울학연구소장님, 이상구 경기대 교수님, 정석 가천대 교수님, 서울학연구소 김영수박사님, 구가건축 조정구 소장님께도 감사드립니다. 또한 이 연구의 부문연구자로서, 그리고 자문위원으로서 도움을 주신 김용미 금성건축소장님과 이경미 (재)역사문화기술연구소장님, (주)리서치플러스 장현중 부장님께도 감사를 드립니다. 연구책임을 맡은 임희지 박사를 포함한 연구진에게도 고마움을 표합니다. 앞으로 이 책자가 널리 읽히고 유익하게 활용될 수 있기를 기대합니다.

2014년 2월
이 창 현
서울연구원장

성이 갖는 종합적인 인지과정을 정체성을 구성하는 요소들을 통해서 분석적으로 파악하려 했던 종전 연구방법이 갖는 오류와 한계를 근본적으로 개선한 것이다.

또한, 한성의 정체성을 파악하는 과정에서 도시 정체성이 형성되는 과정을 이론적으로 체계화하였다. 이 책의 전반부에서 도시와 정체성의 관계를 도시의 주인공들이 공유하는 생각과 가치의 변화과정을 통하여 밝혔다. 도시의 주인공들이 공유하는 가치의 구현체를 도시로 보았고, 가치가 도시를 통하여 구현되면서 드러난 것을 정체성으로 보았다. 또한, 정체성을 구성하는 요소를 고유한 가치와 시대적 가치로 구분하여 같은 시기 도시 정체성이 서로 다르게 나타나는 것은 시대적 가치가 고유한 가치에 의해서 서로 다르게 표현되어 나타나기 때문이며, 구현된 정체성이 시대적 가치 변화에 따라 고유한 가치에 의해서 통합될 때 전통성이 만들어지는 것으로 보았다. 이러한 정체성 형성과정의 체계화를 통하여 한성은 시대적 가치로서 관료기반의 왕정체제가 우리의 고유한 사상체계에 의하여 구현된 것으로 파악하였다.

이 책의 2장과 3장이 과거에 대해서 언급하고 있다면, 4장은 현재를 다루고 있으며, 5장은 미래를 담고 있다. 1990년대 후반 지방자치 이후 시민사회의 역량이 가시화되면서 진행된 다양한 개선 정책과 사업들의 흐름과 변화를 정체성의 관점에서 정리함으로써 근대화과정으로 단절된 과거를 연속된 체계를 가지고 볼 수 있도록 하였다. 이러한 연결과정을 통하여 향후 정책방향을 재정립하였다. 정체성 관점에서 도시를 본다는 것은 도시의 연속성을 만들어나가는 매우 유용한 방법이다.

도시의 정체성을 이어가도록 하는 중심으로서 우리의 고유한 가치체계와 그 구현방법에 대해서도 여러 가지 제약 속에서 체계화를 시도하였다. 고유한 가치체계는 민족의 독특한 자연관과 세계관을 말하며, 이것은 조영원리를 통해서 구체화되는 것으로 보았다. 한성은 우리 민족의 독자적인 조영원리에 의해서 만들어진 곳으로 도시구조를 이루는 하천과 중심대로의 배치와 형태에서 가장 잘 드러난다. 이러한 조영원리에 담겨진 고유한 생각과 가치를 지켜나가는 것이 바로 정체성의 재구축과정으로서 전통성을 만들어가는 과정으로 보았다. 정체성을 회복한다는 것은 보존을 통해서 박제화된 공간으로 남겨놓자는 것이 아니며, 복원을 통해서 과거로 돌아가자는 것도 물론 아니다. 과거와 현재가 서로 교감할 수 있고, 과거가 재창조될 수 있도록 하는 것이다. 서울이 한성에서 시작된 것처럼, 한성이 갖고 있는 자산은 언제나 서울이 스스로를 확인하고 싶어 할 때 확인하고, 어려울 때 들춰보고, 필요할 때 활용할 수 있는 그런 곳이어야 한다. 현재 보존과 복원, 재창조 등 정체성 회복방법을 둘러쌓고 많은 논란이 거듭되고 있으나, 중요한 것은 끊임없는 변화 속에서 전통성을 만들어가는 것일 것이다. 그럴 때 근대화의 상처도 치유될 수 있고, 한성이 갖는 본질을 통하여 서울을 재창조해나갈 수 있게 될 것이다.

이 책은 현재 서울시 김상범 행정1부시장님이 서울연구원 원장으로 계실 때 만들어진 정책과제로 시작하여 2단계에 걸쳐 연구된 것을 현 이창현 원장님의 권고로 재편집하여 책으로 나오게 되었다. 먼저 정책과제임에도 불구하고 이 연구가 시작될 수 있도록 여러 가지 배려를 해주신 김상범 부시장님, 역사문화에 대한 각별한 애정으로 책이 나올 수 있도록 지원해주신 이창현 원장님께 이 지면을 빌려 감사의 말씀을 드린다. 또한 책을 집필하는 과정에서 직간접적으로 많은 도움이 된 서울학연구소, 서울시사편찬위원회, 서울역사박물관, 그리고 김광중 교수님, 이상구 교수님, 송인호 교수님, 최종현 교수님, 김용미 소장님께도 후학으로서 진심으로 감사드린다.. 그리고 지도교수이신 김기호 교수님, 이경미 소장님을 비롯한 모든 연구진들, 나를 믿고 성원해준 아내 수연, 재인과 재의, 뉴욕의 장인·장모님, 청양의 어머님·아버님께도 감사드린다.

2014. 2.

서울연구원 임희지

기 위해 무척이나 애를 쓰고 있다. 소통, 행복, 공유 등 현재 우리 사회는 새로운 지향점을 향해 역사의 흐름 속에서 변모 중이다. 이와 같이 서울이라는 대도시가 가져야 할 지향점도 불투명한 미래 속에서 많은 고민과 논의과정 속에 있다.

어디로 가야 할지 판단하기 어려울 때는 자신의 과거를 통해서 바라보면 좀 더 미래가 명확해진다. 나를 성찰한다는 것은 지나온 과거를 통하여 나의 본질을 파악한다는 것이다. 본질은 다양한 변화 속에서 변하지 않으며, 미래를 한정하기도 한다. 이것이 변하지 않는, 또한 지켜져야 하는 자연적 · 의지적 속성으로서 정체성을 통해서 도시의 변화를 살펴보는 이유이다. 한성은 한때 우리의 과거를 지배했던 중심공간이고, 한성이 갖는 정신은 현대도시인 서울의 변화에도 끊임없이 영향을 미쳐왔다. 즉, 한성은 서울이 시작된 원형공간으로서 서울의 변화 속에서도 변하지 않는 본질을 갖고 있는 곳이며, 현재 거대도시 서울의 변화 흔적이 고스란히 남아 있는 변화가 시작된 곳이다. 한성 속에 간직한 정체성과 변화의 경험 속에서 우리는 한성의 미래 뿐 아니라 서울의 미래를 읽을 수 있다.

나의 원래 모습은 내가 속한 집단을 바라봄으로써 분명해지고, 타자의 눈을 통해서 좀 더 분명해지는 법이다. 내가 속한 집단을 바라본다는 것은 한 집단의 일원으로서 자아의 역할과 집단의 성격을 통하여 자아를 확인하는 것이며, 타자의 눈을 통해서 바라본다는 것은 타자로부터 나에 대한 경험을 듣고 타자의 경험을 통하여 나의 본질을 확인하는 것이다. 그렇게 한성이 갖는 정체성을 외국 방문자의 눈과 동시대인의 공유의식을 나타낸 그림지도들을 통해서 확인하였고, 서양 대도시가 거쳤던 도시 개조의 시각 속에서 동아시아 변화의 한 부분으로서 서울의 도시 개조를 관조하였다. 이것은 그동안 정체성과 장소성 연구에서 시도되지 않았던 인문학적인 접근방법이다. 정체성이 갖는 속성 중에서 외국 방문자의 눈을 통해서 독특성을 파악하였고, 동시대 사람들의 의식이 형상화된 그림지도들의 공통점 속에서 동질성을 파악하였다. 이것은 정체나는 역사가는 아니다. 실제로 도시를 설계하고 만드는 사람이다. 이 책도 도시를 만드는 사람의 시각에서 역사를 다루었다. 공간과 연계하여 역사를 보았고, 또한 계획가의 입장에서 역사를 보았다. 공간을 중시했다기보다는 공간을 중심으로 역사를 다시 보았다는 표현이 맞을 것 같다. 공간의 시각을 통하여 책 속에 있던 역사는 터를 바탕으로 시간의 연속성을 확보할 수 있게 된다. 공간은 의미를 갖게 되고, 역사는 다시 생명력을 갖게 된다. 또한 시대별 정치·사회 체제가 갖는 차이와 미성숙에서 오는 오류에서 벗어나 대상의 가치를 재발견할 수 있게 된다. 풍수사상에서 도참사상과 음택론을 걷어냈을 때 달리 보이는 것처럼 말이다. 과거가 생명력을 갖고, 새로운 가치로 재발견될 수 있을 때 도시의 미래는 지속가능할 수 있게 된다.

우리는 해방 이후 성장을 목표로 달려왔으며, 이러한 우리의 자화상은 주요 터전이었던 서울 속에 고스란히 투영되어 있다. 물질적으로 풍요해졌지만 단절된 과거 속에서 본질적인 공허함을 느끼는 현재 우리 자신의 단상을 서울에서 그대로 볼 수 있다. 경제적 번영을 달성한 지금 서울은 새로운 지향점을 찾

1 · 가치의 구현체로서 도시와 그 정체성

　도시란 오랜 기간에 걸쳐 만들어진 결과이며, 마치 생명체처럼 지속적으로 변화한다. 하지만 그러한 변화 속에서도 변하지 않는 독특한 특성이 있다. 이러한 변하지 않는 속성이 어떠한 과정을 통하여 만들어지고, 그것이 무엇인지에 대해서는 도시학의 중요한 탐구대상이 되어왔다. 어느 한 도시를 지배하는 이러한 속성이 점진적으로 만들어진 것인지 아니면 역사의 어느 한순간에 만들어진 것인지, 그리고 그것이 무엇에 의하여 결정되고 변화되는지에 대해서 종합적으로 논의된 적은 없다. 다만 지방의 정주지 형성에 대한 문화행태 연구, 도시별로 특성과 변화과정을 파악하는 도시형태 연구, 그리고 공간인지 차원에서 도시 이미지와 장소에 대한 연구가 진행되어왔다. 도시별로 다양한 차이가 있겠으나 그런 생성과 변화의 주기는 도시를 지배하는 주인공들에 의하여 영향을 받아왔으며, 그들이 생각하는 가치와 생각이 그 도시의 모습을 대체로 결정하였다. 그것은 도시가 사람들에 의하여 만들어지고, 도시 공동체를 영위하기 위한 규범이 그곳에 거주하는 사람들 간의 합의된 생각과 가치에 의해서 구현된 것이기 때문이다. 여기에서 주인공이란 한 개인이라기보다는 신분과 직종을 갖는 한 시대를 지배하고 대변했던 특정 계층을 말하며, 특정 지리적 공간과 시간을 지배하는 가치란 받아들이는 주체로서 영속적 특성을 갖는 민족의 고유한 가치와 담아야 하는 객체로서 지속적으로 변하는 시대적 가치가 복합된 가치체계를 말한다.[1]

도시변화를 사람들의 시대적 가치변화로 보는 관점은 근세 이후 급격한 가치변화와 함께 시작된 도시의 변화를 이해하는 데 상당히 도움을 준다. 이 책의 목적은 넓은 의미에서 도시변화를 시대적 가치의 변화 흐름 속에서 이해하고, 그 변화 속에서 도시의 지배적인 특성이 어떻게 생성되고 변화되며 전승되는지를 보는 것이다. 이것은 도시의 특성이 오랜 기간 지속적으로 형성되어 만들어진다기보다는 한 시대를 지배했던 특정 계층에 의하여 일정 기간에 걸쳐 형성되어 그 특성은 본질적으로 변하지 않는 속성을 갖는다는 것을 말한다.

다양한 형태의 서양 근대도시들은 중세를 거치면서 형성된 정치적 격변과 의식변화, 그리고 교역의 발달과정에서 형성된 것으로 이해된다. 중세는 황제와 제후들의 통치적 힘과 권위도 그리스도와 그를 섬기는 교황과 주교, 수도사 등 성직자들로부터 나오는 신神 중심의 사회였다. 하지만 시간이 흐르면서 세속권력의 상징인 신성로마제국[2]의 황제와 교황의 지속적인 권력다툼 과정에

---

[1] 민족의 고유한 가치는 주체로 작용하며, 시대적 가치는 객체로 작용한다. 각종 사조가 지역마다 다르게 나타나는 이유는 시대적 가치를 표현하는 고유한 가치가 다르기 때문이다.

[2] 서로마제국이 멸망한 후 신성로마제국의 황제는 교황과 함께 경쟁하면서 서유럽의 지배자로서 중세를 거쳐 근세시대를 통치했다. 사분오열된 서유럽을 통합했던 프랑크 왕국의 분할과 왕조의 교체 과정에서 카페 왕조의 프랑스가 국가로서 첫걸음을 시작하였고, 게르만족에 의한 작센 왕조로부터 신성로마제국(현 동유럽 일대)이 비롯되었다. 서기 800년 카를 대제(샤를마뉴 대제)가 로마 교황 레오 3세에 의해 서로마제국의 황제로 즉위한 이후 왕 중 왕인 황제로서의 권위는 신성로마제국으로 이어져 제국을 존속시키는

서 중세사회를 지배했던 제후들과 귀족들 간의 봉건적 결속은 정치적 동맹관계로 대체되어갔다. 다양한 정치적 이해관계 속에서 권력의 중앙집권화가 진행되면서 귀족들의 힘이 점차 축소되었고, 귀족을 포함한 성직자와 시민대표의 발언권이 자연스럽게 수용되어갔다.

한편 개간 및 교역의 발달에 힘입어 새로운 자치도시들도 나타났으며, 절대적이고 상징적이었던 신의 개념도 철학과 연계하여 세계와의 관계 속에서 이성을 통하여 바라보게 되었다. 이러한 점진적인 정치·경제·인식의 변화과정 속에서 교황과 황제의 거처로 인식되었던 도시의 형태는 제후들의 도시와 시민들의 자치도시 등으로 다변화되어갔으며, 도시가 형성되었던 시대의 주인공들과 그 가치에 따라 도시의 모습도 서로 달라졌다. 르네상스를 연 도시국가 피렌체·베네치아·밀라노는 과두정치를 이끈 귀족의 도시였고, 파리·빈Wien·마드리드·베를린은 절대왕정 시기를 이끈 왕의 도시였다. 브뤼헤·안트베르펜·암스테르담 등은 제후들의 지배 아래에서도 도시의 부와 행정을 장악하면서 신흥세력으로 부상한 부르주아라 불린 상인들이 주도권을 가졌던 상인의 도시였다. 또한 런던은 왕과 귀족·성직자·지주들의 대표집단인 의회가 힘의 균형을 유지하면서 만들어낸 도시였다.

오늘날 도시를 구성하는 지배적인 모습은 엄밀하게 말하면 오랜 기간 축적되어 만들어진 결과라기보다는 오히려 긴 도시의 역사 속에서 특정기간에 걸쳐 만들어진 결과라는 것을 알 수 있다. 로마는 고대 로마제정 시대에서 그 근원을 찾을 수 있으나, 현재의 로마는 1382년 교황이 아비뇽에서 로마로 돌아오

힘이 되었다. 작센 왕조의 오토 대제에 이르러 분열된 독일 지역을 통합하고 이탈리아 지역을 접수하여 962년 황제로 즉위하면서 제국의 틀을 갖추게 되었다. 이후 혈통이 단절되면서 지속된 왕조의 교체 과정에서 황제로 등극한 제후 영지의 본거지가 수도로서 성장과 쇠퇴를 반복하게 된다. 합스부르크 왕가에 이르러 가장 번성하였고, 브란덴부르크 선제후가 프로이센 왕으로 즉위하면서 시작된 내전이 오스트리아와 프로이센으로 분리되면서 마침내 제국이 사라지게 된다.

면서 서유럽을 지배했던 신의 대리자인 교황의 권위와 유럽 제일의 순례지로서 신성함을 구현하기 위하여 만들어낸 결과가 지배하고 있다. 파리는 부르봉 왕가의 앙리 4세와 루이 13세, 루이 14세, 그리고 나폴레옹 제정을 거치면서 왕과 황제의 거처를 중심으로 집중되는 도시형태가 대부분 만들어졌다. 빈Wien도 합스부르크 왕가가 신성로마제국의 황제가 되면서 번성하기 시작하여 마리아 테레지아와 프란츠 요세프를 거치면서 큰 틀이 만들어졌고, 오늘날의 마드리드도 신성로마제국의 황제로서 제국을 꿈꿨던 카를 5세 때 만들어지기 시작하여 펠리페 2세, 이사벨 여왕을 거치면서 형성되었다. 브란덴부르크 선제후가 프로이센 왕국을 세우면서 프리드리히 대왕을 거쳐 빌헬름 1세에 와서 오늘날의 베를린이 만들어졌으며, 표트르 대제는 상트페테르부르크를 만들었다. 프라하의 경우 보헤미아 지방에 근거를 둔 룩셈부르크 왕가의 카를 4세가 신성로마제국의 황제가 되면서 만들어진 제국의 수도이나, 절대왕정 시기에 만들어진 이들 도시와 사뭇 분위기가 다른 것은 도시의 틀이 중세에 기반을 두고 만들어졌기 때문이다. 물론 이들 도시가 비슷한 시기에 동일한 가치에 의해서 만들어졌지만, 서로 다른 것은 자연과 세계를 바라보는 고유한 가치가 도시마다 서로 달랐기 때문이다.[3] 서유럽의 대도시들이 절대왕정을 기반으로 한 왕의 도시였다면, 미국의 도시들은 대체로 독립선언과 남북전쟁을 거치면서 평등사회를 지향했던 신민들에 의하여 만들어진 시민의 도시라고 말할 수 있다. 이들 도시는 한 시대를 이끌었던 다양한 사상과 가치를 잉태했던 공간으로서 그 시대를 대표한다. 이처럼 도시는 시대변화를 이끌면서 그 시대를 지배했던 주인공들의 공유된 가치에 의해 그 모습이 결정되고 만들어졌다. 도시가 새로운 변화에 적응해가면서도 한 시대를 지배했던 전성기의 모습은 화재·전쟁 등 외부적인 힘에 의한 파괴를 제외하고는 그대로 지속되는 영속성을 갖는다. 다만,

....

3   동일한 시기에 만들어지거나 개조된 도시들이 서로 다른 것은 도시별로 서로 민족의 고유한 가치가 다르기 때문으로, 그 차이점에 대해서는 이 책의 흐름상 언급하지 않았다.

절대군주를 상징하던 광장과 직선대로가 다음 시대의 주인공인 시민을 상징하는 공간으로 그 기능이 대체되는 것처럼 가치의 변화와 조정이라는 진화과정을 거칠 뿐이다. 서구 근대역사의 주인공이 교황에서 귀족으로 넘어가고 왕에서 다시 시민으로 그 주권이 넘어가는 과정에서 도시들은 계층 간의 많은 갈등과 투쟁을 경험했고, 개별 도시가 갖는 다양한 특성 속에서 특정시대를 지배했던 주인공에 의하여 순차적으로 이러한 새로운 도시의 전형이 나타났다. 이러한 변화를 이끌었던 힘은 한 시대를 관통하여 흐르는 도시의 주인공들이 서로 싸우고 덧붙이고 조정하여 합의해낸 공동이 지향하는 가치였다. 즉, 개별 도시의 모습은 각 도시의 번성기에 그 도시 주인공들이 공유했던 시대적 요구와 가치의 구현체인 것이다. 이것이 바로 도시로 대표되는 한 시대의 문명과 문화의 다른 이름인 것이다.

번성기를 이끌어낸 주인공들의 가치와 생각이 구현된 결과로서 도시의 형태와 경관은 영속성을 가져 새로운 가치가 등장하더라도 쉽사리 변하지 않고 계속된다. 그래서 번성했을 당시 도시의 가치를 표현하던 공간과 형태는 새로운 변화와 요구 속에서 그 도시가 갖는 정체성으로 자리 잡게 된다.

∞

중세 도시를 형성하는 데 주도적 역할을 했던 주교와 수도사 등 성직자들에게 세상은 신의 섭리에 의하여 결정되고 구원을 얻어 영생하는 사후세계로 가기 위한 과정일 뿐이었다. 종교적 정진과 교육 외에 정치·경제·사회를 포함한 모든 세속적인 활동이 신에 의해서 결정되었고, 생활 속에서도 항상 신이 같이했다. 이러한 신을 중심으로 한 가치체계는 현세를 변화와 개선을 통해 진화될 수 있는 것이 아니라 영원히 변화되지 않는 것으로 보았다. 이러한 반도시적인 사고체계는 도시의 발달과 함께 이를 바탕으로 한 시민들의 다양한 문화적 번성을 제약하는 원인이 되었다. 물론 후기로 접어들면서 개간을 통한 경지 확장과 농업생산성 향상을 바탕으로 중산층이 형성되고, 이를 바탕으로 자치권을 확보하면서 도시가 만들어지기 시작한 것은 새 시대의 출발점으로서 이해되어야 한다. 즉, 이성은 단순히 신과 접하는 과정으로서 신앙을 이해하는 수단으로만 존재했다. 그래서 교회와 수도원은 신을 만나 회개하고 정진하는 곳이면서 모든 사회적 활동의 구심점이 되었다. 모든 도시는 교회를 중심으로 한 종교적 공동체인 교구와 관구, 그리고 수도원에 의하여 조직되었다. 신을 섬기고 접하는 공간인 교회와 교황청, 수도원, 교황과 추기경들의 거대한 궁전 등은 도시의 중심으로서 거대하고 웅장하며 화려하게 지어졌다. 대중에게 신념을 심어주고 모든 종교시설이 그러한 것처럼, 언제든 동요하는 미약한 대중의 신앙에 견고하고 안정된 신념을 주기 위하여 시각적으로 호소하였다. 도시는 교회를 중심으로 신의 권위를 표현하는 행사, 행렬을 장엄하게 보일 수 있도록 도시가 재배치되었다. 권위라는 것은 공간을 통하여 과시되거나 표현하게 되어 있다. 그 권위가 현실에 존재하지 않는 신에서 오든, 신의 대리자인 제사장이나 교황에서 오든, 아니면 왕에서 오든 말이다. 자치의 핵심인 시청과 시장 외 기타 시가지는 비좁은 골목길과 소박한 오두막집들로 보잘 것이 없었다. 이것이 그리스도교적 가치 아래 시대의 중심으로서 교황과 주교, 그리고 수도사를 중심으로 형성되었던 중세도시의 형태였다. 물론 중세의 또 다른 지배자였던 제국의 황제가 교황과 경쟁하였으나, 황제의 힘과 권위도 신으로부터 나왔다.

하지만 서양세계를 지배했던 기독교의 교리는 근세에 들어오면서부터 흔들리게 되었다. 1517년 루터가 영생을 얻을 수 있는 면죄부를 판매했던 부패한 교회를 향하여 95개조의 반박문을 내면서부터 시작된 종교개혁은 인간을 신으로부터 서서히 해방시켰고, 세상을 신이 아닌 이성을 통해서 보도록 변화시켰다. 절대적이었던 교황과 주교의 권위는 서서히 약화되었고, 성서의 해석에 따라 다양한 종파로 나뉘면서 신을 향한 사람들의 신앙도 그 힘이 약화되어갔다. 또한 신교가 주장했던 성서를 중심으로 한 복음주의는 많은 의식과 예식들을 없애고 간소하게 만들면서 공동체의 중심이었던 교회의 역할을 축소시켰다.

신을 중심으로 한 가치체계의 약화는 반대적으로 인간 스스로에 대한 성찰을 불러왔다. 인간이 만들어낸 위대하고 수준 높은 선진문명인 로마 문명을 존중하는 인문주의(르네상스)가 등장했고, 고대로부터 인간에 의하여 만들어진 다양한 문예·연극·조각·건축작품이 탐구되어 재현되고 재창조되었다. 상업의 발달과 맞물려 도시가 번성하기 시작했고, 로마 문명에 대한 다양한 해석과 모방, 창조활동을 통하여 도시가 가꾸어지고 꾸며지기 시작하였다. 고전주의가 도시를 뒤덮었다. 신의 시대가 가고, 인간의 시대가 시작된 것이다.

그 첫 번째 인간의 시대에서 도시의 주인공은 중세시대부터 주교와 결탁하거나 경쟁을 벌였던 지방의 귀족들이었다. 엄밀하게 말하면 이들은 무역에 직간접적으로 관여하면서 막대한 재력을 축적했던 다수의 귀족이었고, 이들이 형성한 과두정치체제를 기반으로 형성된 도시가 바로 베네치아·피렌체·밀라노 등 도시공화국이다. 서유럽의 직물산업이 번창하면서 비잔틴 제국을 중심으로 형성된 동서 간 교역에서 지정학적으로 유리한 제노바, 피사, 베네치아, 피렌체 등 이탈리아 북부 도시들은 막대한 부를 축적하였다. 이들 도시는 이러한 무역을 통하여 부를 축적한 귀족에 의하여 통치되었다.[4] 유럽에서 가장 큰 직물도시였던 피렌체의 경우 페루치 가문, 알베르티 가문, 메디치 가문, 피티 가문, 스트로치 가문 등이 대표적인 귀족가문이었으며, 이들은 교역을 주로 하는 상회와 대출·환어음을 취급하는 금융회사를 소유하고 있었다. 이들은 일

---

4 교황과 황제 간의 서임권을 둘러싼 경쟁으로부터 시작된 도시 간 대립과 경쟁 속에서 코뮌이라 불린 이들 자치국가는 여러 귀족이 다스리는 공화제에서 행정권을 통합하고 종신 임기와 세습이 보장되는 한 사람이 전권을 갖는 참주제로 전환되어간다. 이후 참주(시뇨리아)의 직위는 교황 및 황제의 대관으로서 서임권 확보, 공작위의 획득 등 직위를 좀 더 공고히 하는 과정을 통하여 군주제로 가게 된다. 밀라노의 델라 토르레 가문과 비스콘티 가문, 만토바의 곤차가 가문, 베로나의 스칼리 제리 가문, 피렌체의 메디치 가문 등이 참주로서 자리매김하면서 이들의 흔적이 현재 도시 곳곳에 남아 있다. 피렌체 정치의 중심인 시뇨리아 광장의 이름은 이러한 정치상황을 반영한 것이다. 다만, 도시 귀족층의 견고한 지배체제가 확립된 베네치아의 경우는 공화제가 지속적으로 유지되었다.

족이나 씨족으로 집단을 형성하여 교회와 함께 가신과 하인들의 작업장과 상점·주택들이 단지를 이루어 살았으며, 이들 단지를 중심으로 도시가 형성되었다. 귀족들의 팔라초palazzo와 주변 건축물들이 들어선 주요 광장은 도시의 주요 중심으로서 도시의 전체 골격을 구성하였다. 이들 공간에는 무역을 위한 거래소와 전시장도 마련되었다. 그 외에 도시의 주요 시설로는 도시민의 식량을 공급하기 위한 곡물창고, 갈등을 해결하기 위한 법정과 감옥, 그리고 여전히 권력을 가지고 있는 성당이 있었다. 여전히 중세도시의 잔재가 있으나, 서서히 새로운 계층으로 부상한 신흥부호들의 영역 또한 도시 곳곳에 남아 있다.

두 번째 도시의 주인은 절대군주가 이어받았다. 종교개혁 이후부터 신·구교 간 갈등과 교리 해석을 두고 발생한 다양한 종파 사이의 분쟁, 교회의 세력 약화에 따른 왕의 권한집중, 그리고 급증하는 도시 간 교역을 둘러싼 이해관계가 서로 맞물려 전쟁이 끊임없이 계속되었다. 각종 전쟁을 치르면서 확장된 영토와 축적된 부를 토대로 등장한 군주는 평화에 대한 염원 속에서 새로운 질서의 상징으로 등장하게 되었다. 이들은 전쟁을 통하여 귀족에 의존하지 않는 절대적인 존재로서 왕을 대체하였고, 국민은 영토로 대체되었다.

또한 귀족을 견제하면서 국가를 통치하기 위한 관료제도 만들어졌다. 이렇게 등장한 국민국가가 바로 근대국가를 향한 출발점이 되었던 스페인, 프랑스, 영국, 오스트리아이다. 뒤늦게 프로이센과 러시아도 합세했다. 국가와 절대군주가 동일시되었던 그 당시에 절대군주가 거처하던 도시는 국가를 대표하는 수도로서 급격하게 성장하기 시작하였다. 파리, 런던, 마드리드, 빈, 베를린, 상트페테르부르크 등 이들 국가의 수도는 절대군주를 상징하는 도시로서 국가의 모든 부가 모여드는 곳이었고, 국가를 통치하는 각종 행정시설이 입지한 대도시로 성장하였다. 절대군주가 거처하는 궁과 각종 행정시설은 권위를 과장되게 표현하였으며, 모든 가로街路는 이들 시설을 중심으로 권위를 과시하는 형태로 모아졌다. 절대군주시대의 시대정신을 뒷받침했던 것이 바로 바로크 양식이다. 시가지는 기하학적으로 구획되었고, 가로는 일정한 높이로 유도되었으며, 어느 가로에서든 절대군주가 거처하는 궁이 보이도록 계획되었다. 각종 가로와 광장은 군주를 상징하는 형태로 만들어졌고 다양한 국가적 행사가 일어나는 공간으로 쓰였다.

　절대군주제가 등장하면서 지방귀족들을 적절하게 견제하면서 세금을 확보하고 관리하기 위하여 등장했던 관료들은 대부분 재력을 바탕으로 성장한 신흥 부호인 부르주아 계층이었다. 이들은 중세 상인들의 조합이었던 길드에서부터 서서히 성장하여 도시 간 무역이 활발하게 전개되면서 이미 도시의 주요한 의사결정을 수행하는 계층으로서 목소리를 내기 시작하였다. 잠시나마 신흥부호들은 도시의 세 번째 주인이 되었다. 이들은 왕과 귀족들 사이에서 새로운 세력으로서 독자적인 영역을 구축해 경쟁하였다. 특히 북유럽 상업의 거점이었던 플랑드르 지역을 중심으로 상인의 도시가 성장하였다. 브뤼헤에서 시작하여 안트베르펜을 거쳐 암스테르담에 이르러 좀 더 분명하게 드러났다. 이들 도시는 상품거래를 관장하는 시청을 중심으로 이와 관련된 상품거래소, 물품하역장, 창고, 금융시설, 호텔 등 주요시설이 자리 잡았다. 해상무역이 발달했던 이 시대의 특성상 도시는 강변을 중심으로 발달했고, 운하가 발달했다. 사실 이들 도시에서 보이는 상업적 특성은 르네상스 이후 모든 도시에서 보이는 공통점이기도 하다.

　한편 군주의 사치·향락과 전쟁은 국민의 과중한 세금과 부역에 의하여 가까스로 지탱되고 있었고, 이들을 징세·관리하는 관료의 횡포로 국민은 이중고에 몸살을 앓았다. 이러한 고통에 시달리던 국민이 절대군주와 관료로부터의 해방을 요구하면서, 절대군주로부터 다수를 차지하는 만인에게로 마지막 도시의 주인공이 돌아갔다. 하지만 시민에게로 그 힘이 넘어가는 과정에서 과도기적인 왕정복고와 변형된 공화정체제 등 많은 혼란과 투쟁이 오랜 기간 계속되었다. 절대군주와 관료들에 항거하여 귀족들과 일반상인들이 손을 잡고 왕의 권력을 제한하는 입헌군주제를 주장하면서 시민의 권리 보장을 요구하였다. 1628년 런던에서 앞서 권리청원에서 시작하여 1689년 권리장전을 통하여 입헌군주제로 전환해나갔고, 1798년 프랑스에서는 역사적인 파리 대혁명이 일어났다. 당시에는 이미 신을 이성을 통하여 바라보고 계시를 국한시키는 이신론理神論이 일반화되어 모든 것을 인간이 갖는 이성을 통하여 바라보는 시각이 사상적으로 정립해가던 시기였다. 성서에서 출발하여 점지된 후손에게 권력을 물려준다는 왕권신수설은 이성을 통하여 신을 대체한 자연법칙에 밀려났다. 인간사회는 어떠한 위계나 제약이 없는 자연상태에서 출발했으며, 자연인으로서 인간은 생명, 자유, 재산 등 보편적 권리를 태어나면서부터 얻게 된다는 계몽사상이 사상적으로 뒷받침하였다. 사회계약을 통하여 확립된 법에 따라 통치하고, 현실적으로 대의정치에 의하여 진행되는 국민을 권력으로 하는 민주공화정이라는 새로운 통치질서가 많은 논의와 투쟁을 거쳐 확립되어갔다.

이러한 생각이 자리 잡는 데에는 신대륙의 발견과 경제학, 그리고 진화론·수학·물리학 등 과학의 발전이 큰 영향을 주었다. 평등에 근거한 자유주의가 사회 저변에 퍼지면서 이러한 새로운 이상을 담은 도시들이 서서히 나타났다. 가장 앞서 나갔던 것은 독립선언에서 이러한 가치들을 담아냈던 보스턴, 뉴욕 등과 같은 미국의 도시들이다. 서서히 신분제 폐지, 남녀평등, 노예제 폐지, 독립선언을 통하여 새로운 가치인 자유·평등·독립은 여러 나라와 도시들로 번져나갔다. 이로써 도시는 과거에서부터 벗어나 미래를 지향하게 되었다. 도시에서 특정 계층이 즐기던 정원, 박물관 등이 시민을 위해 개방되었고, 이미 활성화되기 시작했던 오페라하우스, 극장시설 들에서부터 시민공원, 체육시설, 살롱 등 시민이 서로 모여 이야기를 나누고 휴식할 수 있는 복합대중이용시설이 생겨났다. 과학기술의 발달에 따라 등장한 철도역사도 새로운 상징시설로 등장하였다.

하지만 역사는 여기에서 그치지 않고 끝을 향해 내달렸다. 이성을 통하여 신을 대체해간 자연은 새로운 미래의 가치로 등장하기 시작하였다. 자연에서 인간 본위적인 사고를 배제함으로써 진리로서 자연법칙을 파악하고자 하였다. 이것은 인간적 경험을 과학적 사실과 분리하여 자연에서 사물 표면에 깃든 특성을 제거한 뒤에 기하학적 방식으로 재해석하고 추상화하여 그 본질을 파악하기 위한 것이다. 이러한 자연철학은 다름 아닌 과학이었고 이는 기술문명을 촉진시켰다. 현재 우리 도시는 인간의 도시에서 벗어나 자연법칙에 의한 기하학을 추구하는 추상성의 지배를 받고 있다. 현대도시는 신이나 인간과 같은 구상성은 사라지고, 과학과 공학에 근거한 우주론적이고 4차원적인 공간개념을 지향하고 있다. 형태보다 기능이 우선하는 도시가 등장했고, 표정 없는 무미건조한 국제주의 양식이 이를 뒷받침했다. 도시는 유클리드 기하학의 지배를 받는 용도분리의 원칙하에 자동차를 수용하는 세계적인 공간으로 변해갔다. 인간이 배제된 공간 속에서 어디에서나 볼 수 있는 무미건조한 도시가 나타났다. 두 번의 세계대전을 거치면서 폐허가 되거나 과거와 소통하지 못한 도시들은 대부분 이러한 우주적인 가치에 의해 재개발되거나 확장되었다. 전쟁 중 파괴된 서베를린과 로테르담, 도쿄가 그렇게 복구되었고, 새롭게 급부상하는 동아시아의 서울·홍콩·싱가포르·상하이 등 신시가지들이 이러한 가치를 반영하고 있다.

앞서 보듯이 가치의 변화는 도시의 지배적 특성을 파악하고, 도시의 형태 변화를 이해하는 데 도움을 준다. 특히나 특정국가의 지배와 이질적인 근대화를 겪으면서 심각한 가치의 혼란을 경험했던 서울을 포함한 동아시아 도시들의 변화과정을 이해하는 데 상당한 도움이 된다. 가치의 혼란은 정체성의 혼란이며, 현재 서울은 이러한 가치의 충돌로 인하여 개발과 보존의 문제에서 많은 혼란을 겪어왔다. 서울을 포함한 우리나라 도시들이 급격하게 변화하기 시작한 개항이라는 역사적 사건은 동양의 가치와 서양의 가치가 충돌한 것으로 이해할 수 있으며, 근대화라는 것은 동양의 가치가 서양의 가치로 전환되어 역사를 끌고 가는 원동력이 서양의 가치로 전환되었다는 것을 의미하기 때문이다.

앞으로 서울이 이러한 가치의 혼란에서 드러나는 문제를 해결하고 주체적 입장에서 새로운 문화를 만들어가기 위해서는 이러한 가치의 혼란을 드러내 풀어내고 훼손된 부분은 치유해주어야 한다. 이것이 이 책에서 다루고자 하는 주제이다. 그것은 서양의 도시로 전환해나가는 과정으로서 근대화에서 겪은 가치의 단절을 극복하고 과거와 미래를 연결하여 하나의 지향점을 만들어주고, 외세에 의한 40년 식민통치과정에서 발생한 가치의 왜곡을 제대로 바로잡아주는 데 있다. 따라서 이것은 과거의 문제를 해소하면서 미래의 요구를 받아들이는 포괄적 접근을 취한다. 개항 당시 한성은 우리나라를 대표하는 도시였고, 왕이 거처하는 수도로서 그 가치를 담고 있던 곳이다. 그래서 일제강점기와 근대화 과정을 거치면서 더 많은 혼란과 훼손이 일어났던 곳이다. 이것은 한성이 이 책의 주제를 논의를 하기에 더없이 적합한 도시라는 것을 말해준다.

∞

한성은 절대군주의 도시였다. 조선이 들어서기 이전 고려시대는 왕이 지방 귀족과 통치권한을 공유하는 방식이었고, 불교 교리의 가치가 지배하는 중세시대였다. 하지만 조선이 들어서면서 지배적이었던 불교의 흔적은 인간이 중심인 유교를 정치이념으로 내세우면서 도시공간 내에서 사라졌다. 그 자리는 왕이 대신했고, 국가는 사대부라는 관료들에 의하여 통치되고 견제되어지는 중앙집권적인 통치체제가 구축되었다. 조선의 왕이 거처했던 한성은 국가내 모든 부가 모여들었고, 국가를 통치하는 각종 행정시설들이 입지했다. 도시는 통치시설들의 권위를 상징하는 궁과 행정시설을 중심으로 집중된 형태로 구성되었으며, 이들 시설을 연결하는 주요 가로와 광장은 왕과 국가적인 다양한 행사가 일어나는 공간으로서 상징적인 형태로 만들어졌다. 우리는 절대군주가 지배했던 파리, 마드리드, 베를린, 상트페테르부르크의 모습 속에서 한성에서 드러냈던 힘과 권위를 똑같이 느끼게 된다. 다만 동양 속의 한국이 갖는 독특한 자연관과 세계관에서 오는 조형과 미의식의 표현이 다소 다를 뿐이다. 그래서 한성의 정체성은 절대군주가 공간 속에서 갖는 배치형태와 한국이 갖는 독특한 자연관 및 세계관에서 온다.

서양의 절대군주시대가 성립되기에 앞서 이미 중국을 포함한 우리나라에서는 절대군주의 시대가 진행되고 있었기 때문에, 아메리카 대륙의 식민지화 과정과 달리 개항 당시 도시를 지배했던 가치의 차이는 크게 다르지 않았다. 다만 서양 도시들은 이미 절대군주제를 거쳐 평등이 전제된 자유를 향해 내달리고 있었다. 사회 내부에서는 도시 간 교역이 발달하면서 축적된 부를 바탕으로 새로운 권력계층으로 떠오른 신흥부호들과 진보된 시장시스템이 기성세력과 그 시스템을 흔들고, 지속적으로 전개된 고대의 선진문명에 대한 탐구와 정진은 합리적인 이성을 통하여 자연인으로서 인간의 평등과 자유를 보장해야 한다는 사상적 근거를 마련하였으며, 신의 섭리가 스며 있는 진리로서 자연법칙에 대한 탐구를 통해 과학과 기술의 지속적 발달이 사회 전반을 뒷받침해주고 있었다. 이것이 서양 근대화의 실체인 시장, 자유, 자연과학과 기술이며, 이것은 종국적으로 경제적 부, 개인의 자유과 평등, 산업화를 지향했다. 서양의 도시 속에는 이러한 발전의 동력이 진행되고 있었으나, 동양의 도시 속에는 이러한 사회 진화의 동력이 깨어나지 못하고 있었다.

이미 가시화된 서구의 가치는 조선 개항 당시 내재적으로 잠재되어 있던 개인과 사회의 변화 욕구에 불을 댕겼다. 외부 동인에 의하여 변화가 시작된 것이다. 신분제가 고착되고, 영세한 상공업체계에서 벗어나지 못하고 있던 상황에서 이것은 급격한 변화를 수반했다. 조선 후기로 들어오면서 내부에서는 서서히 상업이 발달하면서 축적된 부를 중심으로 중인 계승이 부상하기 시작하고 실용에 바탕을 둔 합리적이고 과학적인 실학사상이 전개되는 등 변화가 진행되었으나, 이러한 변화는 기성세력들에 의해 덮이거나 묻혀버렸다.

조선 후기 한성은 변화하는 세계정세 속에서 생존하기 위하여 근대화라는 새로운 가치를 받아들일 수밖에 없는 상황이었다. 근대화를 수용하면서 한성은 각종 편의를 얻었지만, 본래 특성은 알아볼 수 없을 정도로 훼손되었다. 이러한 상처를 회복하기 위해서는 자기 성찰을 통해 한성의 고유한 특성을 파악하고, 이러한 특성이 근대적 가치에 의해 어떻게 변모되었는지를 파악하는 것이 먼저 해야 할 일일 것이다. 한성의 근대화는 일제 식민치하에서 진행되었기 때문에 더욱 복잡한 양상을 띠며, 다양한 가치가 혼재되어 있다. 즉 근대화의 영향은 시대적 요구로서 근대적 가치와 서양의 고유한 가치를 구분하여 바라보아야 하며, 일본의 식민지 수탈이라는 가치와도 분리해서 보아야 한다. 그러려면 이러한 문제의 원인을 제공했던 여러 도시와 비교하면서 이러한 가치들을 좀 더 잘 파악해낼 수 있다. 근대 유럽의 대도시 변화과정 속에서 근대화의 실체를 파악할 수 있고, 동아시아 도시들의 근대화 속에서 근대화의 올바른 방향을 읽어낼 수 있다. 그리고 이는 우리 고유한 가치체계를 향후 세계사적 변화 흐름 속에 어떻게 위치시켜가야 할 것인지 중요한 시사점을 던져줄 것이다.

2 • 도시의 기능주의 시각 비판: 정체성 시각의 이해

한성은 중앙집권적인 왕의 시대를 열었던 조선의 수도로서 불교의 영향을 배제한 인간 중심의 유교적 교리를 담아낸 절대군주의 도시로서 한민족의 독특한 미의식을 담아 만들어낸 곳이다. 오늘날까지도 서울을 구성하고 있는 지배적인 모습은 이때 만들어진 것이며, 서울의 정체성도 여기에서 온다. 나라를 열고 신도읍 건설을 명령했던 태조에서부터 태종을 거쳐 세종 때에 이르러 한성의 모습은 대부분 결정되었다. 이때가 조선 문명의 전성기였고, 당대의 가치를 담고 있는 한성의 형태는 일반적으로는 새로운 변화에 적응하면서도 그대로 지속되는 영속성을 가져야 했다. 개항 이후 외세에 의한 근대화가 아닌 일본과 같이 내생적으로 근대화를 추진할 수 있는 기회가 주어졌더라면, 이러한 가치는 점진적인 변화를 거쳐 그대로 현재까지 전해왔을 것이다. 하지만 식민 통치자로서 일본은 한성을 전혀 다른 가치로 바라보았고, 한성을 새로운 가치에 의해서 전혀 다른 도시로 만들어나가고자 했다. 다양한 가치를 수용해서 만들어야 하는 도시가 오로지 효율적인 도시를 지향해서 만들어졌다. 수탈을 위해서, 통제를 위해서 그렇게 했다. 식민지로 전락한 한성은 서양문명에 대한 자발적인 비판과 수용과정을 거치지 못한 채 갑자기 들어온 놀라운 신문물과 문화에 무방비 노출되었고, 옛것은 모두 신 문물로 대체되었다. 해방 이후 정치적 혼란기를 거쳐 경제성장기를 지나면서는 고민 없이 더욱 속도를 내어 이러한 가치에 의해서 도시를 바꾸어나갔다. 경제성장에 따른 정치·사회적 안정이 오기 전까지는 그랬다. 현재 도심의 모습을 만들었던 지배적인 가치는 효율이었고, 세종 때 이르러 완성된 한성의 모습은 효율에 의한 가치에 의해 전혀 다른 도시가 되었다. 현재 도심부는 극히 일부지역을 제외하고는 강남 테헤란로의 모습과 다를 바가 없다. 쭉쭉 뻗은 고층빌딩 사이로 나 있는 넓은 도로와 그 위를 달리는 자동차, 무미건조한 보행로를 걷다가 무심코 나오는 도로변 횡단보도 앞에서 달리는 자동차를 경계하면서 신호를 기다리는 사람들, 전면을 유리로 덮은 건축물과 창문이 구멍 난 판에 찍은 듯한 콘크리트 건물이 우리가 볼 수 있는 도심부의 전형적인 모습이다. 담장으로 둘러쳐진 고궁과 문화재들, 휴지와 오물이 환풍구에서 나오는 음식 냄새와 뒤섞여 날리는 뒷골목 속에서 간간히 오래되었다는 느낌은 받을지 몰라도 그러한 모습에서 600년을 지속했던 조선왕조의 문화와 문명을 느낀다는 것은 매우 어렵다. 문화재는 무관심하게 들어선 건축물로 둘러싸여 고립되어 있으며, 역사적 가로는 반듯하고 넓게 확장되어 주변에는 현대식 건물이 들어섰다. 가치를 표현하는 방식이 사라거나 훼손된 다음에야 그것이 담고 있는 의미를 느끼지 못하는 것은 전혀 이상할 것이 없다. 그래서 효율의 가치가 지배하는 혼성도시가 되어버린 한성의 도시공간을 치유하기 위해서는 무엇이 이러한 모습을 만들었는지를 되짚어보고, 앞으로 어떻게 해야 하는지를 숙고해야 한다.

현재 도심부의 모습은 이동에 편리함을 주는 자동차와 이를 지탱하는 고속화 도로, 집적을 통해 이익을 만드는 고층고밀 건축군과 이들이 집적되어 있는 슈퍼블록, 그리고 이러한 도시의 틀과 질서를 제공해준 용도지역지구제에 의하여 만들어진 결과이다. 이것은 주택을 삶을 위한 기계라고 보았던 모더니즘이 주장했던 도시이론들이다. 이들은 도시를 기계로 보아 도시가 제대로 기능할 수 있도록 효율화하는 것이 목표였다. 이러한 목표가 일본의 식민통치자에게, 그리고 경제성장을 추구했던 독재자에게는 가장 적합한 수단이었다. 물론 당시 시대정신으로서 미래의 도시를 만들어낼 수 있는 새 시대의 계획기법이기도 했다. 그렇다고 해서 다른 역사도시인 파리와 런던, 베를린 등이 모든 도시공간을 이렇게 만든 것은 아니었다. 하지만 서울은 도심부를 포함한 서울 전역이 이 이론에 의해서 그렇게 만들어졌다. 우리는 지금까지 도시를 기능적으로 보는 경제적 입장이 우세했고, 도심부를 보는 시각도 다분히 기능적인 입장에서 중심지로서 자리매김하고 그렇게 바라봐 왔던 것이 사실이다. 그래서 도심부에 대한 계획도 정치·경제·사회적 중심지로서 핵심기능을 수행하는 상업지역을 중심으로 바라봤고, 도심부에 대한 논의도 토지이용과 그 활동의 연속선상에서 이루어졌다. 그러다 보니 도심부라고 부르는 이름 자체가 그랬고, 한성 지역이 가진 원래의 특성 차원에서 변화와 연속성에 관한 논의도 적극적으로 다루어지지 못했다.

이러한 문제를 해결하기 위해서는 우선 도시를 기능적으로 바라보는 사고체계에서 벗어나 정체성을 담고 있는 실체로서 형태의 중요성을 환기하고, 형태로서 도시를 바라볼 필요가 있다. 도시형태라는 것은 자연에 대한 인간의 독특하고 다양한 정주방식을 표현하며, 공공시설과 공간으로서 당대인들의 사회구조를 드러내고, 공간배치와 건축 스타일을 통하여 시대의 정신과 가치를 담아낸다. 형태라는 것은 한 시대의 가치와 사회적 특성을 빌어 표현된 것이지만, 특정지방의 민족이 오랜 기간에 걸쳐 자연을 이해하고 활용해온 고유한 방식에 따라 조영된 것으로 민족이 사라지지 않는 한 이러한 의식은 변함이 없는 영속적인 요소이다. 편안함을 느끼는 그런 의식 말이다. 기능은 필요가 변하면 바뀔 수 있으나, 오히려 형태 속에 잠재된 자연에 대한 정주방식과 질서는 변하지 않는 것이다. 우리 민족이 가진 고유한 정주방식에 따라 만들어진 한성 지역을 정체성 차원에서 바라보아야 하는 이유이다. 또한, 조선왕조 태조에서부터 세종대에 걸쳐 만들어진 한성의 모습을 중시하고, 이러한 틀을 바탕으로

가꾸고 개선해나간 개항 이전 한성의 모습을 면밀하게 살펴보아야 하는 이유이기도 하다. 일제 식민통치 이전에는 한성이 갖고 있는 정체성을 고려하고 존중하면서 시대적 필요에 따라 변해갔으나, 이후에는 시대적 필요에 의해 새로운 것을 받아들이면서 이러한 것들을 고려하지 못했다. 정체성을 중심에 놓고 기능주의로 점철되었던 도시공간을 다시 살펴보고, 앞으로의 계획방향에 대해서 논의되어야 한다.

우선 기능주의에 입각해서 만들어진 '도심부'라는 이름을 버리고 '한성 지역'으로 바꾸어야 한다. 그리고 이에 따라 그 범위도 도심부에서 한성 지역으로 그 대상을 넓혀 한성의 관점에서 바라보아야 한다. 종전에 지칭했던 도심부는 한성 지역에 지정된 상업지역을 지칭했다. 정책 수립의 주요 관심사도 도심부의 낙후된 공간을 개선하고, 도심부의 경제적 활동을 활성화하는 것이었기 때문에, 도심부의 변화를 담은 도시계획의 관심사도 대부분 도심부의 활동에 한정된 내용이었다. 그래서 서울의 중심도 중심 활동공간으로서 상업지역으로 보는 시각이 많았다. 최초로 도심부에 세웠던 종합계획인 「도심부 관리 기본계획」(2000)에서부터 청계천 복원과 함께 새롭게 재정비한 「도심부 발전계획」(2004), 그리고 실현계획인 「도심재창조 종합계획」(2007)에 이르기까지 그 범위 모두 상업지역이 중심이었다. 도심부를 기능적 관점에서 개선해나가려는 생각이 우세했다. 하지만 도심부를 경제적 활동공간으로 보지 않고 서울의 정체성을 형성하는 근간으로서 도심부를 바라본다면 그 대상은 서울이 시작된 공간인 한양 도성지역이 되어야 한다. 이러한 관점에서 수행된 서울 도심의 정체성 연구(2010)에서 그 범위를 한양 도성으로 확대하여 분석하였고, 「서울 사대문 안 역사문화기본계획」(2011)도 한양 도성 지역을 그 범위로 잡고 있다. 한양 도성지역은 조선의 신도읍으로서 계획적으로 만들어진 공간이며, 오랜 기간 역사를 같이 공유했던 하나의 장소로 보아야 한다. 즉 도심부를 정체성 차원에서 바라본다는 것은 한양 도성지역을 대상으로 바라본다는 의미인 것이다. 그리고 그 범위에는 내사산內四山도 포함되어야 한다.[5] 한양을 도읍으로 정할 때 내사산의 형국을 고려하여 정했고, 궁궐 등 주요시설들을 내사산의 입지와 형태를 감안하여 정했던 것에서 내사산이 갖고 있는 의미와 비중을 짐작할 수 있다. 또한 한성을 둘러싸 한성의 형태를 만들어내는 것에서도 내사산이 한성의 영역이라는 것을 입증한다.

또한, 한성 지역을 기능적 관점에서 형태적 관점으로 전환하여 바라보아야 한다. 이것은 기능이 형태를 결정한다는 도시에 대한 근대 국제주의 양식의 잘못된 판단을 인식하고, 도시가 갖는 영속적 요소로서 형태가 갖는 의미를 재인식시킨 알도 로시Aldo Rossi의 주장과 동일한 것이다. 또한, 도시를 기능적으로 바라보는 모더니즘의 용도지역지구제Zoning를 비판하고, 장소성과 커뮤니티의 회복을 위한 방안을 제시했던 뉴어바니즘의 주장과도 그 맥을 같이한다. 도시가 간직해왔던 정체성과 역사의 지속성 차원에서 형태의 변화와 회복, 그리고 발전적 재적응이라는 관점에서 이해되어야 한다. 하지만 정체성 연구 분야에 대한 논의는 여전히 부족하며, 정체성 규명을 위한 분석방법에 대해서도 정립이 되어 있지 못한 상황으로 앞으로 지속적으로 논의되어야 할 주제이다. 또한, 정체성 구현을 위한 계획 및 설계방법에 대해서도 복원과 재현을 둘러싼 논란이 역사 및 건축학계에 많기 때문에 이에 대해서도 지속적으로 논의되어야 한다.

따라서 정체성 시각의 도시 연구는 경제적인 접근보다는 인문사회적 접근을 요구하며, 다분히 분석적이라기보다는 종합적인 연구방식을 취하게 된다. 그리고 변화와 지속성의 문제를 다루기 때문에 역사학적 접근방법을 취한다.

---

5 1452년 성종 때 한성부의 행정구역은 한양 도성을 포함한 주변 성저십리城底十里 지역으로 확장되었다. 특히 17세기 후반부터 화폐경제가 발달하고 대동법이 실시됨에 따라 급격한 인구증가와 함께 경강 지역을 중심으로 상업이 발달하면서 경강 주변(용산, 마포, 서강 및 내사산 산저 지역)이 시가화하여 사실상 한성의 지리적 범위는 성저십리 지역으로 보는 것이 맞다. 하지만 이 책에서는 서울의 정체성의 근원인 한성의 정체성에 중점을 두고 있으므로, 성저십리 지역을 제외하였다.

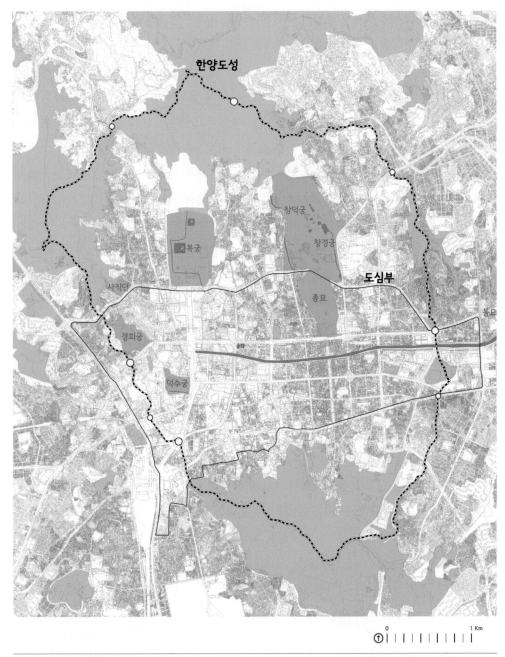

한양도성

창덕궁

창경궁

경복궁

도심부

사직단

종묘

동묘

경희궁

덕수궁

0   1 Km

도심부 상업지역(적색)과 한양 도성지역(흑색)

그래서 정체성 차원의 도심부 연구는 도심부의 출발점이었던 한성이 갖는 정체성을 구성하는 형태적 요소의 규명에서부터 출발한다. 여기에서 말하는 형태는 기후조건과 자연조건 속에서 오랜 기간 적응하면서 정립된 자연관과 세계관, 이러한 고유한 인식체계와 사회적 구성체계가 예술적으로 승화되어 만들어진 조영원리, 그리고 당대의 시대적 요구와 문화가 물리적으로 구현된 총체로서 해석된다. 다음은 도심부의 정체성을 구성하는 형태적 요소의 지속성 차원에서 변화를 살펴보는 것이다. 올바른 판단을 위해서는 시대적 요구의 변화 속에서 형태의 훼손과 형태가 담고 있는 기능의 변화, 그리고 이들 요소의 회복과 또 다른 진화를 바라보는 역사적 관점이 설정되어야 한다. 시기별로 어떻게 구분해서 바라볼 것인가와 변화에 대한 판단준거가 마련되어야 한다. 그리고 전혀 다른 결에서 정체성을 강화하면서, 지속적으로 만들어가기 위한 방법론에 대한 논의가 필요하다. 기존 도심부 정책에 대한 검토와 개선, 그리고 새로운 과제의 발굴 등이 주요 논의대상이다.

이러한 새로운 체계 속에서 이 책자는 다음 두 부분으로 구성된다. 첫 번째 부분은 도심부가 갖는 정체성에 근거하여 기존 도심부의 정책과 사업을 평가하고 향후 정책방향을 재정립하는 데 초점을 두고 있다. 도심부가 서양에 개방되어 급격하게 변화하기 시작한 한성개잔漢城開棧(1882) 이후부터 도심부의 형태적 변화와 정책 및 사업을 전반적으로 살펴보고 있다. 한성의 정체성은 조선후기 시점을 잡아 파악하였고, 한성개잔 이후의 형태적 변화는 역사학계의 시대분류를 참조하되, 도시구조의 변화를 감안하여 시기별로 분석하였다. 두 번째 부분은 도심부의 정체성을 회복하기 위한 방향과 과제를 설정하고, 이에 대한 실현방안을 제시하는 데 초점을 두었다. 한성의 정체성을 형성하는 형태적 요소가 갖는 의미와 가치를 찾아 회복의 필요성을 환기하였고, 개별 과제별로 세부적인 사업내용과 실현방안을 제시하였다.

이러한 정체성 차원의 연구는 종합적이고 역사학적 접근을 갖는다. 하지만 기존 한성에 대한 연구는 전체를 꿰는 것보다는 시대별로 이루어졌고, 분야별로도 종합적으로 보기보다는 개별적으로 이루어져 왔다. 그것은 한성이라는 공간을 연구대상으로 인식하기 시작한 것이 정도 600년 기념사업(1994)의 일환으로 시작하였던 즈음으로 본다면 약 20여 년으로, 그동안 자료축적과 고증에 역점을 두었기 때문으로 판단된다. 따라서 그동안 부분적으로 이루어졌던 시대별 연구를 통합하고, 공간연구를 인문·사회분야를 포괄하는 의미의 역사연구와 연계하기 위한 시각과 방법을 정리해야 한다.

첫째, 도시사를 근간으로 공간사적인 시각에서 검토되어야 한다. 그동안 역사는 민족이나 국가단위의 역사로 이해하고자 하는 일국사적 관점에서 연구되어왔고,[6] 사건과 인물 중심으로 기술되어왔다. 서구에서는 도시사가 상당한 주목을 받아왔던 반면, 우리나라에서는 1994년 한양 정도定都 600주년을 맞으면서 서울 등 도시사에 대한 연구가 관심을 끌게 되었다. 이와 함께 서울시의 재정적 지원하에 서울시립대학교에 서울학연구소가 만들어지면서 공간 차원에서도 도시 역사를 바라보는 연구가 진행되어왔다. 공간은 인간의 정치·경제·사회·문화적 활동이 오랜 기간 축적된 결과로 인간을 중심으로 저술되어온 역사 일반의 저술과 문헌에서는 볼 수 없는 또 다른 시각과 사실을 발견할 수 있다. 이 연구는 역사학계에서 연구된 도시사를 근간으로 산발적으로 연구된 공간사를 한 줄기로 통합·연계하는 작업을 시도하였다. 『서울육백년사』[7]와 시기별 연구결과를 토대로 서울학연구소, 서울시사편찬위원회, 손정목의 저술[8] 등을 참조하여 공간사적 관점에서 도시정책을 하나로 꿰어보고, 그 공간적 변화를 해석하였다. 도시사에 대한 좀 더 심도 깊은 이해를 위하여 다음 시기별로 해당 시기의 권위 있는 학자들의 문헌 검토와 심층토론을 거쳤다.

· 조선시대의 서울: 고동환(한국과학기술연구원 교수)

....

6　고동환, 『조선시대 서울도시사』(태학사, 2007), 26쪽 참조.
7　서울특별시사편찬위원회, 『서울六百年史』 1~6, 문화사적편, 인물편, 민속편, 한강사.
8　손정목, 『서울 도시계획 이야기』 1~5(도서출판 한울, 2003).

· 조선 후기의 서울: 권영상(인천대학교 교수)

· 대한제국기의 서울: 전우용(서울대학교 강사)

· 경성 시기의 서울: 염복규(국사5편찬위원회 편사연구사)

· 해방 이후 혼란기의 서울: 최종현(전 한국도시설계학회장, 전 한양대 교수)

· 현대의 서울: 양윤재(전한국도시설계학회장)

둘째, 정치·경제·사회적 변화의 관점에서 공간의 형태 변화가 검토되어야한다. 그동안 도시정책과 각종 사업에 대한 연구는 시대 변화흐름 속에서 정치체제 변화나 경제적 변동 내지 사회체제 변화 등 거시적 시각보다 주로 물리적인 시각에 의해 단편적이고 미시적으로 이루어졌다. 이러한 거시적 시각에서도시변화를 바라보는 연구는 주로 역사학계 등 인문학계에서 이루어져 왔다. 이 연구는 정치·경제·사회체제의 변화를 중심으로 물리적 형태 변화 요소를추가 보완하여 도시정책과 공간적인 변화를 해석하였다. 또한 역사학계의 시대구분을 참조하여 시대별로 변화를 정리하고, 거시적인 시각에서 시기별 도시정책에 대한 기록과 문헌들을 참조하여 서술하였다. 조선시대는 각종 역사서적과 논문을 중심으로 고찰하되 주로 남겨진 지도와 그림을 통하여 그 변화를 추정하였고, 대한제국기는 관련 문헌과 연구를 중심으로 서양 방문객의 각종 기행문과 방문록 및 지도·사진 등을 참조하여 파악하였다. 경성시기부터는 대부분 정책과 사업에 대한 기록이 남아 있기 때문에 이들 기록과 관련 문헌을 토대로 공간구조의 변화를 정리하였다. 해방 이후부터 전후 혼란기 및 경제발전기에는 손정목의 『서울 도시계획 이야기』와 관련 연구를 토대로 파악하였고, 비교적 근래의 도심부 관련 정책 및 사업은 서울시에서 출간된 도심재개발백서, 도시계획백서, 토지구획정리사업백서 등과 관련문헌을 토대로 살펴보았다.[9]

....

[9] 시기별 도시정책과 사업 평가를 하는 데 필요한 공간구조의 변화는 이상구(경기대학교 교수)와 송인호(서울학연구소 교수)의 연구결과를 토대로 일부 수정·보완하는 과정으로 진행하였음을 밝혀둔다.

셋째, 세계사적 흐름으로 도시변화를 바라보는 비교사적 시각에서 연구가 이루어져야 한다. 고대 및 중세의 도시변화는 내국적 관점에서 분리와 통합의 과정으로 이루어져 왔으나, 유럽을 제외한 근세 이후 도시변화는 세계정세의 변화 속에서 외압의 과정으로 진행되었다. 근세 이후 동양의 도시변화는 서양의 시민계급 성장과 시장경제의 구축, 과학의 발달과 산업화 과정에서 일어난 혁명적 도시변화를 서양 산업자본의 문호개방 압력에 따른 개항 속에서 이입하는 과정으로 이해할 수 있다. 그래서 내국적 관점에서 도시정책을 평가하는 것은 불가능하다. 서구 대도시들이 겪었던 내생적 변화과정을 참조하여 도시변화에 대한 세계사적 보편성의 관점에서 동북아 도시가 겪었던 공통점과 서울의 특수성 등을 파악하여 정리하였다. 서구 대도시가 겪었던 과정에서 나타나는 공통점은 루이스 멈포드L. Mumford의 「역사 속의 도시」, 스피로 코스토프S. Kostof의 「역사로 본 도시의 모습」, 「역사로 본 도시의 형태」, 마크 기로워드 Mark Girouard의 「도시와 사람: 중세부터 현대까지 서양도시문화사」, 존 리더John Reader의 「도시, 인류 최후의 고향」 등의 문헌을 참조하여 도출하였다. 그리고 동북아 도시가 겪었던 공통된 변화와 서울의 특수성은 고시자와 아키라의 「도쿄 도시계획 담론」, 린위탕林語堂의 「베이징이야기」 등 관련 문헌과 서울의 변화를 참조하여 파악하였다.

제 2 장

한성의 정체성

1 • 한성의 의미와 시민의 인식

　서울이 위치한 한강유역에는 아주 오랜 선사시대부터 조상들이 거주해온 것으로 알려져 있으나, 도시로서의 역사는 기원전 18년 백제가 한강변 현 위례성 터를 도읍으로 정해서 번성했던 시기로서 약 2,000년 전부터라고 보는 것이 일반적이다.[1] 하지만 당시 위례성의 형태가 현재 서울이라는 공간의 진화과정에서 그 연속성을 찾기 어렵다는 점에서 서울의 고유한 특성은 조선시대 수도였던 한양에서 비롯되었다고 보는 것이 정확할 것이다. 따라서 한양 터를 중심으로 서울의 역사를 살펴보는 것은 중요한 의미를 갖는다. 한양의 기원은 한양 터에 고려 문종(21년)이 왕의 순주를 위해서 궁궐과 이후 도성을 축조했던 남경으로 거슬러 올라갈 수 있고, 더 나아가 한양 터에 처음으로 집락을 이루면

---

[1]　서울특별시, 『시민을 위한 서울역사 2000년』(서울특별시사편찬위원회, 2009), 28~64쪽 참조.

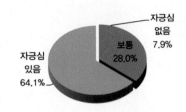

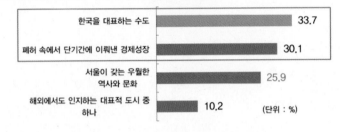

問 서울에 대한 자긍심은 어디에서 온다고 생각하십니까?

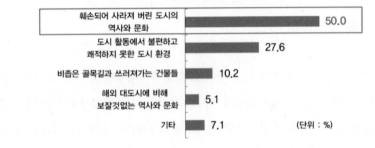

問 귀하가 서울에 자긍심을 느끼지 못하는 이유는 무엇입니까?

서 관아와 객사를 만들어 도시의 면모를 갖추어가던 양주목楊州牧에서 비롯되었다고 보는 것이 맞다. 이들 도시 간의 공간적 연속성에 대해서는 많은 연구가 필요하겠지만, 터의 역사로만 보더라도 한양 도성지역은 약 1,000년(성종 2)의 역사를 가진 도시공간이라고 말할 수 있다.[2]

그러나 현재 서울의 도시공간 속에서 1,000여 년 긴 역사의 궤적을 찾기란

---

2 최종현·김창희,『오래된 서울』(동하, 2013)에서는 한양이 신도읍이라기보다 고려 3경의 하나인 남경의 도시공간을 개조한 도시라는 관점에서 공간의 연속성을 가진다고 밝혔다.

쉽지 않다. 일부 남아 있는 궁궐과 성문, 성곽 등 유물들 속에서 미미하게 그 흔적을 읽을 수 있다. 그래서 시민들은 대부분 급격한 경제발전을 이룬 현대적인 빌딩과 삶 속에서, 아니면 국회와 정부청사가 들어선 수도 서울에서 문화적 자긍심을 찾으려고 한다(앞 설문도표 참조).[3] 물론 그 원인은 훼손되고 사라져 버린 서울의 역사와 문화에서 비롯된다(앞 설문도표 참조). 지역성과 장식성을 배격하는 서양의 모더니즘을 받아들이면서 철거된 한옥과 옛 골목길 공간에 무국적의 고층빌딩들이 들어서면서 만들어진 결과이다. 물론 이러한 무색 무취의 인스턴트 도시가 현재의 사조이고 세계적인 흐름인 것은 사실이다. 하지만 전통적인 도시구조를 고려하여 녹여내거나 새롭게 재창조하려는 시도도 부족했다. 내사산으로 둘러싸여 만들어내는 한양 도성지역의 자연경관을 고려하지도 못했고, 광화문광장과 종로가 갖는 의미와 가치도 지켜내지 못했다. 다양한 물길은 복개되고, 골목길은 펴지고 넓혀졌다. 그 결과 미국 캘리포니아 여느 도시와 서울을 비교한다 해도 크게 다르지 않게 되었다. 물론 세계가 하나가 되는 코스모폴리탄 시대에 역사를 되돌려 역행하자는 얘기는 아니다.

그러나 무국적 건물 속의 무미건조한 삶과 인스턴트 문화가 팽배한 도시 내부에서 오히려, 새로운 인간적인 무언가에 대한 요구가 나오고 있다. 이것은 자연이 배제되고 자동차가 즐비한 도시공간 속에서 우리 자신을 다시 성찰하고자 하는 시대적인 요구이다. 세계의 모든 도시가 이렇게 걷기 편하고 녹지가 어우러진 인간을 존중하는 방식으로 바뀌고, 그뿐 아니라 그 도시의 오랜 지역성과 장소성을 존중하는 방식으로 변하고 있다. 우리도 오랫동안 잊고 살던 자

---

3 이 연구에서는 서울의 정체성과 정체성 형성에서 도심부의 역사성이 갖는 비중과 의미, 도심부의 정체성을 형성하는 요소, 도심부의 정책방향과 정체성 회복을 위한 방향으로 구분하여 서울의 정체성에 대하여 포괄적인 시민설문조사를 실시하였다. 시민 총 1,270명을 조사한 후 유효표본 1,240명을 대상으로 분석하였다. 분석결과는 해당 연구부분의 논점에 맞춰 적절하게 소개하고 설명하는 방식으로 전개하였으며, 설문계획에 대해서는 연구방법 부분에서 구체적으로 소개하였다.

연과 조화된 전통마을과 한옥 속에서 익숙한 운치와 분위기를 맛보며 즐거워하고, 지형과 물길에 적응하면서 오랜 기간에 걸쳐 형성된 옛 골목길과 도시조직의 독특한 정취와 분위기를 즐기고 있다. 이 시점에서 우리는 과거와 단절된 상태에서 모더니즘에 의해 만들어진 현대공간 속에서도 우리의 인식 속에 잠자던 근원적인 것, 과거에 대해서 미래에도 지속되는 정체성이라는 시각에서 도시공간을 새롭게 인식해야 한다.

인스턴트 사조가 지배하는 도시 서울의 미래를 말하는 데 과거에서부터 현재, 미래에도 지속되고 지켜나가야 할 가치를 찾는 정체성에 대한 논의는 매우 중요하다. 특히 서울의 시작이자 서울의 정체성을 간직한 한성을 논하는 것에서부터 먼저 시작해야 할 것이다.

먼저 한성에 대한 시민의 인식을 살펴볼 필요가 있다. 그것은 정체성이 구성원들의 공유된 동일성으로서의 인지와 깊은 관계가 있기 때문이다. 도시의 정체성이 강하다는 것은 그 도시 시민들의 정체성에 대한 인지도가 높다는 것을 의미한다. 서울시민 1,240명에게 서울의 정체성은 어디에서부터 오는 것인지 질문을 하였다. 이 질문은 서울의 정체성과 한성의 관계를 이해하고, 한성의 정체성에 대한 기본적인 인식을 파악하기 위한 것이다. 또한 앞으로 서울의 정체성을 높이기 위한 정책방향을 파악하기 위한 목적도 있다.

짐작했던 대로 서울의 정체성은 조선왕조에서부터 근현대로 이어지는 역사문화공간에 있다는 대답이 가장 많았다. 하지만 그 비중은 한성의 역사가 차지하는 비중만큼이나 높지는 않았다. 앞서 소개한 것처럼 그 이유는 훼손되고 사라져버린 도시의 역사와 문화에 있다. 설문결과에서 서울의 정체성을 높이기 위해서는 서울이 갖고 있는 역사성을 살려야 한다는 시민의 의식을 인지할 수 있다. 산으로 둘러싸이고 하천이 중심에 흐르는 자연적 조건에서 서울의 정체성을 느낄 수 있다고 대답한 시민도 약 14%나 된다. 역사문화자원과 긴밀하게 연결되어 정체성을 강하게 부각시켜주는 것이 자연의 입지적 특성이다. 하지만 역사문화자원이 대부분 훼손된 상황에서 서울의 자연적 조건은 그 자체로

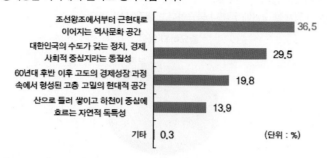

문 서울의 정체성은 어디에서 온다고 생각하십니까?

- 조선왕조에서부터 근현대로 이어지는 역사문화 공간 — 36.5
- 대한민국의 수도가 갖는 정치, 경제, 사회적 중심지라는 동질성 — 29.5
- 60년대 후반 이후 고도의 경제성장 과정 속에서 형성된 고층 고밀의 현대적 공간 — 19.8
- 산으로 들러 쌓이고 하천이 중심에 흐르는 자연적 독특성 — 13.9
- 기타 — 0.3

(단위 : %)

문 서울의 정체성을 느낄 수 있는 공간은 어떤 곳입니까?

- 내사산으로 들러쌓인 사대문안 역사문화 공간 — 45.2
- 한강과 강변 다리 및 건물 경관 — 20.9
- 서인들의 삶과 서울의 풍물을 느낄 수 있는 재래시장 — 11.5
- 여의도와 테헤란로의 고층건물과 아파트 — 10.4
- 개항 이후 일제 강점기를 거치연서 형성된 근대 역사문화 공간 — 9.0
- 홍대 클럽문화와 이태원, 가로수 길의 다국적성 — 3.1

(단위 : %)

서울의
정체성에 대한
시민설문 결과

독립적인 정체성 요소로 존재한다. 서울의 역사성이 강화될 때 서울의 자연조건도 정체성 강화요인으로 작용할 것이다. 1960년대 이후 고도 경제성장의 과정에서 생겨난 고층·고밀의 빌딩군이 서울의 정체성이라고 대답한 시민도 약 20%나 되었다. 정체성이 다른 대상과 구별되는 개별성을 갖는다는 측면에서 이러한 선택은 서울이 다른 도시에 비하여 오히려 정체성이 약하다는 역설적인 논리로 이해할 수 있다. 대한민국의 수도가 갖는 정치·경제·사회적 중심지라는 대답도 수도라는 것을 제외하고는 정체성을 찾기가 어렵다는 말과 같다. 정체성은 구성원들 간에 공유하는 자기동일성에서 오는 것이지, 외부적인 힘에 의해 결정되는 것은 아니기 때문이다.

이러한 양상은 서울의 정체성을 느낄 수 있는 공간을 묻는 질문에서 더 분명하게 나타난다. 내사산으로 둘러싸인 사대문 안 역사문화공간이라고 응답한

서울 사대문 안의 역사적 공간 회복은
서울의 정체성 구현에 얼마나 중요하다고 생각하십니까?

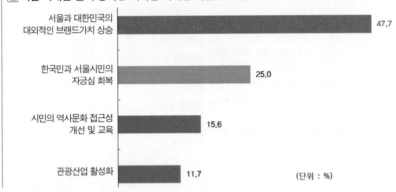

서울 사대문 안의 정체성 회복은 어떠한 측면에서 필요하다고 생각하십니까?

질문이 45%를 차지하였고, 개항 이후 근대역사문화공간을 합하면 역사성 비중은 반수를 넘는다. 이는 서울의 정체성에서 한성 지역이 갖는 비중을 보여주며, 앞으로 서울의 정체성을 높이기 위해서는 한성 지역의 역사성을 살리는 것이 매우 중요하다는 것을 알 수 있다. 다소 직설적이지만, 서울의 정체성 구현에서 한성 지역의 역사성을 회복하는 것이 얼마나 중요하냐는 질문에 90%가 매우 중요하다고 대답하여 시민이 생각하는 역사성의 중요도를 파악할 수 있다. 하지만 중요하지 않다고 보는 의견도 10%나 되었다. 그것은 한성이 갖고 있는 역사성으로서 정체성 회복이 현실 속에서 자리매김하는 것이 매우 어렵다는 것을 의미하기도 한다. 일반적으로 우리의 역사성 및 정체성과 관련된 정책은 브랜드가치 상승과 시민들의 자긍심 회복, 이와 연계된 관광산업 활성화와 교육적 측면에서 추진되어왔다. 실제로 시민들은 서울 사대문 안의 정체성 회복이 필요한 측면으로 서울과 대한민국의 대외적인 브랜드가치 상승(47.7%)과 그에 따른 결과인 한국민과 서울시민의 자긍심 회복(25.0%)을 위해서라고 답변을 했다. 하지만 이것은 근본적으로 도시를 인간에게 되돌려주고 그 지역의 풍토와 기후에 맞는 도시를 만들어줌으로써 그 지역 주민에게 풍요로운 삶을 약속해주는 의미를 담고 있다.

정체성이란 다른 것과 구별되는 독특성으로서 세계 대도시와 비교를 통해서 서울이 갖는 정체성을 좀 더 분명하게 파악할 수 있다. 서울과 해외 주요 대도시 간의 특성 비교를 통하여 시민들의 상대적인 특성 인식을 파악해보았더니, 입지 면에서 시민들은 서울의 매력이 다른 해외 대도시들과 비교해도 뒤떨어지지 않는다고 인식하는 것으로 나타났다. 시민들은 파리 다음으로 서울의 자연경관이 뛰어나다고 대답했다. 1·2순위를 합쳤을 경우에도 파리, 뉴욕 다음에 해당했다. 역사적 특성과 분위기는 다른 해외 대도시들에 비하여 상대적으로 약한 것으로 인식하고 있었다. 서울보다 역사적 분위기가 강한 도시로는 런던, 베이징, 도쿄 순서로 나타났고, 1·2순위를 합쳤을 경우 런던, 파리, 뉴욕에 서울이 뒤지는 것으로 나타났다. 문화적 다양성과 쇼핑 활력 측면에서는 뉴욕, 파리 다음으로 서울이 중간을 차지했다. 이것은 앞으로 서울이 정체성을 높여나가기 위해서는 자연적 경관을 보호해야 하고, 역사적 특성과 분위기를 회복하는 데 힘써야 한다는 것을 확인시켜준다. 다른 도시들에 견줄 만한 오랜 역사를 갖고 있는 서울의 역사문화자산을 보전·회복하고 그 전통을 계승·발전시켜나가는 노력이 필요하다는 것을 알 수 있다. 서울이 시작된 한성의 역사성을 회복하는 것이 서울의 정체성을 살리는 시작이자 중요한 과제가 되는 것은 당연한 일일 것이다. 그것이 한국민이 자긍심을 가질 수 있는 서울을 만들고, 파리, 뉴욕, 런던과 같이 세계인들이 사랑하는 도시를 만드는 시작점이 될 것이다.

세계 대도시와
서울의 정체성
요소 비교

(단위: %)

■ 1순위

■ 1+2순위

문 다음 도시 중 자연적 경관이 뛰어난 곳은 어디라고 생각하십니까?

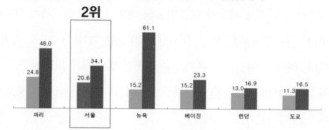

문 다음 도시 중 역사적 분위기가 강한 곳은 어디라고 생각하십니까?

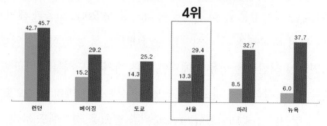

문 다음 도시 중 문화적 다양성이 풍부한 곳은 어디라고 생각하십니까?

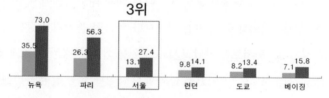

문 다음 도시 중 쇼핑 활력이 높은 곳은 어디라고 생각하십니까?

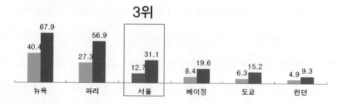

문 다음 도시 중 정체성이 강한 곳은 어디라고 생각하십니까?

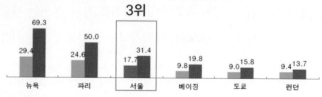

2 • 도시 정체성의 정의와 규명

정체성은 어떤 존재와 어떻게 관련을 맺든지 반드시 생겨나게 되는 변하지 않는 존재의 본질과 관련된 근본적인 속성으로 정의된다. 이탈리아, 스위스, 파리, 런던과 같이 사회·문화·기술적 혁명 속에서도 변하지 않고 지속되는 그 무엇을 정체성이라고 말한다. 렐프E. Relph는 정체성이란 다른 것으로부터 그것을 구별하도록 하는 지속적인 동일성으로 정의하였다.[4] 또한 이것은 내부의 지속적인 동일성과 함께, 타자와 지속적으로 공유하는 속성도 가진다. 그래서 정체성은 외부에서 볼 때에는 다른 것과 구별되도록 하는 개별성으로 나타나며, 내부적으로 볼 때에는 구성원들 간에 공유하는 특징인 동일성으로 나타난다. 황기원은 더 나아가 도시에서 이러한 개별성을 다른 도시와 다르다는 특이성 Uniqueness과 비교 우위적으로 뛰어나다는 우월성Excellence으로 구분할 수 있으며, 동일성은 시간이 흐르면서도 변함이 없는 연속성Continuity과 어떤 것과 동일한 감정을 가지는 동일화Identification로 구분할 수 있다고 하였다.[5] 즉, 한성의 정체성을 규명한다는 것은 정체성이 갖는 변하지 않는 속성으로서 개별성과 동일성을 찾는 일일 것이다.

특정 도시나 장소가 갖고 있는 정체성은 물리적 공간에서 인간의 경험을 통한 상호관계에 의하여 형성되는 인지와 관련된 것으로 그 공간과 사회·문화적으로 형성되는 다층적이고 다의적인 복합개념으로 알려져 있다. 이러한 다층적이고 다의적인 특성은 도시나 장소가 갖고 있는 정체성을 파악하는 데 어려움을 겪게 한다. 현재 알려진 일반적인 방법으로는 정체성을 구성하는 물리적 환경·활동·의미를 각각의 요소로 보고, 이들 요소를 형성하는 세부요소에 대한 분석을 통하여 정체성을 파악하는 분석적인 방법을 사용하고 있다. 이러한

---

[4]   E. Relph, *Place and plcelessness*(London: Pion, 1976).
[5]   황기원, 「도시의 정체성과 쾌적성」, 지방화시대의 도시정체성 회복과 조경의 과제를 위한 세미나(한국조경학회, 1995).

방법은 펀터J. Punter와 몽고메리J. Montgomery가 이들 요소와 연관된 환경설계요소를 통하여 정체성을 파악할 수 있다고 언급한 것을 근거로 한다.[6] 물리적 환경은 경관, 공간구조, 가로·건물비, 주요건축물, 스케일 등으로 파악하였고, 활동은 토지이용, 보행패턴, 행태, 자동차흐름, 표정과 분위기 등으로 보았으며, 의미는 이야기와 가독성, 상징성과 문화적 함축성, 기억, 경험 등으로 파악하여 정체성을 설계언어와 연결하는 데 기여하였다. 다만 이러한 구체적인 요소들이 복합적으로 형성하고 있는 특성으로서 정체성을 파악하는 것에 대해서는 여전히 과제로 남는다. 결국 정체성을 규명한다는 것은 타 도시와 비교하여 다르게 인식되는 차별성으로서 그것을 다르게 만드는 내부적인 동일성이 무엇인지를 파악하는 일일 것이다. 즉 정체성이란 인지와 관련된 것이기 때문에 특정 대상 도시에 대한 자아의 인지와 비교적인 타자의 차별적 인지가 담겨 있는 다양한 문헌과 의견을 종합적으로 파악하는 것이 가장 좋은 방법이다. 자아가 특정대상의 무엇에 대해서 공통으로 인식하는 동일성을 파악하고, 타자가 차별적으로 인식하는 동일성과 일치하는 그 무엇을 파악하는 것이다. 인지가 물리적인 요소들이 구성해서 만들어내는 질서를 파악하는 과정이라면, 질서는 의미를 구성하는 독특한 자연관과 세계관에 의해서 활동을 담아내는 조영기법을 드러내는 것을 말한다. 다시 말해서 정체성은 물리적인 요소를 구성하는 질서를 기술하는 자체이며, 그것은 그 대상에 활동을 담아내는 조영기법을 드러내는 것이어야 할 것이다. 그래서 정체성의 규명은 도시를 조영한 결과로서 인지과정을 통해 드러나는 경관적 특성과 밀접한 관련을 갖는다. 린치K. Lynch에 의하면 경관은 주변 자연과의 관계, 도시를 형성하는 골격, 도시를 만들어나가는 질서에 따라서 그 인지가 확연히 달라진다고 했다.[7] 처음 것은 자연에서 정

6 J. Punter, "Participation in the Design of Urban Space", *Landscape Design*, Issue 200(1991); J. Montgomery, "Making a City: Urbanity, Vitality and Urban Design", *Journal of Urban Design*, 3(1998).

7 K. Lynch, *The Image of the City*(Cambridge, Mass: MIT Press, 1960).

위하는 방법으로서 입지적 특성이며, 도시의 골격은 도시를 만들어나가는 구조적 특성이고, 도시의 질서는 시가지가 만들어지는 법칙으로서 도시조직의 특성을 말한다. 이러한 요소를 염두에 두면서 그 차별성과 동질성을 파악하려고 한다.

우선, 한양 신도읍의 계획원리와 신도읍 건설과정을 통하여 한성의 정체성의 근간이 되는 도시조영의 의도를 파악해야 한다. 또한, 조선 후기 한성의 경제·사회 변화에 따른 도시변화 속에서 이러한 도시조영의 특징이 어떻게 적응·변화되면서 정체성으로 자리 잡게 되는지를 살펴보아야 한다. 주로『조선왕조실록』,『서울육백년사』,「한양가」,「성시전도가城市全圖歌」등 문헌을 통하여 우리가 익히 알고 있는 풍수사상과『주례 고공기周禮考工記』등 한성의 계획원리를 토대로 중국이나 일본의 다른 도시들과 다르게 한국만의 정서가 과연 존재하고, 그것이 무엇인지를 파악하는 것이다.

또한, 한성에 대해서 조선조 당대 사람들이 가지고 있던 인지의 동질성을 파악해야 한다. 당시의 서적들은 인지를 직접 드러내지 않기 때문에, 어떤 대상을 인지하고 그 특성을 그려내는 그림지도를 통하여 그 동질성을 파악하려고 한다. 당시에는 서양의 과학적인 지도제작 기법이 없었기 때문에 도상으로서 지도가 제작되었다. 그래서 서울의 고지도들은 오늘날 과학적인 측량과 정확한 축척에 기초하여 제작된 지리적 사실이 아니라 공간을 인식하는 논리와 그에 근거한 해석을 보여주는 그림으로서, 당대인들이 서울을 인식한 총체성을 고스란히 드러낸다.[8] 문헌이 부족한 상고사 연구에서 도상자료를 사용하는 것이 빈번했으나, 지도를 사상의 근거로서 당시의 관념과 인지를 연구하는 것은 최근의 흐름으로 지리학의 문제를 통하여 배후의 권력적 관계를 파악했던 미셸 푸코의 영향과 관련이 있다. 고동환은 지도야말로 그들이 보는 서울공간을 드러내는 물증이라고 말한다.[9] 하지만 지도 이면에 있는 관념과 인지를 풀이하

....

8 고동환,『조선시대 서울도시사』, 395~408쪽 참조.

기 위해서는 현상과 지도를 표시하는 공통된 요소와 서로 다른 요소들에 근거하여 크기와 묘사, 비례, 경계, 색채 등을 통하여 특정한 의도를 파악해야 한다. 최근 출간된 정도 600년 서울지도(1994), 서울의 옛 지도(1995), 서울지도(2006) 등에서 수록된 서울의 옛 지도를 중심으로 분석하였다.

마지막으로, 한성을 다른 도시와 비교한 타자에 의하여 드러나는 독특성을 파악해야 한다. 조선 후기 한성에 체류했거나 방문했던 서구인들의 시각을 통하여 다른 도시에 비해 한성이 갖는 차별성 내지는 우월성을 찾고자 했다. 조선 후기 혼란한 정치·경제상황으로 피폐해진 도시 속에서 동양에 비해 우월하다는 문명의식을 가지고 있던 서양인의 시각이, 보다 객관적이지는 않더라도 한성의 독특성을 파악하는 데 좋은 방법임에는 틀림없다. 유럽에 위치한 자국 도시 외에 세계 여러 도시를 방문했던 경험을 가진 외부인의 눈을 통하여 다른 도시와 구별되는 개체로서 한성의 개별성을 파악하고자 했다. 1884년부터 선교사이자 의료인으로서 활동한 알렌의 『조선체류기』(1996), 1894년부터 네 차례 한국을 방문했던 영국왕립지리학회 회원 비숍의 『한국과 그 이웃나라들』(1994), 조선 말기에 한성을 방문한 독일인들의 출판물을 번역한 『서울, 제2의 고향: 유럽인의 눈에 비친 100년 전 서울』(1994), 그리고 이탈리아 총영사로 1902년부터 1903년까지 한성에 거주했던 카를로 로제티가 쓴 『꼬레아 꼬레아니』(1996) 등 현재 번역되어 출간된 문헌들을 중심으로 분석하였다.

3 · 한성의 조영원리와 구조, 그리고 변화

한성은 풍수사상과 유교철학에 입각하여 만들어졌다고 한다. 한양의 터는 풍수사상에 입각하여 내사산으로 위요圍繞된 분지형 터 위에 자리 잡았고, 주요

---

9 같은 책.

시설의 위치도 이에 따랐다. 물론 주요시설의 위치는『주례 고공기』의 전조후시前朝後市와 좌묘우사左廟右社의 원칙에 따랐고, 정확한 위치는 풍수사상의 배산임수背山臨水 원칙에 따라 정해졌다고 보는 것이 맞는 말이다. 하지만 장시의 위치를 두고 보면, 한양 도성의 도시구조가 전적으로 풍수사상과 유교철학에 입각하여 만들어졌다는 입장에 의문을 품게 된다. 물론 경복궁 뒤편에 시전이 위치했다가 비좁아 옮겼다고 생각하는 의견10이 지배적이나, 개성의 궁궐이 북측에 치우쳐 있고 장시의 위치도 궁궐 전면부에 자리 잡은 것을 보면 계획 당시부터 장시를 궁의 남측에 두는 것을 염두에 두었던 것이 아닌지 의심하게 된다. 그리고『주례 고공기』에서 언급하는 도성의 형태도 정방형(장방형)이 아니고, 남북삼행南北三行의 도로와 열두 개의 문도 없다. 즉, 한양의 계획은 중국의 도시조영원리를 그대로 모방하지 않고, 주요시설의 위치는 따르면서 큰 틀은 우리나라의 독자적인 도시조영원리에 따라 계획되었던 것이 아닌지 의문을 갖게 한다. 유교는 삼국시대에 이미 전래되어 교육 등 제도 전반에 영향을 주었고, 종묘·사직제가 고려 성종 때 들어와 개성에 건설되었으며, 후기에는 성리학이 수용되면서 국자감이 성균관으로 개칭되어 유학에 의한 도시조영원리가 자연스럽게 기존 체제에 녹아들었다고 본다면, 중국에 대해 자주적 노선을 견지했던 고려의 수도 개성은 기본적으로 우리나라의 도시조영원리에 맞춰 조성된 도시로서 한양건설에 지대한 영향을 주었을 것으로 판단된다. 실제로 시전 설치를 옛 송도의 제도에 따라 했다는 기록이 나와 있으며, 조선왕조는 급격한 변혁에 의한 사회적 동요를 막기 위해서 거의 모든 제도를 고려의 예에 따라 정하였는데 수도의 건설에서도 많은 것을 계승하였을 것으로 추측된다.

즉 한양이 중국의 도시조영원리에 전적으로 따랐다기보다는 성리학의 나라를 표방함에 따라 갖춰야 할 궁궐과 종묘·사직단 등 관련 시설의 관계 속에서

....

10 『漢京識略』卷二 市廛, "國初 開市 于景福宮之神武門外 以道前朝後市之封 而地偏故未 行云".

위치를 정하는 데 이들 원리를 고려했다면, 도시의 형태와 공간을 구획하는 방법은 오히려 우리나라의 전통적인 도시조영원리에 따랐을 것이라는 것이 더 신빙성이 있어 보인다. 이것은 앞서 살펴본 바와 같이, 한성부 건설에서 절대왕정과 관료제를 뒷받침하는 유교가 시대적 가치로서 작용했다면 도시의 전반적인 골격은 민족의 고유한 가치에 의해서 조영된 것으로 짐작된다.

풍수사상에서 이상적인 터로 말하는 산으로 둘러싸인 분지형 공간은 단순히 도시가 들어서기 위한 입지요소로서 도시와 독립적인 요소로 받아들이는 것이 아니라 도시를 구성하는 중요한 요소로서 도시의 부분으로 인식하고 있다. 『조선왕조실록』에서 한양 터를 선정하는 과정을 살펴보면 산과 물의 중요성과 인식이 분명하게 드러난다. 신도읍으로서 거론되었던 계룡산, 모악, 남경 (한양)에서 중요하게 고려되었던 것은 도읍이 될 만한 적지로서 지리에 의한 산수 형세였다. 도참圖讖은 단순히 수도이전의 이유를 제공했을 뿐이고 여러 적지의 대안으로 제시되었을 뿐이다. 계룡산을 살피면서 조운과 일조를 파악하였고, 모악을 언급하면서 조운과 땅의 크기를 논하였으며, 남경 터에 이르러서는 산세와 수리, 조운, 그리고 산세의 높이와 편평한 지형을 들어 강을 끼고 있으면서 주변이 높은 산으로 둘러싸여 바람을 막고 방어하기에 편하면서도 중앙은 평평하면서 수리가 발달해야 했다는 것을 알 수 있다. 도시조영에서 산과 강은 도시의 가장 중요한 구성요소였던 것이다. 따라서 도성도 산을 따라서 쌓았다.[11]

터를 정하고 난 다음에 한 일을 보면, 신도궁궐조성도감을 설치하여 궁궐과 종묘·사직단, 관아거리의 배치, 도성건축, 시전이 들어선 도로를 정하였음을 알 수 있다. 이들 시설이 한양을 구성하는 주요 공공시설이었던 것이다. 그리고 이 주요 공공시설의 위치가 풍수와 『주례 고공기』의 원칙에 따라 잡혔고,

----

11 고려의 나성도 송악산, 오공산, 용수산, 덕봉암, 부흥산 등 산악의 능선을 그대로 이용하여 축조되었다.

이들 시설을 연결하는 도로가 주요 간선도로가 되었다. 제일 먼저 정해진 것은 궁궐의 위치이다. 『태조실록』을 보면, 궁궐의 위치는 주산의 위치와 함께 시설의 방향과 규모 및 지형을 고려하여 정했다.[12] 궁궐의 위치를 정하고, 궁궐을 중심으로 성리학의 예에 따라 종묘와 사직단의 위치를 정했다. 시전의 위치는 이들 시설에 비하여 엄격하게 지켜지지는 않았을 것으로 보인다. 오히려 주택지와의 거리와 일조방향 등을 감안하여 주택지의 중심에 지어졌을 것이라는 추측이 개성의 사례를 들지 않더라도 입지가 실용적인 지리에 입각하여 정해졌던 것처럼 시전의 위치도 효율성에 입각하여 정해졌을 것이라는 의견이 타당할 것이다. 도시조영에서 지리에 밝았고 실용적이었던 선조들이 도로나 주택지가 만들어질 여유도 없는 공간에 장시를 만들지는 않았을 것으로 확신한다.[13]

여기에서 간과하지 말아야 할 것이 고려시대에 이미 시가화된 한양부의 도시구조라는 것이다. 태조실록을 보더라도, 태조는 고려의 한양부 객사에 임시 왕궁을 정하고, 관리들은 민가를 거처로 활용했다고 언급하고 있다. 이미 많은 지역이 시가화되었을 것으로 추측된다. 물론 예전에 한양부에 살던 아전과 백성은 당시 견주양주군으로 옮겼다고 적고 있다. 하지만 신도읍건설로 노동력과 재정이 많이 필요한 시점에서 그 많은 민가를 그대로 철거하고 새로 짓기보다는 대체로 활용했을 것이다. 고려 한양부의 구체적인 도시구조가 밝혀지지는 않았지만, 여러 문헌을 통하여 기존 도시구조가 이에 영향을 받았을 것으로 짐작되고 있다. 역시 한양은 의미적으로 새로운 수도이나, 도시적 측면에서 보면 신도시가 아니라 기존 도시를 왕도로 개편한 개조도시인 것이다.

....

[12] 개성에서는 궁성을 둘러싼 황성과 시가지를 둘러싼 나성을 구분하여 만들었으나 한성의 천혜의 자연조건이 별도의 방어막을 만들 필요를 느끼지 못한 것처럼 보인다. 방어조건을 보완하기 위하여 도로형태를 T자형으로 만들었는지도 모른다.
[13] 개성의 궁궐을 둘러싼 황성도 주산인 송악산 바로 아래 위치하고 있다. 모든 시설이 산을 등지고 있다.

이듬해 궁궐과 종묘·사직단 등 주요 공공시설이 완공되고 이어서 도성을 쌓기 시작했다. 1396년 1월부터 두 차례에 걸쳐 이루어졌다. 도성으로 통하는 문은 4개의 대문과 4개의 소문으로 자연지형과 기존의 통행로를 바탕으로 만들었을 것으로 추정된다. 신도 건설 이전에 고려 때 한양부로 접근하는 도로가 동으로는 노원, 서로는 영서, 남으로는 청파가 있었던 것으로 보인다.[14] 이들 도로를 중심으로 주요 출입구가 설치되었을 것으로 짐작되며, 주요 공공시설과 이들 출입구를 연결하는 대로가 만들어졌을 것이다. 하지만 주요 도로의 구성방식은 십자형으로 구성되지 않고 T자형으로 구성되었다. 우리나라에서만 볼 수 있는 독특한 도시구획방법이다. 보통 T자형 가로는 나뭇가지형으로 위계적이고, 방향성을 갖고 있으며, 방어에 능한 도시조직 특성을 갖는다. 최종현·김창희에 의하면[15] 동서로 가로지르는 운종가라고 하는 넓은 도로를 직선에 가깝게 새로 조성한 것이 큰 변화이며, 동쪽으로 치우쳐 있던 대로망을 동서로 꿰뚫어 막혀 있던 서쪽 두 곳이 뚫려 그 자리에 대·소문이 생겨난 것이 다르다고 한다. 즉, 나머지는 이미 지형과 물길에 따라 자연스럽게 유기적으로 만들어진 주택지로 존속되어왔을 것으로 추측된다. 이것이 한양이 계획도시임에도 유기적인 도시조직을 갖게 된 주요한 이유가 아닐까 생각된다.

조선 후기의 그림지도이지만, 이러한 한성의 조영원리가 가장 잘 나타난 도면이 바로 규장각 소장 〈도성도〉이다(위 그림 참조). 산과 시설의 관계, 그리고 도로의 연결에서 우리는 한성에서만 읽을 수 있는 독특한 자연관과 조영원리

---

14 최종현·김창희, 『오래된 서울』, 51~64쪽. 노원역은 수유현 남쪽의 구역으로 생각되고, 영서역은 녹번산 줄기 서쪽 자락이며, 청파역은 경강의 주요 진에서 남경으로 가는 길목에 위치한다. 영서역은 사천(모래내)에서 동쪽으로 오면 삼각산 남쪽 계곡에 다다라 창의문(북문) 고개를 넘어가는 길로 이용되었고, 동쪽으로는 노원역과 함께 청교도, 춘주도, 평구도, 광주도 등 모든 역참도가 한양부로 연결되는 결절점을 거쳐 남경으로 들어 갔으며, 남쪽으로는 한강진·동작진·노량진을 건너 청파역으로 접근하여 들어가도록 되었다.

15 같은 책.

도성도

를 읽을 수 있다.

태조 때 한성이 가졌던 경복궁을 중심으로 한 기본골격은 새로운 궁의 건설에 따라 종로를 중심으로 여러 궁이 연결되는 다원적 구조로 서서히 변화해간다. 1398년 즉위한 정종의 개경 이어移御와 태종의 재천도 과정에서 새로운 궁이 기존 공간구조에 더해졌다. 새로운 궁은 백악산의 또 다른 봉우리인 대봉(현 응봉)을 축으로 자리 잡았다. 궁의 전면에는 새로운 대로가 들어서 육조거리와 마찬가지로 종로와 연결되었다. 하지만 그 기준과 형태의 적용은 달랐다. 육조거리가 황도의 규모인 구궤로 만들어졌다면, 새로운 대로인 돈화문로는 제후도시의 기준에 맞춰 칠궤로 만들어졌다. 예의를 중시하는 유교가 조선의 통치이념이 되는 순간 충분히 예견된 사실이다. 돈화문로에는 행랑도 건설되어 각사各司의 대기공간인 조방으로 사용되었다. 또한 이 시기에 대부분의 사회기반시설이 완성되었다. 개천도감이 설치되어 이를 중심으로 개천을 정비하였고, 개천 정비가 끝난 다음에는 대로변에 시전행랑이 설치되었다. 또한 도성 내 대부분의 초가는 기와로 바뀌어갔다. 이것이 조선 초기 완성된 한성의 기본 도시골격이다. 종로를 중심으로 경복궁과 창덕궁의 두 개 축이 종각에서 모여 남대문로로 연결되는 도시구조인 것이다.

주택지는 궁궐이 들어서고 남은 지역을 중심으로 물이 맑고 아름다운 계곡 주변에는 양반들이 주로 세거世居하고, 하류로 갈수록 중인들과 하층민들이 거주했던 것으로 추정된다. 하지만 엄격하게 신분에 따라서 공간이 구분되기보다는 양반 집들을 중심으로 하인들이 거주하는 가랍집과 중인들이 뒤섞여 살았던 것으로 파악된다. 공간적으로는 경복궁과 창덕궁 사이의 북촌, 서소문 근처의 서촌, 낙산 근처의 동촌, 목멱산(남산) 아래의 남촌, 장교·수표교 어름의 중촌, 광통교 이상의 상촌(우대), 효교동 이하의 하촌(아래대)로 구분되며, 신분과 직업, 정파에 따라서 공간이 분화된 것으로 파악된다.[16] 북촌은 양쪽 궁 사이에 입지한 양반촌이며, 중촌은 상인들이 밀집한 지역이다. 상촌은 각사에 소속된 이배고직이 많이 살았고, 동촌에는 무감, 하촌에는 각종 군속이 모여 살던 것으로 알려져 있다. 도시조직은 남경 시대에 형성된 도시조직을 그대로 따랐던 것으로 추정된다. 물길과 지형에 따라 점진적으로 만들어진 유기적인 도시조직이다.

임진왜란(1592)과 병자호란(1636)을 거치면서 새롭게 만들어진 궁들을 통해서 종로를 중심으로 한 다원적인 공간구조가 좀 더 강하게 부각되었다. 1592년 임진왜란으로 한성의 주요시설이 철저하게 파괴되면서 시설을 복구하는 과정

---

16 소춘, 「네로 보고 지금으로 본 서울 중심세력의 유동」, ≪개벽≫ 48호, 1924. 6; 「옛날 경성 각급인의 분포현황」, ≪별건곤別乾坤≫ 23호(1929. 9).
"서촌에는 서인이 살엇스며 그 후 서인이 다시 노론 소론으로 난위고 동인이 다시 남인 북인 또 대북 소북으로 난위매 밋처는 서촌은 소론, 북촌은 노론, 남은 남인이 살엇다고 할 수 잇으나 사실은 소론까지 잡거하되 주로 무반이 살엇스며 그리고 동촌에는 소북……"

에서 새로운 궁궐들이 들어서게 된다. 기존 궁궐 일부가 중건되었고, 새로운 궁궐은 산을 배면에 놓고 조영하는 방식이 그대로 적용되었다. 선조가 도성을 탈환하면서 임시거처로 삼았던 월산대군의 집은 주변으로 확장을 거듭하면서 경운궁(덕수궁)으로 자리를 잡았다. 물론 인조가 즉위하면서 가옥과 대지를 본래 주인에게 돌려주면서 별궁으로 축소되었으나, 고종 때 다시 회복되어 그 위치와 틀은 이 시기에서 연원한다고 할 수 있다. 하지만 경운궁은 임시방편으로 마련되었던 이유로 여타 궁과는 달리 산을 등지고 배치하는 조영방식에 따르지 않았고, 정문에 대로도 없어 궁으로서의 상징성이 미약했다. 정면의 대로는 대한제국기에 들어와 새로운 대로를 고안하여 만들어졌고, 이것은 일제 식민지 기간에 대한제국기에 만들어졌던 태평로를 확장하여 경복궁을 중심으로 한 축이 다시 강화되는 계기가 된다. 그리고 광해군이 즉위하면서 새로운 길지를 찾아 인왕산 아래에 새로운 궁궐인 인경궁을 창건하고,[17] 인근에 경덕궁(경희궁)이 들어서게 된다. 경덕궁은 종로를 정면의 대로로 활용하고 있다. 이로써 경복궁을 중심으로 한 도시구조는 종로를 중심으로 5개의 궁궐이 서로 연결되는 도시구조가 만들어진다. 종로가 한성의 중심으로 자리 잡게 된 것이다.

이러한 종로 중심의 도시구조가 만들어지게 된 데는 궁궐의 조성 외에 조선 후기 상업이 발달하면서 시전이 위치한 종로와 남대문로의 활성화에서 비롯된다. 한강변은 고려 때부터 교통과 조운의 요지로서 많은 사람이 왕래하던 곳이다. 선초에도 광나루에서 양화진에 이르는 경강 주변은 지방에서 올라오는 세곡과 공물들로 거래·창고·운수의 중심지로서 인산인해를 이루었던 곳이다. 경강 주변이 본격적으로 활성화되기 시작한 것은 대동법을 실시하면서부터이다.[18] 대동법 실시로 인해 공납 청부업자로서 상공인이 성장하면서 수공업과

---

17 인조반정과 이괄의 난을 거치면서 창덕궁과 창경궁은 다시 잿더미로 변하게 되고, 인조는 경덕궁에 거하면서 인경궁을 헐어 양궁을 중건하였다.

18 공물을 상납하는 조세제도의 폐단이 거론되면서 미곡으로 조세를 납세하는 방안이 임진 왜란을 전후하여 시도되었고, 광해군(1608)이 즉위하면서 경기도를 중심으로 실시되던

상업발달이 촉진되었고, 화폐유통과 유통활동을 증대시켜 조선 후기 한성의 공간구조를 변화시킨 추동요인이 되었다. 선초 한성이 정치·행정도시의 성격이 강했다면, 조선 후기 한성은 상업도시로 그 성격이 점차 바뀌어갔다.[19] 한성이 개경에서 환도하여 각종 도시인프라를 구축하여 안정을 찾았던 세종 시기(1426)의 인구가 도성 안 10만여 명,[20] 도성 밖 10리 지역이 6,000여 명이었던 것이 양난 이후 점차 인구가 증가되어 사회적으로 안정화 되면서 정조시기(1789)에는 도성 안이 11만 명, 도성 밖이 8만여 명으로 확인되고 있다. 도성 안 인구는 그대로인 데 비하여, 도성 밖 인구는 급격하게 증가하여 도성 밖 인구가 도성 안 인구에 거의 육박하게 된 것이다. 대동법이 실시되면서 각종 생산물의 상품화와 화폐경제가 촉진되었고, 노동력 징발체제가 해체되면서 노동력 상품화가 촉진되어 도시의 발달을 촉진시키는 원인이 되었다. 또한 이앙법의 보급과 수리관개시설 확충으로 경지면적이 증가하고, 생산성이 향상되어 농가경제도 잉여가 발생하여 상품 화폐경제가 활성화되었다. 이러한 과정은 농민의 몰락과 유민의 서울 정착으로 한성의 인구집중을 가속화시켰다. 유민들은 대동법의 실시로 이미 발달한 한강변의 마포·서강 등지에 대부분 거주하였고, 남산 주변 산지와 도로 및 개천주변을 침범하여 주거지가 확산되어나갔다. 광주 송파와 양주의 누원점도 새로운 거점으로 성장하였다. 그러면서 시전을 중심으로 한 상업체계가 자유 상인을 중심으로 한 상품유통체계로 변화되면서 시전의 성격도 변하게 되었다. 선초에는 주로 국가에 대한 의무 부담을 중심으

것이 인조, 효종을 거치면서 점차 확대되어 숙종(1677) 때 전국적으로 실시되었다.

[19] 고동환, 『조선시대 서울도시사』, 44~45쪽.

[20] 같은 책, 92~126쪽. 해당 문헌을 기초로 세종 시기의 도성 안 1만 6,921호, 도성 밖 1,601호를 기준으로 문헌상 적용가능한 수치인 17세기의 수정 호당 평균 인구수 8.6인, 인구통계 완성수준 90%를 적용할 경우 실제 인구를 추정하면 도성 안 약 16만 명, 도성 밖 1만5,000명 정도로 추정된다. 정조 시기의 도성 안 2만 2,094호, 도성 밖 2만 1,835호를 기준으로 당시 수정 호당 평균 인구수 5.05, 인구통계 완성수준 75%를 적용할 경우 실제 인구는 도성 안 약 15만 명, 도성 밖 약 15만 명으로 추정할 수 있다.

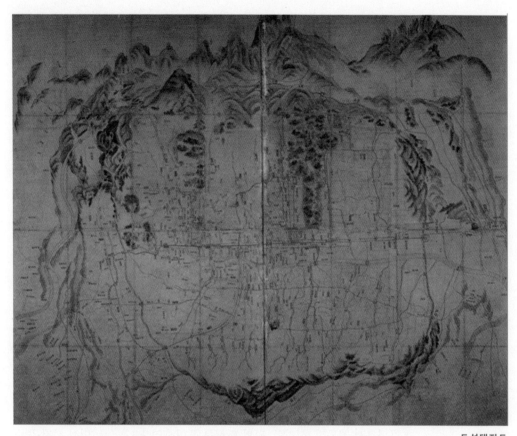

도성대지도
서울역사박물관 소장

로 운영하던 것이 일반 주민을 대상으로 한 상거래 중심으로 전환되면서 유통
의 독점권인 금난전권을 보유한 시전상인들과 충돌하여 육의전을 제외한 시전
의 금난전권을 폐지하는 신해통공(1791)이 실행되면서 이러한 분위기는 더욱
더 가속화되었다. 도시의 상업이 활성화되면서 도시의 중심은 자연 상가가 밀
집한 종로가 되었고, 경강지역과 광주 송파장 등과 가까운 남대문로와 동대문
지역을 중심으로 난전이 자리를 잡기 시작하였다. 17세기 후반에 남대문 밖에
칠패시장, 18세기 중엽에는 이현시장이 출현하였고, 19세기 전반에는 소의문
밖 시장까지 합하여 시장이 네 곳에 형성되었다. 서울의 중심상가가 종로를 중

심으로 남대문로와 성문 안팎으로 형성된 것이다. 남측 지역과 동측 지역의 길이 활성화되면서 종로를 중심으로 남측의 남대문로가 활성화되었고 서울의 중심이 청계천 이북에서 이남 지역으로 서서히 전환되기 시작하였다. 그러면서 동서 축인 종로를 중심으로 남북의 육조거리, 돈화문로, 남대문로가 서로 만나는 한성만의 독특한 공간구조가 자리 잡게 되었다. 조선 후기 한성의 도로크기와 구조가 가장 정교하게 표현되었다는 도성대지도를 보면 이러한 특성을 잘 파악할 수 있다(앞 그림 참조).

이러한 한성의 형성과 변화과정을 통하여 우리는 한성이 중국의 도시와는 매우 다른 독특성을 가지고 있으며, 이것은 한성의 공간적 틀이『주례 고공기』에 의해서 만들어졌다기보다는 우리의 고유한 신선사상에 의해서 만들어졌다는 것을 나타낸다. 중국의 대도시가 궁을 중심으로 한 축성을 바탕으로 격자형으로 구성된 것과는 달리 한성은 산과 물을 중시하는 입지적 특성, T자형 골격과 유기적인 도시조직, 시전의 위치와 형태에서『주례 고공기』에서 언급하는 제후의 도시와는 매우 다르다. 따라서 한성은 우리의 고유한 전통적 가치체계를 바탕으로 시대적 요구로서 왕의 중앙집권적 통치체제와 관료주의를 공고히 하기 위하여 유교적 가치체계를 구현하는 도시라고 하겠다. 한성의 정체성은 그 가치로서 전통성, 성리학, 왕의 도시를 표현하였다.

4 • 한성의 정체성 규명

앞서 살펴본 바와 같이 한양 신도읍의 계획원리에서 중시했던 요소는 산과 하천 등 자연요소와 함께 궁궐, 종묘와 사직단, 영희전, 성균관 등 주요 공공시설들과 육조거리, 종로, 돈화문로, 남대문로 등 중심대로들이다. 이들이 한성의 정체성을 구성하는 요소들이다. 한성을 그린 그림지도들을 보면 이러한 요소들이 고스란히 표현되어 있다. 지도상에 나타나는 이들 요소는 실제 공간에 대한 객관적 묘사와 결코 같지 않다. 대상에 대한 관찰과 이해방식에 따라서 제작된 그림지도는 자아의 주관적 인지를 통하여 타자의 객관적 인지를 표현한다. 그것은 당대 사람들이 공통적으로 인지하고 있는 한성이 갖고 있는 독특한 공간특성을 표현한다. 물론 관찰과 이해방식이 서로 다름에 따라 그림지도에서 표현하는 방법과 대상이 다른 경우도 있다. 하지만 대부분의 지도에서 공통적으로 표현하는 요소들이 존재한다. 그 공통적으로 묘사하는 큰 특징은 한성을 겹겹이 둘러싼 산과 함께 한강과 연결된 청계천과 각종 지천들 사이에 자리 잡은 한성의 모습이다. 또한, 한성을 둘러싸는 산의 봉우리를 따라 형성된 도성과 성문으로 시가지가 한정되며, 도성 안에는 궁궐과 종묘, 사직단, 영희전, 성균관(문묘) 등과 각종 관청들이 자리를 잡고 있으며, 육조거리, 종로, 돈화문로, 남대문로를 중심으로 이들 시설이 연결되어 있는 도시의 골격이 분명하게 표현되어 있다. 마지막은 물길과 어울러져 퍼져나간 구불구불한 골목길들로 이루어진 시가지의 모습이다. 그리고 공통적으로 나타나는 특성은 공공건축물 외에는 양반과 함께 백성들의 물리적 공간인 민가들이 표현되어 있지 않다는 것이다. 시전도 표현되어 있지 않다. 그것은 한성이 왕의 도시로서 왕의 권력을 상징하는 각종 궁궐과 제사공간, 교육기관, 그리고 관청들을 중시하고 있으며, 민중의 생활공간에 대해서는 다소 소홀히 하고 있는 것을 파악할 수 있다. 이것은 '민'보다는 '관'을 중시했던 당시의 인식을 파악할 수 있으며, 한성을 겹겹이 둘러싼 산에 대한 비중이 얼마나 큰 것인지에 대해서도 쉽게 인지할 수 있다. 또한, 청계천과 연결되어 있는 한강의 묘사에서도 한강을 한성의 일부로 인지하고 있는 공유인식이 자리잡고 있는 것을 알 수 있다. 이러한 공유된 인식 속에서 나타나는 정체성을 하나하나 구분해서 살펴보았다. 이들 공유된 요소에 대한 타자의 인지로서 서양인의 한성 견문록을 통하여 그 독특성을 파악하였다.

그 첫 번째 정체성은 산에서 비롯되는 입지적인 특성으로서 '산으로 둘러싸인 분지형 도시'에서 찾았다. 한성을 그린 지도에서 공통으로 나타나는 큰 특징은 산으로 둘러싸여 있는 한성의 입지적 모습이다. 또한 주변을 둘러싼 산은 모두 깊은 계곡과 바위를 품고 있는 뛰어난 경치를 가지고 있다는 것이다. 이러한 특성이 한성에 매우 강한 독특성을 제공한다.

> 서울의 위치와 주위는 아주 독특하다. 사방에 뾰족하고 높고 거센 산들이 인가가 늘어선 곳까지 뻗어 내려오면서 빙 둘러싸고 있는 것이 서울의 모습이다. 이런 전망은 이 세상에서 가장 아름답다고 말하는 테헤란, 잘츠부르크 같은 도시에 첨가해도 될 충분한 조건을 갖고 있다. 하지만 서울에는 잘츠부르크처럼 웅장하고 엄숙한 기사의 성이 없고 테헤란 같은 훌륭하고 위엄스런 데마벤드 산이 없다.
> — 겐테Genthe(1905)[21]

> 남산 위에서 보는 서울경관은 외국인들의 호기심을 사로잡을 만큼이나 환상적이었으며 경탄을 받기에 충분했다.
> — 분슈Wunsch(1905)[22]

> 복원이 잘 된 이 성곽을 따라 가면서 아주 멋있는 산책을 할 수 있다. 탁 트인 경관과 지붕이 강처럼 널린 수도 서울시내가 다 바라보이는 이 곳의 산책은 꼭 권할 만하다.
> — 마이예Mayet(1883)[23]

> 서울은 매우 아름다운 언덕 지역에 자리 잡은 도시다. 서울을 둘러싼 산과 그 산 아래 아름다운 경관 한구석에는 연못과 정자가 숨어 있고, 여기에는 산책이나 등산을 할 수 있는 길이 많다.
> — 서드Third(1902), 마이예(1884)[24]

---

[21] 지그프리트 겐테, 『(독일인 겐테가 본) 신선한 나라 조선, 1901』 권영경 옮김(책과함께, 2007). 이후 인용문에 나오는 겐테의 말은 모두 이 책 참고.
[22] 김영자, 『서울, 제2의 고향: 유럽인의 눈에 비친 100년 전 서울』(서울: 서울시립대학교 서울학연구소, 1994). 이후 인용문에 나오는 분슈의 말은 모두 이 책 참고.
[23] 같은 책. 이후 인용문에 나오는 마이예의 말은 모두 이 책 참고.

조선인들은 자연과 대단히 친근한 사람들인데, 서울에서 이 자연은 더욱 특별한 아름다움을 보여준다. 북쪽에 위치하여 하늘로 솟아 있는 북한산의 바위, 숲이 울창한 남쪽 산인 남산의 비탈과 산줄기, 게다가 성곽조차도 대단히 매력적인 산책로를 제공하기 때문에 조선인들이 자주 찾는다. 그늘진 숲, 한적한 잔디밭, 자연적으로 흐르는 시내와 폭포수가 서울 주변에는 대단히 많다. 바로 이런 것 때문에 나는 외국의 외교관들이 조선의 수도를 선호하는 것을 잘 이해할 수 있다.

— 헤세 바르텍Hesse-Wartegg(1894)[25]

한성을 방문한 서양인들도 산으로 둘러싸인 한성의 입지적 특성에 놀라고, 눈부신 산의 경치에 또 놀란다. 일본의 언론인으로서 민비 시해에도 관여했던 기쿠치 겐조菊池謙讓는 『조선왕국朝鮮王國』(1896)에서 한성을 사방이 산악으로 둘러싸인 천연의 요새도시로도 묘사했다. 이러한 연유로 한성이 위치한 입지적 특성을 첫 번째 정체성 요소로 선정했다. 언덕에 위치한 로마와 아테네, 산정에 세워진 잉카 도시 쿠스코, 평원의 도시 베이징에 견주어 한성은 이러한 입지에 그 독특성이 있다.

두 번째 정체성은 도시 골격이 가지고 있는 특성으로서 '종로를 중심으로 한 다중 축의 도시'에서 찾았다. 한성 지도에서 나타나는 또 하나의 두드러진 특징은 서민들의 중심인 시장이 위치한 종로가 한성의 중심에 자리한다는 것이며, 종로는 모든 주요시설이 연결된 실질적인 중심공간이라는 것이다.

서울 시내에는 번잡한 대로가 두 개 있다. 북쪽에서 남쪽으로, 동쪽에서 서쪽

---

24 같은 책. 이후 인용문에 나오는 서드의 말은 모두 이 책 참고.
25 에른스트 폰 헤세 바르텍, 『조선, 1894년 여름: 오스트리아인 헤세-바르텍의 여행기』. 정현규 옮김(책과함께, 2012). 이후 인용문에 나오는 헤세 바르텍의 말은 모두 이 책 참고.

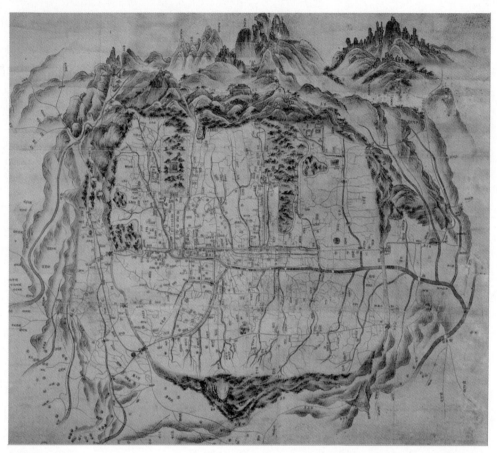

도성도
규장각 소장

으로 난 길인데 이는 성문에서 성문으로 연결되었으며, 그 거리들이 마주치게 되는 십자로가 서울의 중심부이다. 이 광장 중심부에 있는 종루에는 거대한 종이 매달려 있는데, 이 종을 쳐서 아침과 저녁에 성문이 열리고 닫히는 것을 알린다. 여기에서는 형벌장면도 볼 수 있고, 서울에서 일어나는 온갖 사건이나 조정으로부터 새어 나오는 소문들 외에도 혼사, 탄생, 누가 죽었다는 등 이런 모든 이야깃거리가 바로 이곳을 통해서 전국에 퍼지게 된다. 이 종각 주위의 경관은 한국 다른 어느 곳에서도 다시 찾아볼 수 없다. — 헤세 바르텍(1894)

여기에서 볼 만한 것은 이층으로 지어진 상점가로 아래층에는 작은 가게들이 들어서 있지만, 가게 입구가 안마당으로 나 있고 그 안에 주인이 앉아서 손님에게 물건을 판다.　　　　　　　　　　　　　　　　　　　— 글로부스Globus(1883)[26]

종루는 서울에서 찾아보기 힘든 몇 개 관광요소 중 하나다.

　　　　　　　　　　　　　　　　　　　　　　　　— 마이예(1884)

　한성을 방문했던 서양인들에게도 이러한 인식이 그대로 나타난다. 한양도는 이러한 공간구조적 특성을 가장 잘 보여주고 있다. 한성이 왕의 도시라는 것을 감안할 때 궁궐을 중심으로 행정관청이 밀집하고 있는 주작대로가 중심이 되어야 한다. 파리, 델리, 이스파한, 베이징 등 세계의 모든 왕의 도시들에서 보듯이 궁궐과 주작대로가 도시의 중심임에도 한성은 서민들의 중심인 시장이 위치한 종로가 중심에 있다. 오히려 주작대로의 성격을 갖고 있는 경복궁과 육조거리, 창덕궁과 돈화문로마저도 종로를 중심에 두고 연결되어 있다. 아마도 우리의 고유한 정치사상이 유교와 결합된 민본중시사상과 학자를 숭상하는 성인정치사상의 영향이 아닌가 싶다. 유교의 이상사회를 도시 안에서 구현하려 했던 것은 아닌가 하는 생각마저 든다. 그 영향이 사실상 왕의 힘이 약해서든 한성은 도시의 중심시설인 궁궐과 제사공간, 성문이 종로를 중심으로 다원화되면서 서로 조화를 이루는 형태로 만들어져 있다.

　세 번째 정체성은 물길과 어우러져 만들어진 시가지의 도시조직 특성으로서 '유기적 도시조직의 수향水鄕도시'에서 찾았다. 한성 지도들에서 보이는 또하나의 큰 특성은 청계천을 중심으로 거미줄처럼 엮인 하천과 이에 맞춰 유기적으로 자라난 도시조직의 형태에 있다. 지금은 하천이 복개되어 이러한 특성

26　김영자, 『서울, 제2의 고향: 유럽인의 눈에 비친 100년 전 서울』.

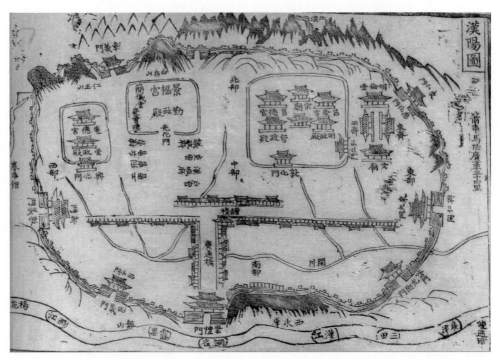

한양도
규장각 소장

은 현재 남아 있는 옛 도시조직 속에서 부분적으로는 찾아볼 수 있으나, 예전 천변의 정취와 분위기는 찾아볼 수 없다. 다음 한양 도성도의 그물망처럼 엮인 하천과 이에 맞춰 자라난 듯한 도시조직의 특성은 물을 품은 수향도시에서만 볼 수 있는 천변 마을의 정취와 분위기를 그대로 느낄 수 있을 만큼 아주 잘 표현되어 있다.

　　예전의 큰 도시들은 식수와 배수 및 하수처리를 도시의 지속성 확보를 위한 매우 중요한 요소로 인식하였다. 베이징은 운하를 끌어들여 해결했고, 로마와 교토는 인공수로를 건설하기도 했다. 하천과 접하거나 하천을 품고 있는 도시도 있었지만, 한성과 같이 미세하게 뻗어 있는 하천을 자연 그대로 상수, 배수, 하수처리에 이용했던 도시는 없었다.

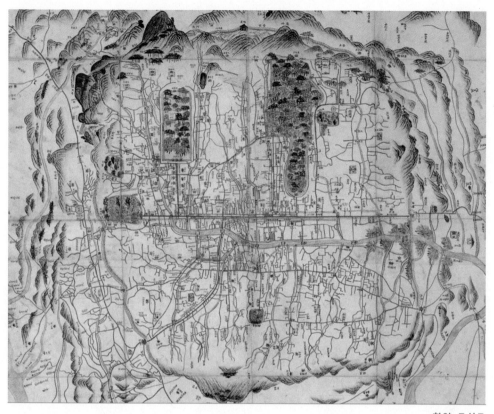

한양 도성도
삼성미술관 리움 소장

　예전에 넓은 하수도가 만들어졌던 분명한 증거가 있다. 시가의 중앙을 관통해
서 뚜껑 없는 개천이 있는데, 현재는 모래와 쓰레기로 막혔지만 이것이 전체 시가
지의 간선 하수도다. 이 속으로 전 시의 모든 작은 개천이 쏟아져 들어와서 장마
철에는 이곳을 통하여 전 시의 배수가 되는 것이다. 도시설계의 설명서를 보면,
배수제도가 얼마나 잘 되었는지를 알 수 있으며, 좋은 배려 밑에서 이 수도가 세
계에서 가장 건강한 도시로 만들어졌다는 것을 손쉽게 알 수 있다.

― 길모어W. Gilmore(1958)[27]

....
[27]　길모어, 「1880년 초/수도서울」, 조용만 옮김, ≪향토서울≫, 제2호(1958).

시내하천은 서울의 심장부 도로이며, 그 양편에는 7~8척 높이로 자그마한 가옥들이 늘어서 있다. 다른 곳에서는 도로를 먼저 닦은 후에 하수도를 만드는 게 원칙이다. 그러나 이곳은 하수도가 곧 시내 하천이고 그 하천을 따라 인가가 들어서면서 도로도 함께 생겼다. 이러한 거리 안으로는 사람들이 지나다니기에 충분하지 않아서 다른 길이 있기는 하지만, 이 길이라는 것은 팔방으로 뻗어서 어떻게 꼬불꼬불한지, 이리 가면 산 언덕이나 성벽으로 막히고 저리 가면 또 아무렇게나 지저분하게 내버려둔 개천으로 끝나는 등 찾아나가기에 무척이나 힘든 수많은 골목이다.　　　　　　　　　　　　　　　　　　　　　　　　　　　　　　　 — 헤세 바르텍(1894)

서울의 또 다른 특징적인 풍물 중 하나는 하천 또는 시내의 수로시설이다. 널찍하고 제방이 있으며, 복개되지 않은 서울의 수로에는 거무칙칙하게 부패되어 가는 시냇물이 악취를 풍기는 천변을 따라 흐르고 있었다. 천변은 한때 하상에 가라앉았다가 다시 범람한 퇴비와 쓰레기 더미로 뒤덮여 있었다.

　　　　　　　　　　　　　　　　　　　　　　　　　　　　— 비숍I. B. Bishop(1994)[28]

서구의 방문자들이 지적했듯이 서울은 세계에서 가장 건강한 도시이며, 하천의 선형과 형태에 맞춰 도시를 만들어나간 조형기법은 한성만이 가지고 있는 주요한 정체성의 하나이다. 또한, 하천을 중심으로 지형에 따라 자연스럽게 들어선 마을들은 궁궐과 제사공간을 중심으로 만들어진 기하학적 중심대로의 질서와 절묘한 조화를 이루고 있다.

길거리라는 것은 유럽의 집 앞 공터라고 할 수 있는 것으로, 가정에서 나오는 음식 쓰레기와 폐기물 모두를 버리는 곳이다. 길거리로 버려진 쓰레기 더미는 차차 밀려서 동쪽으로 향하는 개천으로 흘러들어 간다.　　　　　　 — 서드(1902)

28　이사벨라 버드 비숍, 『한국과 그 이웃 나라들』, 이인화 옮김(살림, 1994).

끝도 없는 골목길을 꼬불꼬불 돌아서 가야 했다. 이 좁은 골목길에는 온갖 쓰레기가 쌓여 있고 처마에서 떨어진 빗물로 길 양편이 개천이 되어서 흙탕물 바다를 이루고 있었다.   — 마이예(1883); 분슈(1905)

종로와 남대문로를 제외한 다른 길들은 울퉁불퉁하고 오물이 지저분하게 잔뜩 쌓여 있어 한없이 더럽기만 한 비좁은 골목뿐이고, 흙탕물이 항상 고여 있어서 피해가기도 힘들다. 이 좁은 골목길은 아프리카 탕거나 포르투갈 페스, 중국 관동도 마찬가지다.   — 헤세 바르텍(1894)

물론 여기에서는 상반된 인식도 나타난다. 조선 후기 혼란한 사회상황으로 피폐해진 도시환경 속에서 바라보는 부정적인 시각이 있을 수 있다. 하지만 그것은 관리의 문제이지 정체성 내지는 독특성의 문제와는 별개의 것이다.

네 번째 정체성은 건축물들이 집합적으로 형성하고 있는 경관적 특성으로서 '갈색과 청회색의 집이 저층으로 펼쳐진 수평적 도시'에서 찾았다. 서구인들이 언급하는 한성의 독특성을 살펴보면, 마지막으로 한성의 경관적 특성을 뽑고 있다.

왕궁, 종묘와 사직단, 성균관, 사직단 등을 제외하고 나면 서울에는 눈에 띄는 공공건물이라고 할 만한 것이 없다. 육조 등 내각에 속하는 관청이나 고위관직에 있는 사람들의 주택은 서양의 큰 농가와 비슷하다. 고위관리의 자택도 넓이는 늘릴 수 있지만, 다른 지붕높이를 넘어서는 안 된다. 이는 다른 어느 나라에서도 찾아볼 수 없는 것이다.   — 마이에(1884), 겐테(1905)

드문드문 날아갈 듯 올린 지붕을 한 몇 채의 높은 건물이 땅바닥에 가는 듯한 납작한 민가 지붕과 대조를 이루면서 불쑥 솟아오른 것을 보게 된다. 몇몇 높은 지붕은 왕궁의 지붕으로 다른 아시아 나라 건물과 비교해보아도 전혀 손색이 없는 특이한 기교를 보인다. 지붕은 기왓장을 꼬리에 끌며 지나가는 궁자형으로 차곡차곡 덮어 얹어가면서 불쑥불쑥 튀어나오게 보이도록 하였다. 이러한 양식은 조선에서만 볼 수 있으며 일반적인 아시아 건축수준의 건축양식 관념에서 벗어나는 능란한 솜씨로 지어진 독창적인 것이다.　　　　　　　　　　　　　　　　　　　　　　　　　　　　　　　　— 겐테(1905)

　　남산에서 내려다보면 지붕이 낮은 주택 수만 채가 촘촘히 붙어 쭉 늘어서 마치 끝도 없어 넓은 주택바다를 만드는 인상이다. 볏짚 단을 쌓아 올린 초가지붕과 튼튼하고 질긴 기와지붕이 회색과 푸른색으로 조화를 이루며 서로 뒤섞여 기이한 경관을 연출한다.　　　　　　　　　　　　　　　　　— 헤세 바르텍(1894), 겐테(1905)

서구인들은 이러한 한성의 경관적 특성에 대하여 납작한 저층의 민가 수만 채가 마치 끝도 없이 늘어선 주택바다 속에서 불쑥불쑥 솟아오른 한옥지붕을 기이하다고 표현하였다. 앞서 살펴본 바와 같이, 한성이 갖고 있는 입지적 특성과 공간구조적 특성은 지도그림을 통해서 쉽게 찾아볼 수 있으나 3차원적인 경관 특성을 찾는 것은 어렵다. 부분적으로 묘사된 채색을 보고 개략적으로 짐작할 수는 있으나, 경관적 특성을 파악할 만큼 상세하게 묘사되어 있지는 못하다. 따라서 다음과 같이 조선 후기에 남아 있는 사진자료를 중심으로 살펴보면, 한성은 민간의 초가지붕과 한옥의 기와지붕이 촘촘하게 저층으로 들어선 도시였고, 도시의 상징시설인 궁궐과 성문, 제사공간만이 다소 높게 지어진 경관이 잘 통제되고 관리된 도시였다. 하지만 베이징, 교토, 오사카에서 쉽게 볼 수 있는 고층 건물은 찾아볼 수 없다. 임진왜란 이후 재건된 법주사 팔상전이 여러 층으로 구성된 것을 보면 건축이 불가능했던 것은 아닌 것 같다. 오히려 땅을 딛고 자연과 어우러져 사는 것을 즐기는 조상들의 자연관과 세계관에서 비롯된 것이 아닌가 싶다. 또한 서민과 집권층이었던 양반네들이 서로 뒤섞여 살면서 자연스럽게 형성된 초가의 갈색과 기와집의 청회색이 어우러진 도시의

경복궁 및
육조거리를 향해
바라본 경관

자료: 서울연구원, 「서울
20세기 100년의 사진기
록」(2000).

색채는 한성만이 가지고 있는 또 하나의 경관적 특성 중 하나이다. 시에나가
적색의 도시(144쪽 사진 참조), 파리가 회색의 도시라면, 한성은 갈색과 청회색
의 도시인 것이다.

5 • 정체성을 구성하는 요소

한성을 조선왕조의 수도로 선정할 때 가장 우선으로 고려되었던 것은 산으
로 위요圍繞되면서도 배로 물건을 실어 나를 수 있는 곳이었다. 산으로 둘러싸
여 방어하기에 수월하면서 겨울에 찬바람을 막아주어 생활하기에도 편리한 곳
이어야 했으며, 또한 강과 접하여 운송이 편리하고 이동도 수월해야 했던 것이
다. 여기에 가장 적합한 곳이 한성이었다. 또한 수계가 발달하여 식수가 풍부
하고 자연적인 배수가 가능한 곳을 찾았고, 한성은 역시 수계가 상당히 풍부한
곳이었다. 한성은 별도의 시설을 투자하지 않더라도 오랜 기간 번성할 수 있는
자연적으로 형성된 가장 이상적인 공간이었던 것이다. 그래서 한성의 정체성

은 한성이 가진 자연적 속성에서 비롯된다. 한성을 둘러싼 산과 하천은 한성을 구성하는 가장 중요한 요소인 것이며, 모든 인공적인 요소도 여기에서 비롯된다.

궁궐과 제사공간, 교육기관은 당시 왕이 통치하는 도시에서 가장 중요한 공공시설이었다. 이들은 모두 산을 존중하는 방식으로 산을 배경에 놓고 앉아 있으며, 양란 이후 임시 궁으로 거처를 삼으면서 만들어졌던 경운궁을 제외하고는 네 개의 궁과 종묘·사직단·성균관(문묘)은 모두 백악산과 인왕산의 주봉을 배경에 놓고 정확히 앉아 있다. 인공이 자연과 연결된 것이다. 한양신도읍 조성 당시에는 정궁인 경복궁을 중심에 놓고 종묘와 사직단이 양측에 배치된 형태였으나, 여러 전란을 겪으면서 다섯 개의 궁이 기존 시설 사이사이에 들어서면서 공간구조의 틀도 달라졌다. 애초에는 정궁인 경복궁 전면의 육조거리가 상징적으로 매우 중요한 공간이었으나, 창덕궁과 돈화문로가 종로와 연결되고 경희궁이 종로를 대로로 삼으면서 종로의 역할이 강화되었다. 애초에도 밖으로 통하는 주요 관문인 사대문과 사소문에서 주요시설과 공간으로 가기 위해서는 반드시 종로를 거쳐야 했다. 이러한 변화과정에서 자연스럽게 종로는 도성 내 주요 공공시설을 서로 연결하여 공간적 질서를 잡아주는 역할을 하게 된 것이다. 조선 중기 대동법 실시와 함께 상업이 발달하면서 종로와 남대문로를 중심으로 주요 물류이동통로인 동대문과 남대문 주변으로 대형사설시장들이 형성되면서 종로를 중심으로 한 다중적인 축의 구조가 만들어지게 된 것이다.

궁궐과 제사 공간 등 주요 공공시설을 연결하는 중심대로들은 넓고, 궁궐을 종점에 배치하여 장엄함을 더했으며, 가로변에 행랑을 건축하여 한성의 중심적인 질서를 바로잡는 역할을 했다. 하지만 한성은 기본적으로는 격자형의 기하학적인 도시가 아니다. 이미 한성은 고려시대 남경을 거치면서 자연발생적으로 시가지가 형성되어 있었으며, 수계가 발달하여 하천을 중심으로 한 유기적인 도시조직특성을 갖는 시가지가 형성될 수밖에 없는 구조였다. 따라서 한성이 갖고 있는 기본적인 정취와 분위기는 수계에 바탕을 둔 유기적인 도시조직에서 나오는 것이다. 또한, 이러한 분위기와 정취는 청회색의 한옥 스타일과 초가 스타일이 혼합되어 만들어낸 것이다. 모두 자연에서 나온 재료로 만들어 졌기 때문에 자연의 색과 조화를 이루었고, 주변의 산과 조화될 수 있도록 단층으로 지어졌다.

한성은 자연을 구조화하고 이용하는 우리나라의 도시조영원리가 가장 잘 표현된 곳으로서, 한성에서 구현된 정체성 요소는 다음과 같다.

첫째, 한성은 산으로 둘러싸인 분지형 도시로서 한성의 정체성은 한성을 둘러싼 내사산에서 비롯되며, 내사산을 따라 조성된 성곽에서 구체화된다. 도시 조영의 중심점이 되어 각종 시설을 배치했던 정궁 경복궁외 주요 공공시설은 대부분 주산과 주변 산을 고려하여 정해졌다. 또한 내사산 위에 한성의 경계인 도성도 조성되었으며, 도로와 성문도 내사산을 고려하여 만들어졌다. 내사산이 없이는 한성의 존재도 힘을 잃게 된다. 한성의 모든 배치가 내사산에 대한 배려 속에서 이루어진 것이다. 한성을 둘러싸고 있는 내사산은 서울 정체성의 시작이고 전부와 같은 것이다.

둘째, 한성은 유기적 도시조직의 수향도시로서 한성의 시가지는 내사산에서 시작되어 한성의 곳곳에 흐르는 하천을 중심으로 진화해나갔다. 마치 하천과 시가지 도시조직이 하나인 것처럼 유기적으로 엮여 있다. 청계천을 중심으로 시가지 곳곳에 뻗어 있는 수계는 마을을 형성하는 이정표이자 질서를 부여해주는 역할을 한다. 이렇게 하천은 자연스럽게 마을의 상하수 관로이면서 우수관로였고, 길의 역할을 하고 있다. 다른 길들도 하천을 중심으로 지형에 따라 생겨나게 된 것이다.

셋째, 한성은 종로를 중심으로 한 다중적 축의 도시로서 궁궐과 제사공간 등 주요 공공시설은 종로를 중심으로 육조거리, 돈화문로, 남대문로 등 중심대로와 연결되어 있다. 종로를 포함한 중심대로들은 한성을 하나로 인식할 수 있도록 질서를 부여하는 역할을 한다. 천혜의 자연적 조건에 적응하듯이 배치된 한성에서 유일하게 기하학적이고 정형적인 것이 있다면 종로를 중심으로 육조거

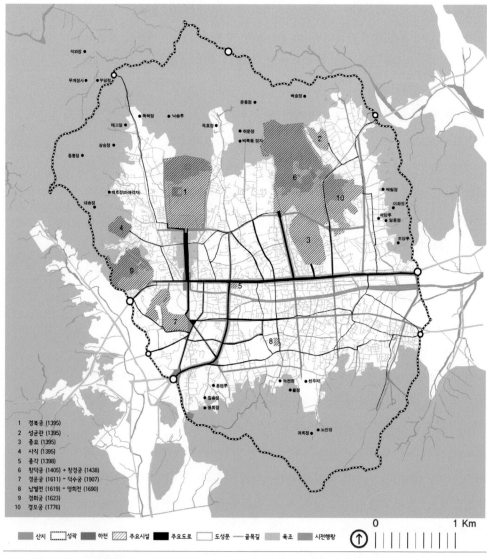

1 경복궁 (1395)
2 성균관 (1395)
3 종묘 (1395)
4 사직 (1395)
5 종각 (1398)
6 창덕궁 (1405) + 창경궁 (1438)
7 경운궁 (1611) = 덕수궁 (1907)
8 남별전 (1619) = 영희전 (1690)
9 경희궁 (1623)
10 경모궁 (1776)

산지　 성곽　 하천　 주요시설　 주요도로　 도성문　 골목길　 육조　 시전행랑

0　　　　　　　　　　1 Km

조선시대 한성의　지도제작_
정체성구성 요소　·가로 - 서울특별시, 『세종시대 도성 공간구조에 관한 학술연구』(2010)/최신경성전도(1907)/대경성정도(1936)
　　　　　　　　·하천 - 서울특별시, 『세종시대 도성 공간구조에 관한 학술연구』/서울특별시, 『역사문화유산의 변화기록 및 시민인
　　　　　　　　　식 조사를 통한 서울도심의 정체성 연구』(2010)/대경성정도(1936)
　　　　　　　　·산지 - 최신경성전도(1907)/경성시가전도(1910)
　　　　　　　　·누정 - 임의제, 「조선시대 서울 누정의 조영특성에 관한 연구」, ≪서울학연구≫ 3호(1994).

리, 돈화문로, 남대문로를 통하여 궁궐 등 주요시설을 연결되는 중심대로일 것이다. 이들 노변을 둘러싼 관공서 행랑 완성을 통하여 비로소 도시가 하나로 인식된다. 주요시설과 주요 성문이 이들 장랑을 통하여 연결되어 이들이 마치 하나인 것처럼 인식하게 만든다.

넷째, 한성은 갈색(초가)과 청회색(기와)이 저층으로 펼쳐진 수평적 도시로서 한성 내 시가지를 채우고 있는 일관된 형식의 한옥은 도시의 한결같은 경관과 분위기를 보여주는 중심요소이다. 특히, 한옥을 구성하는 자연에 근거한 색채(청색, 갈색, 흰색, 회색)와 재료 및 형태는 한성 원형요소의 바탕을 이룬다. 한성의 정체성은 상기 요소들이 서로 복합되어 인식되는 것으로 이것을 물리적인 측면에서 종합해서 표현한다면, 그것은 '유기적인 분지형 수향도시'라고 말할 수 있을 것이다. 또한, 이들 요소가 구현하고 있는 것을 가치측면에서 표현한다면, 그것은 '왕의 도시이자 자연의 도시'라고 말할 수 있을 것이다. 성리학은 절대왕정과 이를 지탱하기 위한 관료체제를 공고히 해주는 시대적 필요에 의하여 담아내야 하는 내용적 가치체계로서 작용하고 있다. 또한, 산과 물을 존중하는 신선사상을 표현하는 것은 풍수지리이며, 이것은 자연을 숭상하는 우리의 고유성을 드러내고 있다.

한성의 도시 개조와
정체성 변화

1. 근대화를 보는 시각과 분석 틀

한성의 변화는 한성개잔 이후 시작된 근대화에서 시작되며, 현재 우리 도시가 처한 정체성의 혼란 문제도 여기에서 비롯된다. 그래서 한성 지역의 미래를 설정하는 데 근대화에 대한 해석은 항상 거쳐야 하는 관례처럼 인식된다. 시대적 흐름으로서 근대화가 조선 후기 급변하는 세계정세 속에서 국가와 민족의 생존을 위해 어쩔 수 없이 전반 서구화를 선택했기 때문이다. 따라서 일반적으로 근대화는 시대적 요구로서의 근대화와 서구문명의 이식이라는 복합된 가치체계로 인식되었으며, 일제 식민지하에서 본격적으로 근대화가 진행되었기 때문에 식민지 통치라는 또 다른 가치가 뒤섞이게 되었다. 현재 한성의 모습은 이러한 서로 다른 가치체계에 의해 변화된 것으로, 근대화라는 이름으로 진행된 변화를 이러한 판단준거를 통해 바라볼 필요가 있다. 이것은 한성의 변화를 바라보는 시각을 결정해준다.

현재 한성의 근대적 도시로의 전환과정은 여러 단계를 거쳐 진행되었다. 변화는 중세도시로서의 골격을 전면적으로 뒤바꾸는 도시 개조의 방식으로 진행되었다. 이에 따라 한성이 갖고 있던 독특성을 드러내는 다섯 가지의 정체성 요소—궁궐과 제사공간, 내사산과 도성, 중심대로, 하천, 한옥—는 급격하게 변형되고 훼손되는 과정을 거쳤다. 그래서 형태 변화를 이끌었던 가치와 그 변화과정을 정확하게 이해하는 것은 서구화에 대한 도취와 현재의 보편적 세계주의의 한계를 뛰어넘어 도시가 갖는 정체성을 재생산하는 내생적인 변화의 힘을 끌어내기 위한 중요한 과정인 것이다. 근대성을 지향하는 도시 개조는 한성의 거주통상 개방 이후 현재까지도 진행되고 있으며, 시기별로 그 양상이 서로 다르게 나타난다. 역사학계는 이 시기를 자주적 근대화의 틀을 마련했던 대한제국기, 식민통치라는 틀 아래에서 이질적 근대화를 추진했던 일제강점기, 정치·경제 혼란으로 근대화가 정체되었던 전후 혼란기, 정치적 안정 속에서 경제도약을 기반으로 한 근대화를 성취했던 경제성장기로 구분한다. 이러한 역사학계의 시기구분을 받아들이면서, 대한제국기와 일제강점기는 중세도시의 해체와 물리적 근대화의 틀을 마련하는 과정에, 전후 혼란기와 경제성장기는 경제적 근대화를 위한 완성과정에 초점을 맞추어 정책의 연속성과 시기별 정책의 특성을 살펴보면서 분석하였다. 외연적 성장이란 공통분모 속에서 시기별로 근대화의 특성을 살펴보면, 대한제국기는 자주적 근대화, 일제강점기는 식민통치를 위한 강압적 근대화, 경제성장기는 군부에 의한 일방적 근대화로 인식할 수 있다.

타자로서 서구의 문명을 추구했던 동아시아의 근대화에는 신속하게 근대화를 이루어 세계사회에 편입하려는 '전반 서구화'라는 시각이 공통적으로 존재하며, 우리나라에는 먼저 서구화에 성공하여 서양문명에 대한 동양문명의 보호자를 자처하면서 등장한 일본의 '식민화'라는 시각이 동시에 존재한다. 먼저 '전반 서구화'의 시각에는 항상 시대적 요구로서 반드시 개선되어야 할 필연적 과정으로 이해하는 관점과, 이질적인 서양문명과 문화를 무조건적으로 받아들이면서 변형되고 훼손되었던 가치의 충돌과정으로 바라보는 관점이 혼재되어 있다. 또한 '식민화'의 시각에도 시대적 요구로서 반드시 개선되었어야 하는 필연적 과정으로 이해하는 관점과 효율적인 식민통치를 위해서 일방적으로 변형하고 훼손했던 통제과정으로 이해하는 관점이 혼재하며, 경제성장에 대한 시각에서도 시대적 필요에 의해서 진행되었다는 관점과 군부의 일방적 추진에 따른 훼손으로 보는 관점이 혼재한다. 즉 근대화에 대한 인식은 시대적인 요구로서 절실히 개선을 필요로 했던 시무적時務的[1] 개선요소와, 개항 이후 서구와 일본을 통해서 들어온 서구의 외래문명에 의해서 새롭게 생성된 신공간 생성요소라는 긍정적인 관점, 그리고 식민통치와 경제성장기 무리하게 추진되면서 만들어진 훼손된 요소로 재정리할 수 있다.

근대화를 위한 도시 개조과정은 이러한 시각이 뒤섞여 있어 이들 세 요소를 각 사업 속에서 엄밀하게 구분한다는 것은 쉽지 않다. 하지만 타자로서 서구와 일본의 자발적인 근대도시로의 전환과정 속에서 동일 과제에 대한 대응을 상호 비교하여 이들 요소를 파악할 수 있다. 우선 서구 대도시의 근대도시로의 전환과정에서 추진했던 도시정책과 도시 개조사례를 통하여 시무적 개선요소와 신공간 생성요소를 파악할 수 있다. 또한, 훼손요소는 동일 당면과제에 대하여 다른 해결책을 적용한 일본 도쿄의 도시정책 및 도시 개조사례를 비교분석하여 파악하였으며, 경제성장기의 훼손요소도 이와 유사한 방식으로 파악하였다. 훼손은 '전반 서구화'의 대세 아래 급격한 근대화방법을 채택하면서 일본의 통감·총독과 독재자에 의해서 일방적으로 이루어진 효율의 가치에 의해서

---

1 개항 이후 형성된 개화파는 임오군란 이후 입헌군주제를 중심으로 서양문물과 제도를 적극적으로 도입해야 한다고 주장한 급진개화파와, 기존의 정치체제를 인정하면서 서양의 과학문명만을 받아들이자는 온건개화파로 나뉘게 된다. 급진개화파는 근본적으로 정치체제와 교육제도를 바꿔야 한다는 의미에서 변법개화파라고도 불렸으며, 온건개화파는 시대적으로 시급히 개선이 필요한 과제부터 개혁한다는 의미에서 시무개화파라고도 하였다. 이 연구에서 '시무적'이라는 단어를 사용한 것은 시무개화파의 의미에 담겨 있는 '시대적으로 절실히 필요한 과제'라는 의미를 그대로 전달하기 위한 것이다.

추진되면서 발생한 결과로 이해할 수 있다.

　서구의 중세도시가 해체되고 근대도시로 전환되는 과정으로서 도시의 근대화를 시대적 요구로 받아들이는 데 학자 간 이견은 없다. 근대적 도시 개조과정에서 시대적 요구로서 시무적 개선요소를 파악하는 것은 근대화를 판단하는 가장 중요한 준거가 되며, 근대화에 대한 논의는 이에 대한 이해와 내용규명에서부터 시작해야 한다. 조선 후기 당시 개화파는 근대화라는 것을 시대적으로 받아들여야 하는 절실한 것으로 이해했고 그래야 한다고 보았다. 이것은 17세기 유럽 전역을 통하여 확산되어가는 도시성장과 인구증가에 따른 대응 속에서 찾을 수 있다. 도시의 확산 속에서 도시의 존속을 위협하는 각종 도시질병과 화재로부터 안전을 확보하고, 혁명으로 치달으면서 확대되어가는 시민들의 정치적 영향력을 도시에 반영해야 했다. 여러 서양 도시사 관련 문헌들을 검토하여 시무적 개선요소로 등장하는 공통요소를 추출하여 이들 준거의 틀에서 한성의 변화를 살펴보았다.

　첫 번째 요소는 도로 및 상하수·우수 체계의 구축이다. 서구의 대도시들은 도시의 지속적인 성장을 위하여 도시의 질병으로부터 시민들의 안전을 확보하는 데 최우선의 노력을 기울였으며, 유럽 대도시들의 근대화는 도시위생 확보에서 시작된다. 중세 이후 유럽의 대도시는 흑사병, 장티푸스, 콜레라 등 도시질병으로 몸살을 앓고 있었고, 이것은 도시를 존립위기로까지 몰고 갔다. 특히 상공업의 발달에 따라 인구가 급증하면서 도시위생을 확보하는 것은 매우 중요한 문제였다. 파리는 1600년경부터 도로 및 가로등 조명을 개선하면서 배관 및 급수체계를 정비하기 시작하였고, 1832년부터 전면적으로 지하 빗물·오수 공동구를 설치하였다. 또한 런던은 1800년경 빗물과 상하수 체계를 도입하였고, 1850년경에는 상하수도 정비와 도로포장을 대대적으로 추진하였다. 도시위생은 영국에서 1848년 처음으로 명문화되었다.

　두 번째 요소는 건축선과 높이제한 및 건축물 불연화이다. 서구 대도시들은 빈번한 화재와 도시 대부분을 전소시키는 대화재로부터 시민들의 생명과 재산을 보호하는 것이 도시의 존속을 위해 매우 중요한 과제로 인식하였다. 화재방지는 유럽 대도시들이 근대화를 성취하는 데 해결해야 할 또 다른 과제였고, 이를 위한 건축선과 높이제한 및 건축물 불연화는 필연적인 것이었다. 런던과 파리 등 대도시들이 대화재로 폐허가 된 모습을 목도하면서, 도시체질을 바꾸기 위한 기준을 마련하게 되었다. 화재 원인인 목조 건물 건설을 금지하고, 벽돌과 돌구조 건축을 강제했다. 그리고 화재 확산을 막기 위하여 가로폭과 높이를 제한하는 법안을 입안했다. 또한 가판대, 돌출창, 차양 등 도로침식시설을 제한하는 등 가로공간을 엄격하게 관리하게 되었다.

세 번째 요소는 빈민굴 철거와 근로자 주택의 건설이다. 유럽 대도시들은 인구가 급증하면서 노동자 밀집주거공간인 슬럼들이 급증하여 새로운 도시문제로 등장하게 되었다. 이들 슬럼은 도시위생과 화재 등 도시의 안전을 위협하는 주요 원인이자 철거대상으로 인식되었다. 파리는 1853년 오스망 직선대로와 공공시설을 건설한다는 이유로 노동자 밀집주거공간을 정비하면서 이들 주거지를 도시외곽으로 이전하였다. 또한 브뤼셀과 함부르크 등 많은 도시가 도시 내 불결한 주거구역을 대대적으로 정비하였다.

네 번째 요소는 도시확장에 따른 성벽·성문 붕괴와 그 주변의 공공장소 조성이다. 유럽의 대도시들은 급격한 인구증가로 성곽 내부가 포화상태가 되면서, 종전의 성벽을 넘어 확산을 거듭하게 되었다. 무기의 발달로 성벽의 도시 방어기능이 무력화하면서, 성벽을 허물고 이들 공간을 활용하여 확산된 도시를 하나로 엮어내는 과정을 통하여 근대도시로서의 외형으로 거듭나게 되었다. 이는 근대도시로 성장하는 과정에서 필연적으로 겪었던 변화가 아닐 수 없다. 유럽 대도시의 성벽들은 대부분 산책길로 변화되었다. 파리는 1646년 북동 방벽을 헐고 나무가 늘어선 산책길을 조성하였고, 베를린은 1734년 방벽에 시민공간을 만들었다. 그리고 옛 성문 주변에는 도시 기념비로서 시민을 위한 기념광장을 조성하여 왕의 방문이나 귀빈 맞이 등 행사를 진행하는 공간으로 활용하였다. 파리의 생 드니 문Porte Saint-Denis과 독일의 로텐부르크Rotenburg가 대표적인 사례이다.

다섯 번째 요소는 시민공간(공원, 광장)과 시민시설의 조성이다. 근대화 과정은 정치·경제체제의 변화를 수반하였다. 상공업 발달에 따라 성장한 시민사회는 절대왕권에서 의회중심의 시민사회로 정치체제 변화를 주도하고, 이러한 변화로 인해 도시공간에도 새로운 많은 시민공간이 생겨났다. 왕실과 귀족들이 사용하던 많은 정원이 시민공원으로 개방되었다. 런던 하이드파크가 1630년경 개방되고, 베를린 왕실사냥터 티어가르텐이 1649년에 개방되었다. 시민공원도 새롭게 조성되었다. 1808년 뮌헨에서 시민을 위한 공원이 최초로 생겼고, 이러한 시민공원은 점차 확산되어갔다. 또한 왕실과 귀족의 박물관, 화랑, 동물원이 개방되었으며, 시민을 위한 병원, 대학, 관공서, 기차역 등 공공시설도 설치되었다. 17세기 파리는 극장, 병원, 학교 등을 웅장한 프랑스식 고전양식 건물로 조성하였으며, 19세기 런던은 로열 앨버트 홀/박물관, 자연사박물관, 미술관 등을 빅토리아풍 대형 석조건물로 건설하였다.

이렇듯 도시의 근대화는 급격한 인구증가와 함께 시작된 도시확장과 과밀문제를 해소하기 위한 과정으로 인식된다. 하지만 전반 서구화 과정 속에 담긴 서구의 가치체계는 새로운 변화요인으로서 도시에 영향을 미쳤다. 근대화가 시대적 요구로 인식되면서도 '서구화'라는 인식 속에 자리 잡고 있는 타자로서 서구의 이질적인 문화가 선진화된 과학문명과 같이 소개되면서 자연스럽게 생활 속에 자리 잡았다. 이것은 그동안 볼 수 없었던 생소한 것이지만, 필요에 의해서 자연스럽게 받아들여져 정착된 것들이다. 이러한 신공간 생성요소는 서구의 보편적 세계주의 속에서 서방에 의한 새로운 국제질서와 개방체제가 정착되고 개항 전후로 해서 파급되기 시작한 기독교 문명이 자연스럽게 우리의 문화 속으로 파고들어 현지화되는 과정을 거치면서 주로 형성되었다. 보편적 세계주의의 새로운 국제 규범 속에서 자리 잡은 외국 공관들과 상공업의 발달에 따라 새롭게 들어서기 시작한 각종 상공업시설은 도시 속에서 새로운 경관을 창출해냈다. 또한 궁정문화 속에서 싹트기 시작한 도시의 유흥·오락 문화도 시민들의 정치적 영향력 증대와 함께 시민을 대상으로 확대·정착한 시민공간과 시민시설이 신분철폐와 함께 도시공간 속에서 자리 잡아갔다. 물론 이러한 변화과정은 훼손과 생성이라는 양면성을 갖게 되나, 이것이 선진적 문명과 문화로서 생활의 윤택을 가져왔다는 점에서 긍정적인 것으로 바라보는 것이 타당할 것이다. 이러한 서구문명을 대표하는 건축물들이 도시공간 속에서 한옥을 대체하면서 한편으로는 한옥을 훼손시켰고, 또 한편으로는 근대의 이국적인 경관을 창출했다. 하지만 이들 건축물이 밀집된 공간들이 현재도 여전히 활력을 유지하고 불어넣고 있다는 면은 긍정적이다. 변화가 갖는 부정적인 측면보다 긍정적인 측면이 더 강한 것이다. 부정적인 측면은 오히려 식민통치 과정과 경제성장 과정에서 분명하게 나타났다.

첫 번째 요소는 외국 공관지구와 전관 거류지의 형성이다. 한성개잔 이후 한성 내에서 외국인의 거주와 통상을 허용하면서, 다양한 시설이 형성되었다. 우선, 유럽 각국과 미국 및 중국·일본 등이 공사관과 영사관을 건립하게 되었다. 베이징은 1860년 베이징 조약으로 외국공관가가 형성되었고, 외국인 전관 거류지가 조성되었다. 도쿄는 1853년 미일통상수호조약을 체결한 이후 외국인 전관 거류지가 형성되었다.

두 번째 요소는 서구의 기독교시설과 시민을 위한 시설의 조성이다. 조선 후기 당시 서양문화의 대부분은 선교사들을 통해 소개되었다고 해도 과언이 아니다. 이들은 교육 및 의료 등 선교활동을 통하여 자연스럽게 동화되었고, 서양 문물과 문명은 교육활동 등을 통하여 소개되었다. 선교사들의 교육 및 의료활동은 왕의 동의하에 국가 차원에서 수용되었고, 도시변화도 이루어졌다. 그 중심에는 교회가 있으며, 이들의 소개로 다양한 시민 관련 시설이 만들어지는 계기가 되었다.

마지막으로 서구가 아닌 아시아 문화권의 일원으로서 서구화에 먼저 성공한 일본의 식민통치 아래 진행되었던 도시 개조과정에서 발생한 훼손 요소를 파악하였다. 이것은 일본 도쿄의 도시 개조과정과 비교하여 총독부의 경성시구개수사업 속에서 도시의 효율적 통치와 수탈이라는 가치를 파악하는 것이다. 주요 개수사업에 대하여 도쿄에서는 어떠한 방식으로 추진되었는지를 비교하여 이러한 요소를 파악하였다.

첫 번째는 도시위생 및 화재방지를 위한 가로 및 건축물 정비 부분을 비교해보았다. 도쿄는 1923년 관동 대지진으로 대부분의 지역이 폐허가 되었기 때문에 피해지역 대부분이 토지구획정리사업으로 조성되면서 도로, 상하수, 가스망이 구축되었다. 따라서 대지진 이전을 살펴보면 도시위생과 화재방지를 위해 도로정비 및 건축물 불연화를 추진해왔던 것을 확인할 수 있다. 즉 1872년 도쿄 대화재 이후 토벽 건축물의 불연화를 위하여 긴자 일대에 서구풍의 벽돌가옥을 건립하였으며, 1890년대에는 마루노우치 육군 본영대에 도로를 정비하여 오피스를 건설하였다. 물론 이 과정에서 황궁 등 문화재를 훼손했다는 사례는 보이지 않았다. 하지만 한성의 도로 및 건축물 개수 과정에서 궁의 담장과 정문을 헐거나 이전하면서 진행된 사례는 비일비재하다. 이것은 엄밀하게 통치와 수탈을 위한 효율의 가치 아래 추진되면서 훼손된 부분인 것이다.

두 번째는 공원의 조성 부분이다. 일본은 창경궁을 창경원으로 개칭하여 개방하였고, 경희궁을 학교로 사용하였으며, 제사공간인 원구단에 호텔을 세웠다. 대한민국을 지배하기 위하여 의도적으로 훼손한 것이 분명하게 드러난다. 이를 뒷받침하기 위하여 공원 등 관련시설 조성과정을 살펴보면, 일본의 경우에는 사찰을 공원으로 조성하고 있다. 1873년 야스카야마 공원 외 네 개의 공원을 사찰과 신사 경내 토지를 전용하여 조성한 바 있으며, 히비야 공원은 히비야 관청가를 계획하면서 별도로 만들기도 하였다. 일본에서 천황이 거처하는 공간은 신성한 공간으로 공원으로 개방하는 것은 있을 수 없기 때문이다. 궁궐과 제사 공간에 대한 훼손 의도가 분명하게 드러난다.

세 번째는 노면전차 설치 등을 위한 도로 정비 부분을 파악해보았다. 전차 등 신교통수단 도입을 위해서 도쿄는 1889년 도로정비를 위한 도쿄시구개정계획을 입안하였고, 1900년 노면전차 도입을 위해 최소한의 도로정비사업을 추진하여 1910년에 완성하였다. 대한제국 시기에 일본에 비해서 먼저 전차를 도입하면서 도로를 개수했던 측면에서 훼손요소가 분명하게 드러나지는 않으나, 기존 공간구조와 주요시설 처리 측면에서 통치와 수탈의 효율이라는 가치가 앞서 계획에 반영되었을 것으로 짐작된다.

네 번째는 하천 정비 부분을 살펴보았다. 도쿄는 1923년 대지진후 제도부흥계획에 따라 수로와 수계를 중시하여 복구하였다. 도쿄 내 고나기 천, 간다 천, 치기지 천, 요코지켄 천, 스미다 천 등 하천을 개수하였으며, 하천을 개수하면서 천변에 스미다 공원, 하마초 공원, 긴시 공원 등 공원을 조성하는 방식으로 정비되었다. 이는 청계천과 지천 및 세천을 복개한 것과 극명하게 대비된다.

이들 근대화를 둘러싼 가치판단은 개별 정체성 요소에 대한 형태 변화 분석을 통하여 좀 더 구체적으로 살펴보아 결정되어야 한다.

2 • 변화 시점으로서 한성개잔과 전후 도시상황

한성의 정체성을 조선 전기 한양의 신도읍계획으로 볼 것인지, 아니면 조선후기 사회·경제체제 변화에 따라 재배치된 공간구조로 볼 것인지, 아니면 일본에 강점되기 이전 대한제국기에 자주적 근대화를 위해 추진한 도시개조 사업의 결과로 볼 것인지를 결정하는 것은 매우 중요한 일이다. 한성이 가지고 있는 원형적 관점에서 그 대상을 판단한다면, 개항 이후 외국인의 거주가 허락되기 이전의 모습을 한성의 원형으로 보는 것이 타당할 것이다. 즉, 조선 후기 한성은 조선 전기 신도읍계획의 조형원리를 따르면서, 시대적 변화에 대응하여 최적의 형태로 재적응된 조선조의 정치·경제·사회·문화적 활동이 축적된 결과물로서 서울의 원형으로 보는 것이다.

따라서 그 변화의 시점을 어디로 정하는가에 대한 논의는 매우 중요하다. 1876년 조·일 수호조규 체결 이후부터 일본은 공사의 한국체류문제로 조선과 지속적으로 대립해왔으며, 1882년 임오군란으로 서대문 밖 일본공사관(청수관)이 전소된 이후 일본인이 성안으로 최초로 진입하게 되었다. 하지만 공식적으로 외국인의 거주가 허용된 것은 아니었다. 외국인의 거주가 허용된 것은 일본을 견제하기 위하여 1882년 미국과 조미수호조약 체결을 시작으로 청국과 조·청 상민수륙무역장정,[2] 영국 및 독일 등과 연이어 조약을 체결하게 되면서부터였다. 이 과정에서 한성 내 청국인의 거주·통상을 허용하면서, 국제법 관례로 한성부가 잡거지로 개방되었다. 이후 서양 열강의 공사관과 영사관들이 들어서고, 청국인촌과 일본인촌이 만들어지게 되었다.

도시 개조의 원동력은 당시의 한성이 처해 있던 도시상황 속에서 존재한다. 당시 한성은 양난 이후 농촌사회가 붕괴되면서 유입된 인구로 도시의 위생과 과밀 문제가 서서히 나타나기 시작하였고, 개항 후 신문물이 도입되면서 새로운 경제·사회적 변화에 직면하고 있었다. 도시 내 빈 땅과 천변 및 산자락을 판잣집들이 서서히 무단점거하면서 불량주거지가 늘어나게 되었다. 게다가 늘어난 인구로 하수와 오수 처리는 한계에 다다랐고, 비좁고 단절된 도로와 비위생적인 주거는 이러한 문제를 더욱더 가중시켰다. 이러한 모습은 서양의 16~17세기에 겪었던 중세도시의 해체와 근대화 과정에서 볼 수 있는 중세도시의 모습이었다. 이에 대하여 당시 한성을 방문했던 서양인들은 골목 안은 사람

---

2 한성개잔은 중국·조선수륙무역장정 제4조 '중국상민의 한성개설행잔漢城開設行棧'을 말한다. 이 조약을 체결했던 조·중 양국 당사자들은 한성 내에서 거주·통상(개설행잔)할 수 있는 것이 유독 중국인에게만 한정하는 것으로 생각한 것인데, 그것은 아직도 국제외교의 실제에 서툴렀고 어떤 한 나라에 인정한 특권·이익은 수교국인 다른 나라에도 동일하게 적용된다는 국제법상의 이른바 '최혜국조관'의 규정을 알지 못했던 양국 대표의 무지와 착각의 소산이었다. 다음 해 가을(1883년 11월 26일)에 체결된 조영·조독 수호조약 제4조에서도 '한양 경성을 영국인의 거주·통상의 장소로 개방한다'고 규정되었고 이 조문이 그 후에 맺어진 제국과의 수호조약에 그대로 답습되었으며 일본·미국 등과는 최혜국조약이 적용되어, 결국 금단의 땅이었던 한성은 열강 각 국민의 잡거지로 개방되었고 동양 3국에서도 그 예가 없는 자유로운 개시장의 표본이 되었다.

들이 겨우 지나갈 정도로 비좁고 포장이 안 되어 비만 오면 흙탕물이 바다를
이루었고, 짚과 흙을 발라 만든 오두막 같은 집들로 가득 찼다고 묘사하고 있
다. 또한 하천에는 오물과 쓰레기가 넘쳐흘러 악취가 코를 찔렀고, 쉴 수 있는
공간이란 찾아볼 수 없었다.

끝도 없는 골목길을 꼬불꼬불 돌아서 가야 했다. 이 좁은 골목길에는 온갖 쓰
레기가 쌓여 있고 처마에서 떨어진 빗물로 길 양편이 개천이 되어서 흙탕물 바다
를 이루고 있었다.

— 마이예(1883); 분슈(1905); 헤세 바르텍(1894)

흙으로 벽을 발라 만든 오두막. 오두막 같은 한국 집들은 짚이나 기와로 지붕
을 덮었다. 길거리라는 것은 유럽의 집 앞 공터라고 할 수 있는 것으로, 가정에서
나오는 음식 쓰레기와 폐기물 모두를 버리는 곳이다. 길거리로 버려진 쓰레기 더
미는 차차 밀려서 동쪽으로 향하는 개천으로 흘러들어 간다.

— 서드(1902)

골목은 시내에서 가장 더러운 곳인데, 오물과 쓰레기가 씻겨 내려갈 하천이 없
기 때문에 온갖 더러운 오물이 항상 집 앞에 잔뜩 쌓여 있다. 가옥 뒤편에도 도무
지 공간이라는 것이 없다. 공지라는 것은 거리를 빼놓고는 없고 온갖 오물과 쓰레
기 등 잡동사니가 이런 길가에 수북하게 쌓인다.

— 헤세 바르텍(1894)

집회장, 연주회장, 승마장 등 공공 유흥장소라고는 전혀 없는 서울인지라, 한
국사람은 서로 모여 토론을 하면서 좋은 의견을 교환할 기회가 거의 없다. 집회가
있을 경우 집회 목적에서 조금이라도 벗어나면 관가의 제지를 받게 된다.

— 서드(1902)

3 • 정체성 요소별 변화

기능에 역점을 둔 도로개수와 가로의 미학적 특성 상실

서구에서 14세기 이후 지속적으로 발생된 콜레라, 장티푸스 등 도시질병에서 벗어나 위생을 관리하고, 지속적으로 발생하는 화재를 방지하여 도시의 지속적 번영을 확보하는 것은 근세에 들어서 확장되어가는 대도시가 우선 해결해야 하는 절실한 문제였다. 중세의 꼬불꼬불하고 비좁은 도로를 펴고 확장하는 일은 상하수 체계를 정비하여 위생을 확보하고 건축물의 불연화를 확보하는 데 선결되어야 하는 일이었다. 14세기 교황청을 로마로 이전한 이후 제일의 순례도시로서 급격한 인구증가와 마차·행렬의 증가에 대응하여 시작된 도로의 확장과 정비는 이후 북유럽의 도시가 성장하면서, 절대왕정의 등장과 함께 중세도시에서 근대도시로 전환하면서 거치는 필수적 의례처럼 인식되었다. 1666년 런던의 대화재로 화재를 방지하기 위하여 도로를 침식하는 건축물 제한규정을 확립하였고, 1800년경에는 배수체계를 갖춘 도로를 도입하면서 보도설치가 일반화되었으며, 1850년경에는 도로 폭이 명문화되었다.[3] 모두 도시의 공중보건과 위생을 확보하기 위한 과정으로서 법률로 명문화되었으며, 당시 유럽의 큰 도시였던 런던, 파리, 베를린, 암스테르담, 빈 등은 이러한 도로의 포장, 배수, 하수, 상수, 보도 등 체계에 대한 정보를 서로 교환하면서 구축하여 1800년대 후반에는 이미 이러한 근대도시가 갖췄던 도로체계를 완비했던 것이다. 조선 후기에 들어서 상업이 발달하면서 급격한 인구증가를 경험하고 있던 한성도 동일한 과제에 직면하고 있었다.

당시 한성의 도로체계는 종로를 중심으로 육조거리와 돈화문로, 남대문로가 기간골격을 형성하고, 외부로 통하는 북소문과 동소문, 서소문, 서소문, 광희문을 연결하는 가로가 이를 보조하는 구조로 되어 있었다(다음 그림 참조). 그리고 역대 왕의 어진을 모신 영희전과 사직단, 성균관을 가는 길이 이들 주요 가로와 연결되어 있었다. 육조거리는 60m에 달했고 종로는 넓은 곳이 20m에 달할 정도로 기간도로는 비교적 넓었으며, 중로는 5m, 소로는 3.4m로 비교적 여유가 있었던 것으로 파악된다.[4] 하지만 인구가 증가하고 시장이 발달하면서 도로를 침범하여 가건물인 가가假家들이 늘어나 우마가 겨우 지나갈 정도로 도로사정이 매우 좋지 않아졌다. 왕의 거둥길이나 도성의 대로도 예외가 아니었다. 민가가 광범위하게 도로를 침범하면서 육조거리를 제외한 모든 대로가 좁은 골목길로 변하여 수레가 다니기 어려울 정도가 되었다. 가로변의 환경수준도 걸어 다니기 어려울 정도로 주요도로를 제외한 대부분의 길이 오물로 오염되어 더러웠으며, 배수로에서 나는 악취로 상당히 불결했던 것으로 여러 문헌

----

3 혁명 직후 파리에서는 소도는 6m, 중로는 10m, 내부간선도로는 12m, 대로는 14m 폭으로 기능에 근간하여 도로를 세분화하였다.

4 『경국대전』(1485) 공전工典 교로조橋路條에서 도성 안 도로폭에 대하여, 대로의 너비는 56척(17.5m), 중로는 16척(5m), 소로는 11척(3.4m)로 하며 또한 도로 약쪽에 도랑을 두는데 그 너비는 각각 2척(0.625m)이라고 하였다.

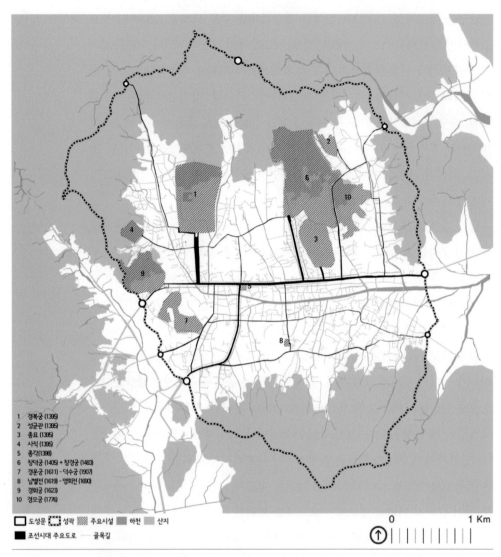

1 경복궁 (1395)
2 성균관 (1395)
3 종묘 (1395)
4 사직 (1395)
5 종각 (1398)
6 창덕궁 (1405) + 창경궁 (1483)
7 경운궁 (1611) - 덕수궁 (1907)
8 남별전 (1619) - 영희전 (1690)
9 경희궁 (1623)
10 경모궁 (1776)

□ 도성문 ⬚ 성곽 ▨ 주요시설 ▦ 하천 ▦ 산지
■ 조선시대 주요도로 — 골목길

0   1 Km

**가로의
시대별 변화**

조선시대

종로, 남대문로 등 주요 대로는 성 밖 주요 길과 공공시설을 연결하는 기능을 하였다. 중로 중에서 구리개길(현 을지로), 혜화문 가는 길(현 창경궁로), 서소문 가는 길(서소문로), 광희문 가는 진고개길(현 충무로) 등은 광희문, 혜화문, 소의문 등 도성의 소문을 연결하는 기능을 하였고, 사직단 가는 길(현 사직로), 영희전 가는 길(현 수표교길), 북쪽 종각을 연결하는 길(현 우정국로)은 주요 공공시설을 연결하는 기능을 하였다. 나머지 가로는 소로로서 개별 필지로 접근하는 기능을 하였다. 이것이 조선 후기 한성의 가로체계이다.

지도제작_ 도성대지도(18세기 중반).

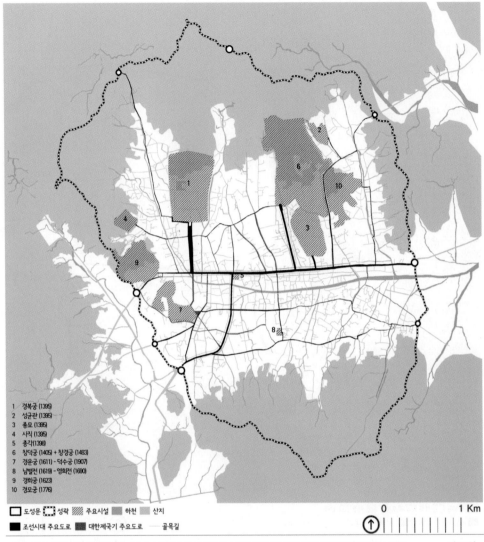

1 경복궁 (1395)
2 성균관 (1395)
3 종묘 (1395)
4 사직 (1395)
5 종각 (1398)
6 창덕궁 (1405) + 창경궁 (1483)
7 경운궁 (1611) - 덕수궁 (1907)
8 남별전 (1619) - 영희전 (1690)
9 경희궁 (1623)
10 경모궁 (1776)

☐ 도성문 ☐ 성곽 ▨ 주요시설 ▨ 하천 ▨ 산지
■ 조선시대 주요도로 ■ 대한제국기 주요도로 — 골목길

0 ┃┃┃┃┃┃┃┃┃ 1 Km

고종은 아관파천 이후 국호를 대한제국으로 고치고 경희궁(현 덕수궁)으로 환궁하면서 경희궁을 중심으로 한 도로체
계를 만들어갔다. 육조거리에서 황토현 고개를 넘어 직접 경희궁으로 접근할 수 있는 도로(현 태평로)를 내고, 구리개
길(현 을지로) 일부를 확장하였으며, 남대문로와 연결되는 길(현 소공로)를 조성하였다. 한성의 중심이 경희궁으로 옮
겨가면서 종로에서 경희궁 전면 대안문광장을 거쳐 남대문으로 연결되는 길(현 무교로·태평로)이 가구거리(당시 조
선의 장릉을 파는 상점거리)로서 장안의 명물로 자리 잡았으며, 경희궁을 중심으로 공사관들이 밀집하면서 서대문으
로 연결되는 길은 공사관거리, 서소문으로 연결되는 거리는 이탈리아 공사관 거리로 불렸다. 또한 일본인촌이 형성되
어 있던 진고개길(현 충무로)이 일본인들에 의해 정비되었다.

지도제작_ 헤세-바르텍, 『조선, 1894년 여름』 수록 지도 / 로제티, 『꼬레아 꼬레아니』(1996) 수록 지도/최신경성전도
(1907) / 지적원도(1912) / 서울특별시, 「세종시대 도성 공간구조에 관한 학술연구」(2010) / 대경성정도(1936).

가로의
시대별 변화
대한제국기

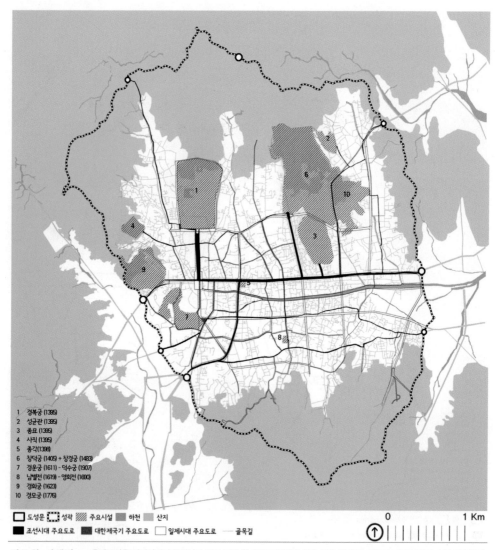

1 경복궁 (1395)
2 성균관 (1395)
3 종묘 (1395)
4 사직 (1395)
5 종각 (1398)
6 창덕궁 (1405) + 창경궁 (1483)
7 경운궁 (1611) - 덕수궁 (1907)
8 남별전 (1619) - 영희전 (1690)
9 경희궁 (1623)
10 경모궁 (1776)

□ 도성문   ⬚ 성곽   ▨ 주요시설   ▦ 하천   ▨ 산지
■ 조선시대 주요도로   ■ 대한제국기 주요도로   □ 일제시대 주요도로   — 골목길

0   1 Km

가로의 시대별 변화

일제 식민통치기

을사조약을 체결하면서 통감부가 가장 먼저 한 일이 도로개수이다. 전차 및 철도 개통에 따라 남대문과 동대문 주변으로 길이 났고, 구리개길(현 을지로) 확장이 이루어졌다. 한일합방 이후에는 경성시구개수예정계획을 수립하고, 이에 따라서 도로개수가 대거 이루어졌다. 육조거리와 남대문을 연결하는 태평로가 기존 도로를 중심으로 확장 개수되었으며, 이어서 율곡로, 소공로, 창경궁로가 확장 개수되었다. 그리고 돈화문로와 창경궁로가 남북으로 확장되었으며, 종로에서 혜화문까지 남북으로 연결되는 대학로와 동대문에서 장충단공원까지 연결되는 길이 당시 신설되었다. 퇴계로 일부가 조성되었으며, 육조대로에서 돈화문로 블록 중간을 관통하는 도로도 이때 만들어졌다. 전반적으로 사통팔달의 격자형 도로체계를 지향했다.

지도제작_ 앞 지도와 같음.

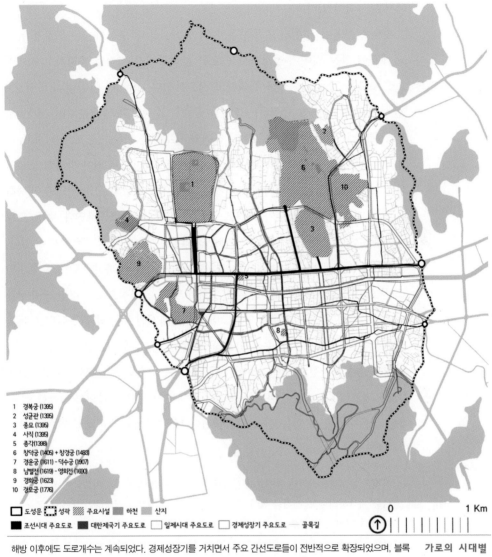

1 경복궁 (1395)
2 성균관 (1395)
3 종묘 (1395)
4 사직 (1395)
5 종각 (1398)
6 창덕궁 (1405) + 창경궁 (1483)
7 경운궁 (1611) - 덕수궁 (1907)
8 남별전 (1619) - 영희전 (1690)
9 경희궁 (1623)
10 경모궁 (1776)

☐ 도성문   ∷∷ 성곽   ▨ 주요시설   ▥ 하천   ☐ 산지
■ 조선시대 주요도로   ■ 대한제국기 주요도로   ☐ 일제시대 주요도로   ☐ 경제성장기 주요도로   ── 골목길

0   1 Km

해방 이후에도 도로개수는 계속되었다. 경제성장기를 거치면서 주요 간선도로들이 전반적으로 확장되었으며, 블록 내부 집분산 도로가 개수되거나 신설되었다. 또한 대학로가 남측으로 확장되었고, 율곡로가 동대문까지 연결되면서 한성 지역 전체의 도로 골격이 완성되었다. 그리고 도성 바깥으로 시가지가 확장되면서 터널과 함께 도로가 신설되었다.

지도제작_ 지번입최신서울특별시가도(1968).

가로의 시대별 변화

경제성장기

에서 묘사되어 있다.

　새로운 문물을 경험하고 돌아온 여러 통신사들과 수신사들은 도로를 넓히고 깨끗이 하는 것이 무엇보다도 중요한 선결과제라는 것을 파악하고 지속적으로 도로를 개선하는 일을 건의하고 시도하였다. 1896년 마침내 내부령 9호 "한성 내 도로의 폭을 규정하는 건"[5]을 공표하고 종로와 남대문로변 가가들을 철거하고 깨끗이 하였다. 육조거리 전면의 황토현을 관통하는 도로를 내고, 대한제국을 선포하면서 이전한 경운궁을 중심으로 사방으로 뻗은 방사형 도로를 개설하여, 기존 도로의 정비에 그치지 않고 도시구조를 바꾸는 작업을 진행하였다. 이때 만들어진 도로가 태평로, 구리개길(을지로), 소공로였다. 이들 도로 개수에 대한 기본개념은 일제강점기에도 그대로 계승되어 정비된 측면이 있다.

　한성의 도로체계는 기본적으로 T자형으로 이루어진 폐쇄적인 도로형태였고, 주요 대로를 제외하고는 물길과 지형에 맞춰 유기적으로 자라난 꾸불꾸불하고 비좁은 도로가 대부분이었다. 따라서 세계적인 도로의 표준이던 산책과 조망을 할 수 있도록 가로수가 있고 곧게 뻗은 대로 체계로 정비하려면, 도로를 십자형과 방사형으로 연결하면서 넓혀야 하는 전면적인 개선이 요구되었을 것으로 짐작된다. 이것이 마차를 중심으로 하면서 새로 도입되기 시작한 전차, 자동차를 수용할 수 있는 신작로라 불렀던 도로 형태였다.[6] 막혀 있는 도로들

....

5　이것은 한성판윤이었던 박영효가 김옥균의 치도약론을 발전시켜 치도국을 설치하여 도로를 개선하려 했던 생각을 받아들여 1895년 김홍집 내각이 시행하려 했던 "도로수치道路修治와 가가기지假家基地를 관허官許하는 건"을 실행에 옮긴 것이다. 종로와 남대문로에 대해 도로 폭을 55척으로 정하고, 도로 양쪽의 토지를 10년 시한으로 가가 건설을 허용하되, 그 건축을 제한하는 것이 주요 요지이다. 이에 기초하여 한성부는 곳곳의 가가를 철거하고 도로를 보수하였으며 일본인 가가도 가차 없이 철거하였다. 이때 도로 양측에는 도로경계를 만들었고, 도로는 돌로 된 판지로 포장하였다. 이로써 종로와 남대문로의 폭을 회복하게 된 것이다. 정비된 후의 가로의 모습에 대하여 불결하고 비좁고 냄새나는 도시라고 폄하했던 영국인 여행가 비숍이 놀라고 감탄했을 만큼 큰 개혁이었다.

6　1899년 5월에 서대문과 청량리 사이에 전차가 처음 개통되었으며, 9월에는 인천과 노량

이 연결되고, 필요하면 새로 만들었으며, 구부러진 도로는 곧게 폈다. 1898년에는 전차 궤도가 부설되고 개설되면서 이에 맞춰 도로도 확장되었다. 필요하다면 성곽을 철거했고 궁궐도 헐었다. 실로 중세도시에서 탈피하여 근대도시로 들어서는 어마어마한 도시구조의 개선이 이루어졌다. 1910년 남대문로(1910)를 시작으로 을지로(1911), 태평로(1912), 대학로(1920), 태평로·세종로(1936) 등 주요 기간도로가 계속해서 개수되었고, 훈련원로(1928), 창경궁로(1912), 배오개길(1912), 장충단길(1936), 홍인문로(1936), 남산순환로, 마른내길(1939), 사직로(1939)가 신설되었다. 그리하여 현재 도심부가 가진 기본적인 남북 및 동서 가로망이 구축되었다. 이러한 도시 개조는 일본인의 손으로 계획되고 시행된 것으로서,7 식민지 통치 구조 속에서 이러한 도시 개조는 그 방향성에는 동의하더라도 너무 효율성에 치우친 것이 아닌지 의문을 갖게 한다.

서구에서 근대도시로의 전환은 이러한 도로의 직선화와 확장 외에도 가로가 갖는 조망과 상징성, 공공장소의 설치와 연결이 동시에 고려되었기 때문이다. 최초의 조망가로로서 존 에블린이 경탄했던 로마의 피아 거리가 갖고 있는 광장과 성문의 연결, 그리고 이것을 바라보고 있는 조망선은 파리의 샹젤리제, 워싱턴 D.C.내셔널몰, 런던의 트라팔가 광장과 버킹엄 궁전을 연결하는 더 몰The Mall, 베를린의 운터 덴 린덴Unter den Linden으로 이어져 이러한 가로가 갖는 의미는 단순히 대로의 기능적인 의미를 넘어서는 것이기 때문이다. 오히려 가로가 갖는 미학적 특성이 더 강조되었다. 가로의 축선상에는 공원, 광장, 문화

────────────

진 사이에 철도가 개통되었다. 그리고 자동차는 1903년에 황실용 승용차가 들어왔다.

7   일제가 1912년에 처음으로 마련한 남산의 통감부를 중심으로 한 경성시구개수계획을 좀 더 현실적으로 조정하여 1919년에 수정하게 된다. 이것은 총독부청사의 경복궁으로의 이전을 바탕으로 조정된 것으로 세종로 - 태평로 축이 강조된 것을 볼 수 있다. 이 계획은 1928년경에 25개 노선 개수를 완료하면서 마무리되었다. 1930년대 이후 대륙침략을 본격화하기 위하여 1934년에 조선시가지계획령과 규칙을 제정하면서 각종 도로망의 정비와 토지구획정리사업을 추진하게 된다.

장엄함을 표현하고자 했던 로마의 조망가로

위: 퀴리날레 광장(현 대통령궁이 입지한 언덕 위 광장)에서 시작되는 로마 피아 문이 바라보이는 피아 거리(현 9월 20일 거리) 전경. 1561년부터 교황 피우스 4세의 명성을 높이기 위해 미켈란젤로가 만든 거리로서, 당시 가로의 조망선을 느낄 수 있다. 이 시도는 여러 여행자를 통하여 북유럽으로 퍼져나갔다. 가로의 미학적 가능성을 처음 발견한 것은 15세기 피렌체에서 원근법이 발견된 이후 회화 · 정원 등에 적용되다가 16세기 중반부터 시도되기 시작하였다. 넓고 곧은 가로를 내고, 건물을 같은 높이로 규칙적으로 배치하고, 도로 끝에 조각상, 원주, 성문을 배치하여 웅장한 효과를 내는 방식이다.

아래: 로마를 대표하는 조망가로, 로마 관문 포폴로 문과 캄피톨리노 언덕을 연결하는 코르소 거리의 시작점 포폴로 광장에서 본 전경. 이 가로는 교황 식스투스 5세를 비롯하여 여러 세기에 걸쳐 완성된 바, 그 중심인 포폴로 광장은 세 개 도로가 수렴되는 곳으로 중간에 오벨리스크를 놓아 이러한 효과를 극대화하고 있다.

공간 등 많은 공공시설이 들어섰다. 하지만 중시되어야 할 궁궐과 제사공간이 도로개설 과정에서 파괴되고 상징물과의 관계가 무시되며 문화적 시설과 공간이 고려되지 못하면서, 한성이 가진 정체성이 부각되지 못하고 훼손되었던 보이지 않는 원인이 이러한 도로 골격의 훼손에서 시작된 것이 아닌지 깊은 의구

심을 떨쳐버리지 못하게 하는 것이다. 덕수궁을 중심으로 육조거리와 남대문, 남대문로를 하나로 연결하려던 대한제국기의 방사형 도시구조로의 개편은 오히려 이러한 취지를 잘 살리고 있다. 이러한 의도와 구상에 의해서 지속적으로 개선되었을 때 한성이 갖고 있는 정체성은 더욱더 부각되어 파리와 같은 장엄하고 훌륭한 근대도시로 거듭났을 것으로 확신한다.

이러한 도로의 기능적인 접근에 의한 개조는 해방 이후에도 계속되었다. 자동차의 보급과 도시의 급격한 확산으로 오히려 더 심해졌다. 가로의 미학적·문화적 특성을 고려할 여유가 없었다. 도심 외곽과 연결하기 위하여 터널 및 고가도로가 이 시기에 건설되기 시작하였다. 1952년 태평로와 의주로를 시작으로 퇴계로(1962)와 세종로(1966), 율곡로(1970), 종로(1974), 을지로(1976), 새문안길(1977), 남대문로(1976, 1977)가 계속해서 확장되었고, 사직터널(1967), 청계/삼일고가(1969), 남산 1·2호터널(1970), 남산 3호터널(1978)이 신설되었다. 이제 아름답고 장엄했던 종로, 을지로, 돈화문로, 남대문로에서 미학적·문화적 특성은 거의 찾아볼 수 없을 정도로 변해버렸다. 어느 일반도로와 비교해서 차이점을 찾아보기 힘들게 된 것이다. 도로의 개선에서 시작된 한성의 개조를 볼 때, 도심부에서 다시금 회복해야 할 것이 무엇인지 면밀히 짚어볼 필요가 있는 부분이다.

시가지의 성곽과 성문 철거

교역이 발달하면서 꾸준하게 성장했던 서구의 도시들은 절대왕정의 등장과 함께 국가를 형성하는 과정에서 끊임없이 확장되어갔다. 17세기에 들어서도 여전히 방벽과 보루는 있었지만, 15세기 말 대포가 출현하면서 충격을 줄일 수 있도록 방벽 높이가 낮고 넓어졌으며, 시가지 쪽으로는 쉽게 오르내릴 수 있는 완만한 경사로가 설치된 이중방벽구조가 일반화되면서 방벽 위와 방벽 사이 및 주변 공간들이 공용공간으로 활용되어 경계부라기보다는 도시 인프라라는

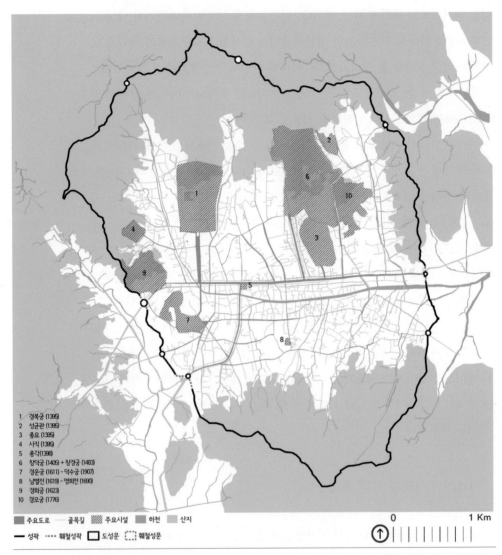

주요도로　━━ 골목길　░░ 주요시설　■ 하천　■ 산지

━━ 성곽　···· 훼철성곽　▢ 도성문　▢ 훼철성문

0　　　　　　　1 Km

**성곽 및 성문의
시대별 변화**

대한제국기

도성은 내사산의 봉우리를 따라 축성되었으나, 서대문과 서소문, 남대문, 그리고 동대문과 광희문 일대는 평지구간에 축성되었다. 이들 평지구간은 조선 후기에 들어와 상업의 발달과 함께 도성 안팎으로 이미 시가화가 진행되었기 때문에, 주로 이 구간의 성곽이 철거되었다. 1899년 서대문과 청량리 사이에 전차가 개통되면서 동대문과 서대문 부근의 성곽 일부가 철거되었으며, 1900년에는 종로와 용산사이에 전차궤도가 부설됨으로써 남대문 부근 성곽 일부도 철거되었다.

지도제작_ 서울특별시, 「역사문화유산의 변화기록 및 시민인식 조사를 통한 서울도심의 정체성 연구」(2010).

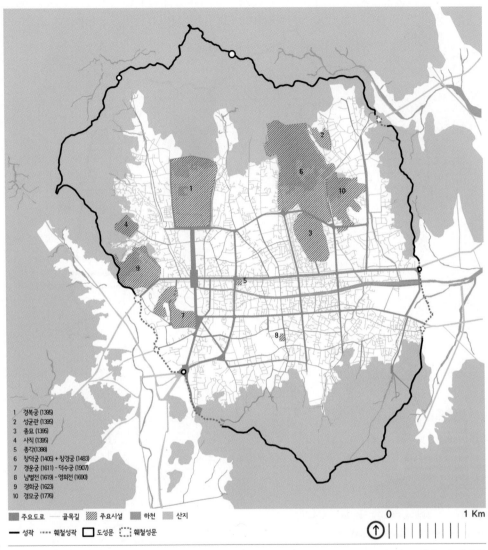

1 경복궁 (1395)
2 성균관 (1395)
3 종묘 (1395)
4 사직 (1395)
5 종각 (1398)
6 창덕궁 (1405) + 창경궁 (1483)
7 경운궁 (1611) - 덕수궁 (1907)
8 남별전 (1619) - 영화전 (1690)
9 경희궁 (1623)
10 경모궁 (1776)

■ 주요도로 — 골목길 ▨ 주요시설 ■ 하천 ■ 산지

— 성곽 ···· 훼철성곽 □ 도성문 ⸢¦⸥ 훼철성문

0   1 Km

일본은 도로 건설을 위해 성벽처리위원회를 두어 본격적으로 성곽 철거를 추진하기 시작하였다. 1905년 을사조약 이후 경인·경부·경의선 완공에 따른 남대문역(현 서울역)의 교통량 증가에 대응하여 남대문 양측 성곽 철거가 건의되었고, 1907년 일본 황태자 방문을 계기로 실행되었다. 이어서 조선신궁 참배로를 만들기 위하여 남대문 동측 성벽이 철거되었고, 서소문, 돈의문, 광의문, 혜화문과 주변 성곽도 차례로 철거되었다.

지도제작_ 앞 지도와 같음.

성곽 및 성문의
시대별 변화

일제 식민통치기

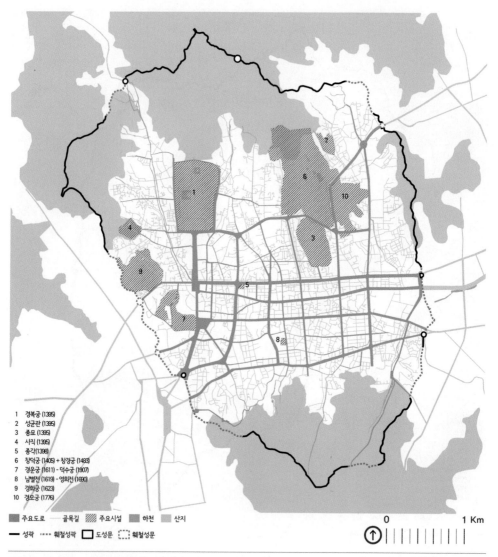

1 경복궁 (1395)
2 성균관 (1395)
3 종묘 (1395)
4 사직 (1395)
5 종각(1398)
6 창덕궁 (1405) + 창경궁 (1483)
7 경운궁 (1611) - 덕수궁 (1907)
8 남별전 (1619) - 영희전 (1690)
9 경화궁 (1623)
10 경모궁 (1776)

주요도로 　골목길 　주요시설 　하천 　산지

성곽 　훼철성곽 　도성문 　훼철성문

0　　　　　　　　　　　1 Km

성곽 및 성문의　경제성장기에는 이들 시가지를 중심으로 내사산 자락을 타고 올라가면서 각종 호텔과 공공시설을 건축하면서 성
시대별 변화　곽이 지속적으로 훼손되었다.

경제성장기　　지도제작_ 앞 지도와 같음.

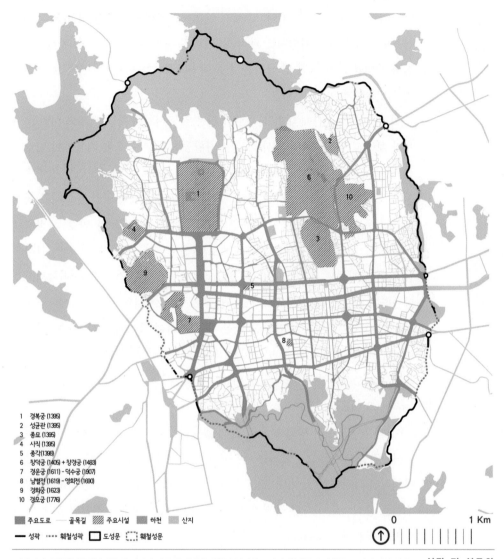

1 경복궁 (1395)
2 성균관 (1395)
3 종묘 (1395)
4 사직 (1395)
5 종각(1398)
6 창덕궁 (1405) + 창경궁 (1483)
7 경운궁 (1611) - 덕수궁 (1907)
8 남별전 (1619) - 영희전 (1690)
9 경희궁 (1623)
10 경모궁 (1776)

■ 주요도로   ── 골목길   ▨ 주요시설   ■ 하천   ■ 산지
── 성곽   ···· 훼철성곽   □ 도성문   ⬚ 훼철성문

0   1 Km

민선자치기에 들어오면서 훼손된 성곽과 성문에 대하여 회복이 진행되고 있다. 창의문과 혜화문, 그리고 남산 일대   **성곽 및 성문의**
가 점차 복원되었다.   **시대별 변화**
지도제작_ 앞 지도와 같음.   민선자치기

개념이 일반화되기 시작했다. 16세기 안트베르펜에서 방벽 위에 나무를 심어 산책로를 조성한 아이디어는 파리 등 여러 도시로 퍼져나갔으며, 파리에서는 방벽 주변을 따라 생긴 빈 공간을 폴몰Pall Mall 경기를 위한 가로수길로 조성하여 시민들에게 환영을 받았다.

이러한 방벽 공간에 대한 산책로의 활용은 도시의 부가 축적되고 시민들 자유가 보장되면서 증가되는 사교 및 여가활동에 대한 수요에 대응하여 만들어진 것이다. 전쟁기술이 고도화되고 도시가 지속적으로 확장되면서 방벽으로 인한 소통의 제약을 해소하기 위해 철거된 이후에도 이들 공간은 그대로 산책로로 활용되었다. 파리는 방벽을 철거한 이후에 기존 대로와 연결·확장하여 30m가 넘는 가로수가 있는 순환도로로 활용하였다. 베를린, 하노버, 그라츠 등 다른 도시들도 파리를 따랐다. 빈Wien에서는 이들 공간을 보다 적극적으로 활용하여 1860년에 산책로로 조성된 링 모양의 지역을 링슈트라세Ringstraβe (순환도로)로 재개발하여 다양한 공공·문화시설이 들어서 도시의 중심공간으로 새롭게 태어났다. 또한 방벽이 철거된 후에 남겨진 성문 주변은 개축되어 광장으로 조성되었다. 파리의 생 마탱 문Porte Saint-Martin과 생 드니 문Porte Saint-Denis이 그 대표적인 예이다.

이와 같이 도시가 방벽 밖으로 끊임없이 확장되면서 방벽을 허물어 내외의 도시공간을 연결하고 접합하는 과정은 근대도시가 어느 시점에는 겪어야 했던 필연적인 과정이었다. 이미 조선 후기에 들어서면서 남대문과 동대문 등 성문 주변을 중심으로 시작된 급격한 시가화는 서구의 도시들이 겪었던 성벽 내외의 도시공간의 연결이라는 동일한 과제에 직면하고 있었다. 하지만 한성의 방벽은 대체로 산을 따라 만들어졌기 때문에 성문을 중심으로 시가지에 위치한 방벽들이 문제가 되었다. 이들 방벽은 서구의 방벽과 같이 면적이 크지 못한 측면도 있으나, 서구 도시와 같이 산책로로 활용되지 못하고 세 가로와 주택으로 채워졌다. 고종은 1899년에 서대문과 청량리 사이에 전차궤도가 부설되면서 동대문과 서대문 부근 성곽 일부를 철거하였고, 1900년에는 종로와 용산 사이에 전차궤도를 부설하면서 남대문 부근 성곽 일부를 철거하였다. 1905년에는 일본공사가 경인·경부·경의선이 각각 완공되어 남대문역(서울역)에서 한성으로 통하는 남대문 양쪽으로 우회하는 2개 도로와 새로운 대로를 조성할 것을 건의하였으며, 일 황태자의 한국 방문을 계기로 남대문 좌우의 성곽을 헐어 성 내외를 통과하는 새로운 도로가 완성되었고, 이후 교통 요충지에 위치한 성곽을 단계적으로 철거하는 계획이 수립되었다. 성벽처리위원회를 발족하고 성벽처리위원회 규정을 공포하여 성곽에 대한 본격적인 철거가 진행되었다. 1908년 동대문 북측의 성곽과 남쪽의 오간수문五間水門이 철거되었고, 남대문의 남측 성곽이 철거되었다. 성안 주민의 반발로 성벽처리위원회는 1908년에 폐지되었으나, 성곽 철거사업은 내부 지방국과 토목국으로 이관되어 계속되었다. 1914년에는 서소문과 그 주변이 철거되었고, 이듬해에는 돈의문과 그 주변이 마저 철거되었다. 또한 1926년에는 광희문과 그 주변, 그리고 1928년에는 혜화문과 그 주변 성곽이 차례대로 철거되었다.

이러한 한성의 성곽·성문 철거과정에서 서구의 대도시들과 같이 성문 주변으로는 광장을 만들어 장소의 이력을 보전하고 철거된 성곽지역에는 산책로를 조성하여 문화·여가공간으로 활용할 만한 여지가 충분히 있었는데도 그러지 못했던 것이 아쉽다. 내사산 성곽과 성문이 위치한 광장이 녹지축으로 연결되었다면, 도심부를 둘러싼 훌륭한 순환녹지축이 만들어졌을 것이다. 이렇게 철거된 성곽과 성문은 경제성장기부터 지속적으로 복원해왔고, 최근 서대문과 서소문 복원이 검토되고 있다. 그대로의 복원도 중요하지만, 서구의 근대도시로의 전환과정에서 겪었던 활용 경험을 거울삼아 진행할 필요가 있을 것이다.

하천의 복개와 천변 정취의 상실

내사산에서 발원하여 한성의 곳곳을 거쳐 중심에서 모여 흐르는 청계천과 지천은 상류 계곡은 식음수를 공급하는 공간이었고, 오물이 씻겨 내려간 하천은 빨래하고 물장구치며 다리밟기·연등행사 놀이를 즐기는 여가공간이었으며, 상시에는 천연의 하수체계로서 상당히 복합적인 기능을 수행해왔다. 하천이 한성의 곳곳에 스며들어 만들어낸 도시의 정취는 한성을 산의 도시이면서 물의 도시라고 부를 만큼 주요한 정체성을 형성해왔다. 따라서 조선 초부터 하천에 오물을 투척하는 것을 금지하고, 홍수와 위생에 대비하여 지속적으로 관리해왔다. 하지만 세종 때 준설 이후 오랜 기간 모래와 쓰레기가 양안 도로와 수평을 이룰 정도로 쌓여 홍수와 악취가 지속적으로 발생하자 영조(1760) 때 다시 하천을 준설하는 대대적인 공사를 벌였고, 상설기관인 준천사濬川司를 설치하여 지속적으로 관리될 수 있도록 하였다. 하지만 후기로 접어들면서 급격한 인구증가와 함께 방치된 하천은 생활하수의 무단배출과 쓰레기 투척으로 위생이 악화되었고, 비가 오면 주변으로 흘러넘쳐 주민에게 큰 고통을 주었다. 하천을 정비하여 도시의 위생을 확보하는 것은 도로를 넓히고 깨끗이 하는 일과 함께 해결해야 할 중요한 과제였다. 하지만 하천을 정비하는 일을 도로와는 달리 복개보다는 지속적으로 준천濬川하는 방법으로 진행한 것을 보면, 하천은 그대로 두어 여가공간으로 활용하면서 하수관망을 별도로 설치하는 방법을 개수방향으로 염두에 두고 있지 않았나 생각하게 된다.

별도의 배수체계가 없었던 서구의 일반 대도시들은 도로를 개수하면서 동시에 하수체계와 상수체계를 해결하고자 고민하였다. 중세시대의 런던은 어느 도시와 같이 끊임없는 도로의 오물 투척으로 지저분하고 불결했다. 도시가 서서히 성장하면서 14세기에 이르러 런던에서는 강이나 수로 및 도로에 쓰레기와 배설물을 투기하지 못하도록 금하는 포고령을 내렸고, 도시 청소조직을 광범위하게 운영하였다. 파리와 로마도 전개과정은 비슷했다. 하지만 도시가 성장하면서 도시의 위생문제는 더욱더 심각해졌고, 보다 근본적으로 하수의 집하와 처리 문제를 놓고 고심하기 시작하였다. 당시 가장 큰 도시였던 런던은 1800년대 초반에 이르러 상하수 체계를 전면적으로 개선하는 안이 검토되었고, 1865년에 이르러 대규모 하수관거가 매설되었다. 파리의 경우에도 1850년대에 도로를 개수하면서 도로변으로 지하에 수도관과 함께 대규모 하수관거를 설치하였고, 베를린도 독자적인 하수체계를 계획하여 도입하였다. 운하가 발달한 파리와 베를린에서도 일부 운하를 복개한 경우는 있되 하천을 복개한 경우는 드물며, 하수와 하천을 분리하여 개수하는 방법이 일반적이었다. 일본의 도쿄와 교토의 경우에도 하천의 형태를 그대로 두어 위락·생태·미관적 역할을 수행하면서 하수관망을 분리하여 설치한 예에서도 볼 수 있다.

청계천 양안에 산책로를 조성하는 구상이 한때 검토되었지만, 결국 밖으로 개방되어 쓰레기 투척과 악취, 홍수로 시달리던 하천을 전면적으로 매립하는 안이 효율성과 비용의 원칙하에서 결정되었고, 점진적으로 개거식 또는 암거식으로 개수되었다. 1918년부터 일인 거주지를 중심으로 청계천 지류와 세천이 복개되기 시작하였고, 이어서 본류인 청계천의 복개 구상이 나왔다. 1926년에는 청계천 대광교~주교정 구간을 복개하는 구상이 나왔고, 1935년에는 청계천 전면복개 및 고가도로 조성 구상이 만들어졌다. 1937년에는 마침내 청계천 대광교~광교 사이를 복개하기 시작했으며 1940년에는 청계천의 전면복개 계획이 수립되었는데, 이는 일제의 군수이동 편리성 및 방공을 위해 계획된 것이다. 이러한 하천의 개수는 1908년 한성부의 주관하에 마지막으로 준천이 실시된 이후 전적으로 일본인의 손으로 계획되고 시행되었다. 식민지하에서 하천의 개수도 그 필요성에는 동의할 수 있지만 너무 효율성에 치우쳐서 추진된 것이 아닌가 하는 의문을 지울 수 없다.

해방 이후에도 하천 복개는 지속되었다. 1958년부터 광교~동대문 오간수다리와 청계천의 전면 복개 공사가 시작되었고 그 위에 고가도로가 건설되었다. 1965년에는 도심 외곽의 오간수다리~제2청계교 사이가 복개되었으며, 1978년에는 마장철교까지 복개됨으로써 청계천 복개공사가 완료되었다. 이로써 한성에서 하천의 흔적은 거의 사라졌고, 물의 도시로서 도시의 정취와 분위기는 찾아볼 수 없게 되었다.

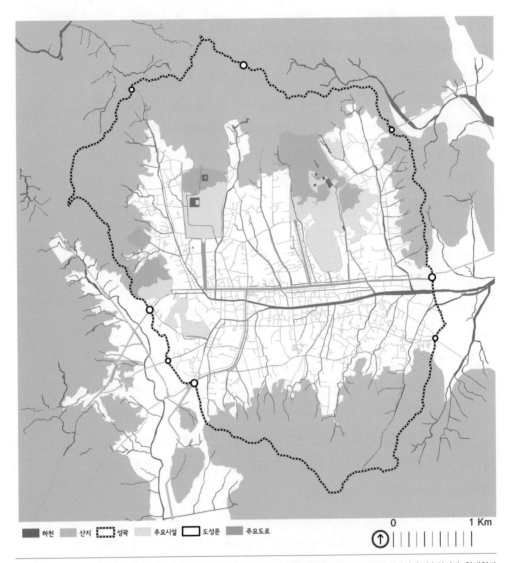

| 하천 | 산지 | 성곽 | 주요시설 | 도성문 | 주요도로 |

0   1 Km

**하천의
시대별 변화**

조선시대

청계천 및 주요 지천에 대해서는 제5장(정체성의 근간, 중심대로와 하천의 회복)에서 상세하게 기술하였다. 청계천과 그 지천은 한성의 주 배수로 역할을 했으며, 세천을 포함한 상류 계곡부는 식수원과 여가·위락 기능을 했다. 청계천은 여름철 강수량이 많아 물이 범람하여 침수가 극심하였기 때문에 지속적으로 개수 및 준설공사가 진행되었으며, 영조 때는 유로를 직강화하거나 변경하는 공사를 실시하기도 하였다.

지도제작_ 도성대지도(18세기 중반) / 최신경성전도(1907) / 지적원도(1912) / 대경성정도(1936) / 서울특별시, 「세종시대 도성 공간구조에 관한 학술연구」(2010) / 서울특별시, 「역사문화유산의 변화기록 및 시민인식 조사를 통한 서울도심의 정체성 연구」(2010).

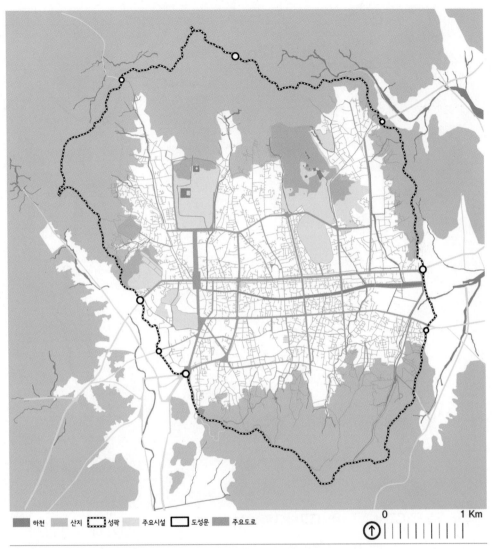

하천	산지	성곽	주요시설	도성문	주요도로

0 1 Km

일제 식민통치기간에 일부 지천을 제외한 세천 대부분이 복개되었으며, 청계천 복개도 당시에 계획되어 사업이 시작
되었다. 일본인들이 집거하던 남산자락을 중심으로 지천과 세천들이 복개되기 시작하여 일제 말기에 들어서는 백운
동천과 삼청동천, 흥덕동천, 묵사동천, 옥류천, 남소문동천 등 주요 지천을 제외하고는 대부분 복개되었다. 또한 1937
년 일본은 군수물자가 신속하게 이동할 수 있도록 교통로를 확보하기 위하여 청계천 본류를 복개하기 시작하였다.

지도제작_ 앞 지도와 같음.

하천의
시대별 변화
일제 식민통치기

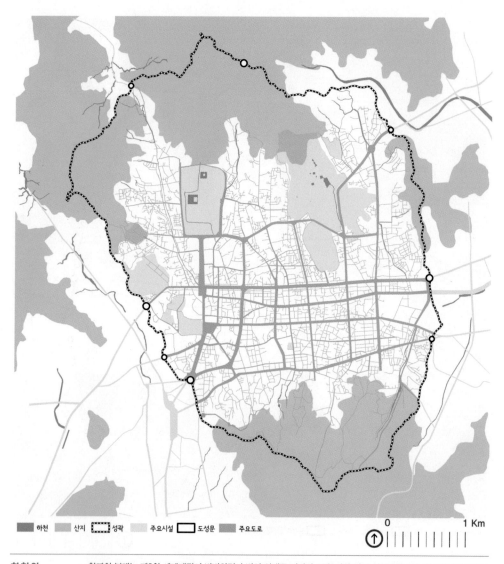

**하천의
시대별 변화**

전후 혼란기

청계천 복개는 제2차 세계대전이 발발하면서 방임 상태로 있다가 1949년에 다시 시작되었으나, 한국전쟁으로 중지되었다. 전후 혼란기를 거치면서 흥덕동천과 남소문동천을 제외한 지천이 전면적으로 복개되었다.

지도제작_ 지번입최신서울특별시가도(1968) / 서울특별시, 「세종시대 도성 공간구조에 관한 학술연구」(2010) / 서울특별시, 「역사문화유산의 변화기록 및 시민인식 조사를 통한 서울도심의 정체성 연구」(2010).

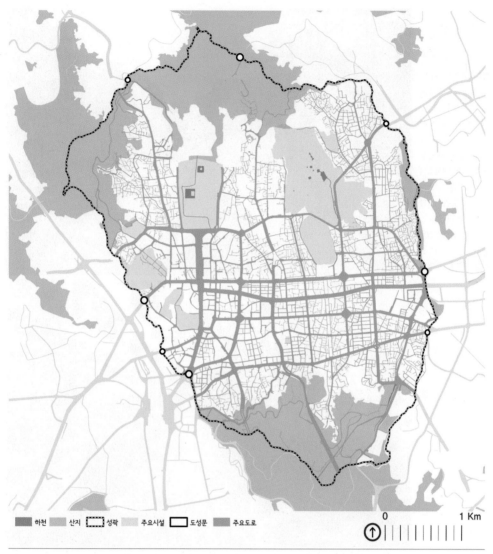

하천 산지 성곽 주요시설 도성문 주요도로

0   1 Km

전쟁 이후 1954년 청계천을 포함한 하수도 개수를 시작으로 58년부터 본격적인 복개공사가 시작되어 61년에 한성공
간의 복개가 완공되었다. 또한 흥덕동천과 남소문동천이 복개되어 모든 지천 복개가 완료되었다.

지도제작_ 앞 지도와 같음.

하천의
시대별 변화

경제성장기

**잘 보존·정비
되어 있는
교토의 지천들**

교토는 가모가와천을 비롯하여 시가지를 흐르는 지천과 세천이 잘 보존·정비되어 있어 역사도시로서 풍모와 분위기를 잘 느낄 수 있다. 위쪽 사진은 도쿠가야아에야스가 교토에 거주했던 이조성 입구 주변에 흐르는 하천이며, 아래 사진은 시가지 중심부인 시조거리를 가로질러 가모가와천으로 흐르는 하천 전경이다.

개항에 따른 외국 공관지구의 형성

19세기 말부터 동아시아 지역은 서구 강대국에 의한 강제 개항과 불평등조약 체결로부터 많은 변화가 시작되었다. 1882년 임오군란의 결과로 청나라의

112　한성의 정체성 회복 이야기

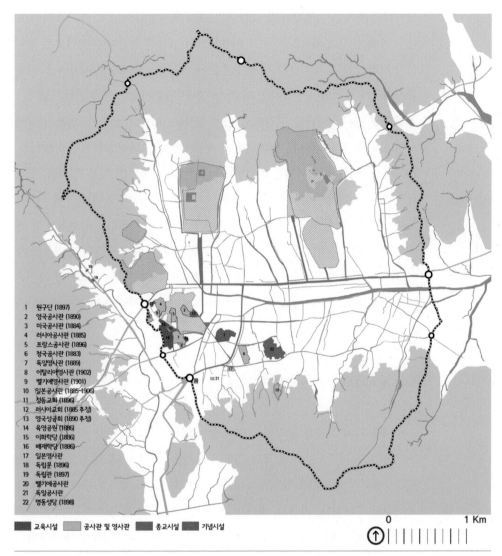

```
1    원구단 (1897)
2    영국공사관 (1890)
3    미국공사관 (1884)
4    러시아공사관 (1885)
5    프랑스공사관 (1896)
6    청국공사관 (1883)
7    독일영사관 (1889)
8    이탈리아영사관 (1902)
9    벨기에영사관 (1901)
10   일본공사관 (1885~1906)
11   정동교회 (1896)
12   러시아교회 (1885 추정)
13   영국성공회 (1890 추정)
14   육영공원 (1886)
15   이화학당 (1886)
16   배재학당 (1886)
17   일본영사관
18   독립문 (1896)
19   독립관 (1897)
20   벨기에공사관
21   독일공사관
22   명동성당 (1898)
```

교육시설   공사관 및 영사관   종교시설   기념시설

0   1 Km

1896년 고종은 일본의 민비시해와 함께 정동에 있는 러시아공사관으로 피신하였다가 1897년 서양 열강의 공사관이 밀집한 경희궁으로 환궁하여 대한제국을 선포하고 경희궁을 중심으로 다양한 외교 교섭활동을 진행하면서 이 지역은 새로운 통치공간으로 부상하였다. 이곳은 이미 미국공사관(1883), 영국영사관(1884), 러시아공사관(1885), 독일영사관(1889)이 자리 잡고 있었으며, 이후 서양식으로 신축된 공사관 등 건축물들은 정동의 이국적인 근대경관을 만들어냈다. 또한 이들 공사관을 중심으로 러시아교회, 영국성공회, 정동교회 등 건축물들이 들어섰고, 이화학당, 배재학당 등 근대식 사립학교가 들어섰다.

신통치공간의
형성

지도제작_ 도성대지도(18세기 중반) / 최신경성전도(1907) / 대경성정도(1936) / 지번입최신서울특별시가도(1968) / 서울특별시, 「역사문화유산의 변화기록 및 시민인식 조사를 통한 서울도심의 정체성 연구」(2010).

세력이 강해지면서 체결된 조·청 상민수륙무역장정이 국제법 관례에 따라 모든 국가에 한성의 외국인 거주가 허용되면서 이국적 공간이 본격적으로 들어서기 시작하였다. 특히 정치적 중심공간이었던 경운궁(덕수궁) 주변으로 외국 공관지구가 형성되기 시작하였고 외국인 전관 거류지들도 함께 만들어졌다.

1883년 청국공사관을 시작으로 미국 영사관, 러시아 공사관, 일본 공사관 등이 차례로 건립되었다. 1889년에는 독일 영사관, 1890년에는 영국 공사관, 1901년에는 벨기에 영사관, 1902년에는 이탈리아 영사관, 일본 영사관, 벨기에 공사관, 독일 공사관이 건립되었다. 공사관과 영사관의 건립과 함께 러시아 교회, 성공회, 명동성당도 들어섰다. 또한 육영공원, 이화학당, 배재학당 등 신식 교육기관도 들어섰다. 이러한 개방에 대응하여 독립을 상징하는 건물도 생겨났다. 1896년 영은문을 헐고 독립문을 세웠고, 1897년에는 모화관을 독립관으로 개조하여 사용하였으며, 남별궁 터에는 하늘에 제사를 지내는 원구단을 건립하였다.

육조거리의 공간변화와 경관 훼손

중세를 거쳐 직물을 둘러싼 교역이 발달하면서 축적된 부를 중심으로 형성된 서양의 도시국가들은 종교의 영향이 줄어들면서 민족을 중심으로 형성된 절대왕정의 국가체계를 형성하게 된다. 17세기에 들어 국가의 부와 인구가 증가하면서 베네치아, 피렌체, 밀라노, 브뤼헤, 안트베르펜, 암스테르담, 함부르크 등 도시국가들은 점차 그 영향이 줄어들고, 새로운 국가의 수도가 부상하게 되었다. 상업도시에서 성장했던 런던과 파리, 베를린, 마드리드 등 왕이 거주하는 수도는 거대도시로 자라났고, 도시와 국가를 통치하는 업무도 증가했다. 각 도시들의 웅장한 시청사는 암스테르담 시청사를 끝으로 19세기 중반에 들어서기 전까지 더는 지어지지 않았다. 각 국의 수도에는 새로운 궁전들이 들어섰고, 의회, 법원, 정부 관공서들이 궁전에서 독립하여 별도로 들어섰고, 은행과 거래소, 교도소, 병원 등이 재건축되거나 신축되었다.

　동양의 도시는 이미 국가를 토대로 한 왕정이 자리를 잡고 있었기 때문에, 조선의 수도였던 한성도 이미 국초에 이러한 통치공간이 육조거리를 중심으로 형성되어 있었다. 또한 절대왕정으로 전환하면서 절대권력을 표현했던 아름답고 넓은 직선대로가 갖는 기념비적 상징성과 왕을 향한 조망성도 육조거리는 갖추고 있었다. 다만 근대적 통치체제로 전환하면서 갖춰야 할 관공서의 재정비와 거래소와 은행, 병원, 학교 등 신식시설의 설치가 현안과제였다.
대한제국이 근대적 통치체제와 신문물을 도입하기 위한 갑오개혁(1894), 을미개혁(1895), 광무개혁(1896)을 거치면서 관아가 밀집해 있던 육조거리의 형태도 서서히 변하기 시작했다. 1894년 황제를 위한 시위대청사를 시작으로 1895년 학부/탁지부/농상공부/군부, 1896년 내/외부, 1900년 경부/통신원이 기존 관아 자리에 들어섰다. 하지만 행정체계를 바꾼 것이었기 때문에 건축물과 경관에 미친 영향은 크지 않았다. 육조거리의 경관은 1904년 일제에 의해 통감정치가 이루어지면서부터 본격적으로 변모하기 시작했다. 러일전쟁(1904) 이후 관아 부지를 무상 접수·불하하여 새로운 건물들이 들어서면서부터 관아의 장행랑이 장관을 이루었던 육조거리의 통일성과 연속성은 깨지기 시작했다. 예조 터에 저금보험관리국, 형조 터에 통신국, 의정부 터에 도청, 이조 터에 경찰관강습소, 한성부 터에 지적관리소, 호조 터에 법학전문학교가 새로이 들어섰고, 1912년에는 황토현을 없애고 광장을 설치했으며, 광화문광장이 직선화되어 연결된 태평로변에는 조선일보와 부민관 등 다양한 시설이 생겼다. 한 차례 세종로(1936)와 태평로가 개수되는 과정에서 예전의 경관은 찾아볼 수 없을 정도로 바뀌었다.

　1968년 광화문은 다시 복원되었지만, 세종로의 확장(1970)과 함께 주변으로 정부종합청사와 별관, 문체부, 미대사관, 정통부/한국통신, 교보문고 등 고층건물이 우후죽순 들어서면서 육조거리가 만들어낸 아름답고 기품 있는 조망경관은 사라지고 난립한 건축물들에 의해 여느 거리와 같이 보잘 것 없는 저급

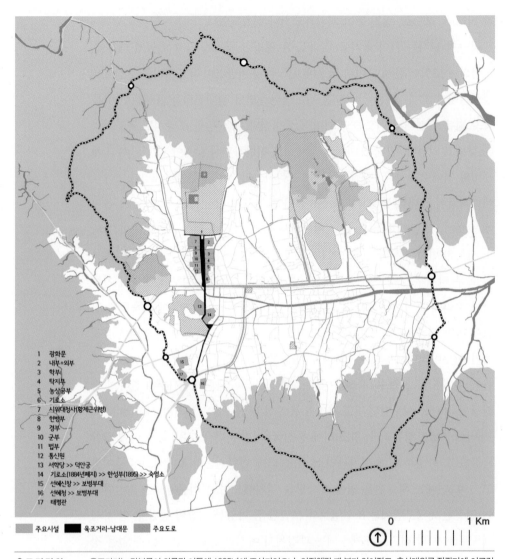

1 광화문
2 내부+외부
3 학부
4 탁지부
5 농상공부
6 기로소
7 시위대청사(황제근위병)
8 헌병부
9 경부
10 군부
11 법부
12 통신원
13 서학당 >> 덕안궁
14 기로소(1884년폐지) >> 한성부(1895) >> 숙영소
15 선혜신창 >> 보병부대
16 선혜청 >> 보병부대
17 태평관

■ 주요시설　■ 육조거리-남대문　■ 주요도로

0 　　　　　　　　 1 Km

육조거리의
시대별 변화

대한제국기

육조거리는 경복궁이 완공된 이듬해 1395년에 조성되었으나, 임진왜란 때 불타 없어졌고, 흥선대원군 집권기에 이르러 그 모습을 회복하였다. 따라서 당시의 위치는 조선 초와는 약간 달랐다. 국가최고기관인 의정부는 조선 초부터 광화문 앞 동편에 위치했고, 서편에는 조선 초 예조 터였던 것이 흥선대원군이 집권하면서 비변사기능을 통폐합하면서 군사업무를 담당했던 삼군부가 자리 잡았다. 1880년 삼군부는 폐지되고 통리기무아문과 시위대청사로 활용되었으며, 대부분 철거되고 총무당은 삼선공원, 청헌당은 공릉 육사경내로 옮겨져 현재에 이르고 있다. 서편에는 순서대로 삼군부를 위시해서 중추부, 사헌부, 병조, 형조, 공조가 위치했고, 동편에는 의정부를 중심으로 예조, 이조, 호조, 한성부, 기로소(현 교보문고 자리)가 위치했다. 현 한국통신 자리는 한성부 건물이 가장 오래 있었던 곳이다.

지도제작_ 도성대지도(18세기 중반) / 최신경성전도(1907) / 대경성정도(1936) / 지번입최신서울특별시가도(1968) / 서울특별시, 「역사문화유산의 변화기록 및 시민인식 조사를 통한 서울도심의 정체성 연구」(2010).

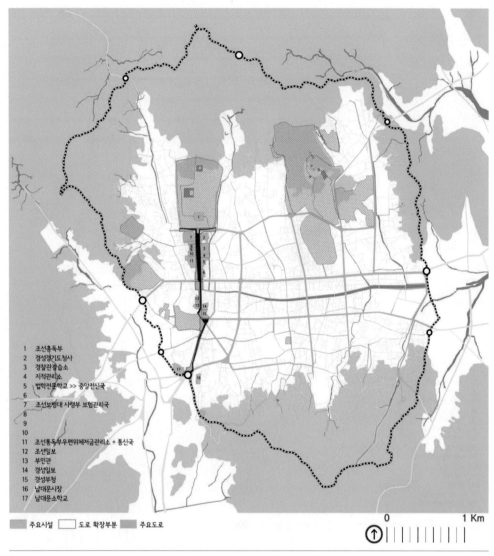

1　조선총독부
2　경성경기도청사
3　경찰관강습소
4　지적관리소
5　법학전문학교 >> 중앙전신국
6
7　조선보병대 사령부 보험관리국
8
9
10
11　조선총독부우편위체저금관리소 + 통신국
12　조선일보
13　부민관
14　경성일보
15　경성부청
16　남대문시장
17　남대문소학교

주요시설　□ 도로 확장부분　■ 주요도로

0　　　　　　　　　　　1 Km

일제 강점기에 들어와 거리가 개수되고 관아가 서양식 건물로 대체되는 과정에서 점차 허물어졌다. 1926년 경복궁 내에 총독부 건물이 들어서면서 광화문이 이전되고 육조거리 양편에 늘어선 장랑도 철거되었다. 하지만 당시 예조를 비롯하여 육조관아의 당상대청은 여전히 많이 남아 있었다.

지도제작_ 앞 지도와 같음.

육조거리의
시대별 변화

일제 식민통치기

제3장 • 한성의 도시 개조와 정체성 변화　117

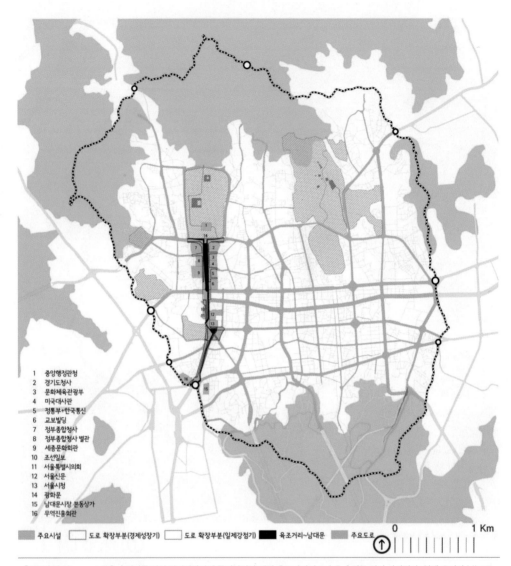

육조거리의
시대별 변화

전후 혼란기

전후 혼란기를 거쳐 경제성장기에 들어서면서 예전 육조거리의 모습은 흔적도 없이 사라졌다. 현재 우리가 보는 모습은 경제성장기를 거치면서 재건축된 것이다. 각종 정부청사가 이곳에 들어서면서 그 기능은 계속 전승했다고 보이나, 고층의 현대적인 건물들에서 과거 육조거리가 가졌던 위엄과 품격은 찾아보기 어렵다.

지도제작_ 앞 지도와 같음.

범례 (지도 내)

1 중앙행정관청
2 경기도청사
3 문화체육관광부
4 미국대사관
5 정통부+한국통신
6 고보빌딩
7 정부종합청사
8 정부종합청사 별관
9 세종문화회관
10 조선일보
11 서울특별시의회
12 서울신문
13 서울시청
14 광화문
15 남대문시장 분동상가
16 무역진흥회관

주요시설 　 도로 확장부분(경제성장기) 　 도로 확장부분(일제강점기) 　 육조거리~남대문 　 주요도로

0　　　　　　　　1 Km

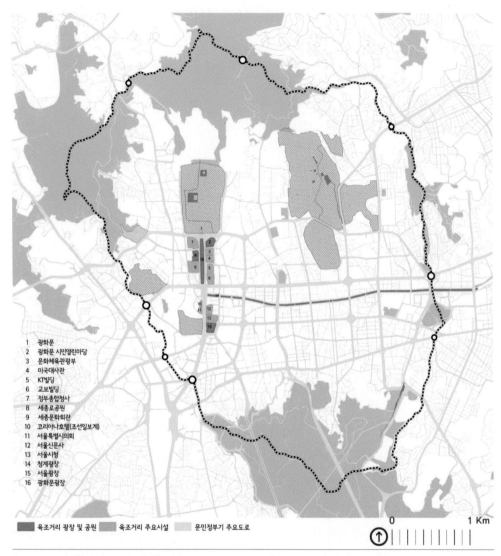

1 광화문
2 광화문 시민열린마당
3 문화체육관광부
4 미국대사관
5 KT빌딩
6 교보빌딩
7 정부종합청사
8 세종로공원
9 세종문화회관
10 코리아나호텔(조선일보계)
11 서울특별시의회
12 서울신문사
13 서울시청
14 청계광장
15 서울광장
16 광화문광장

■ 육조거리 광장 및 공원   ■ 육조거리 주요시설   ■ 문민정부기 주요도로

0   1 Km

육조거리는 대한제국기부터 일제강점기와 경제성장기를 거치면서 남북으로 확장되어 국가를 상징하는 거리로 새롭게 태어났다. 세종로변은 각종 정부청사가 들어섰고, 태평로변은 서울시청사를 비롯한 각종 언론사와 대기업 본사 등 중추업무기능이 입지하여 명실상부한 국가상징가로가 되었다. 이에 지속적으로 국가상징가로 조성 계획이 만들어졌고, 이에 따라 서울광장, 광화문광장, 남대문광장 등이 계속적으로 조성되어 시민에게 개방되었다.

지도제작_ 앞 지도와 같음.

한 가로경관으로 전락하였다. 이후에 경기도청사 이전(1999) 부지에 광화문 시민열린마당이 조성되고 2009년에는 세종로 중앙에 광화문광장을 조성하였지만, 옛 육조거리가 가졌던 기품과 아름다움이 느껴지지 않는 것은 오히려 당연할 일일지도 모른다.

궁궐과 제사공간의 훼손

서구에서는 18세기에 들어서면서 시작된 절대왕정의 붕괴와 시민권리의 쟁취를 통해 많은 왕실 소유의 궁궐과 정원 및 사냥터들이 시민들을 위한 공간으로 조성되어 개방되었다. 17세기에 런던의 하이드파크와 베를린의 왕실 사냥터였던 티어가르텐 등이 관례적으로 시민들에게 개방되었던 것이 정치체제의 변화와 함께 시민들에게 전면적으로 개방되어 시민의 영역이 되었다. 또한 왕실의 박물관들이 시민에 개방되었고, 궁궐 등 각종 시설은 공공기관이나 시민을 위한 문화공간으로 활용되었다.

대한제국은 여전히 전제군주제를 벗어나지 못했던 관계로 각종 왕실의 시설이 시민에게 개방된 것은 한일합방 이후에 진행되었다. 하지만 일제의 식민화 과정 속에서 이들 궁궐과 왕실의 시설을 진정 시민에게 개방하여 시민들의 증가하는 문화·위락요구에 대응하는 의도보다는 민족과 왕실의 권위를 깎아내리려는 의도가 강하게 드러났다. 1907년 영희전 터에는 본정경찰서가 건립되었고, 1911년에는 창경궁을 창경원으로 개칭하고 원내 전각을 훼손하여 동·식물원을 설치해 개방하였으며, 1913년에는 원구단을 철거하고 그 자리에 철도 호텔을 건설하였고, 사직단은 공원으로 바뀌 일부 부속건물들을 철거하고 도로와 학교를 건축했다. 1915년에는 경복궁 전면부를 철거하고 그 자리에서 조선물산공진회를 거쳐 총독부건물을 건설하면서 경복궁을 훼손하기 시작하였다. 경희궁은 경성중학교 및 사법부속 소학교로 뒤바뀌었고, 경모궁은 총독부의원으로 바뀌버렸다. 이러한 행위는 활용보다는 훼손에 가까웠다.

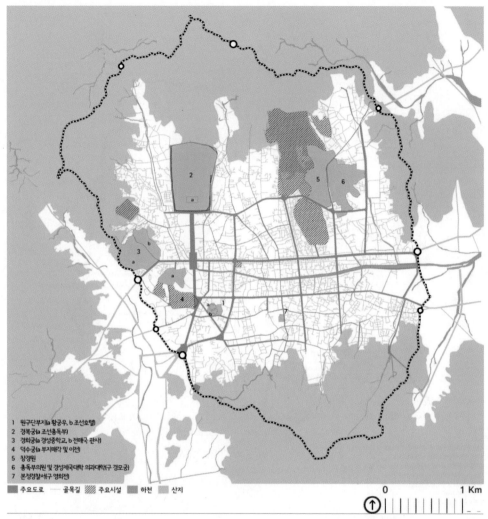

1 원구단부지(a 황궁우, b 조선호텔)
2 경복궁(a 조선총독부)
3 경희궁(a 경성중학교, b 전매국 관사)
4 덕수궁(a 부지매각 및 이전)
5 창경원
6 총독부의원 및 경성제국대학 의과대학(구 경모궁)
7 본정경찰서구 영희전

■ 주요도로   — 골목길   ▨ 주요시설   ■ 하천   ■ 산지

0 |||||||||||||| 1 Km

1915년 경복궁 내 조선물산공진회라는 박람회 개최를 계기로 경복궁 전각들이 헐렸고, 1916년에는 이 터에 총독부
건물을 건축하여 1925년에 완공하였다. 1930년경에는 율곡로를 개설하면서 경복궁 전면, 그리고 창경궁과 종묘가
맞붙어 있던 담장이 헐렸다. 또한, 경운궁(현 덕수궁)은 1910년 태평로를 직선화하고 대안문광장을 조성하는 과정에
서 전면부가 잘려나갔으며, 1897년에는 대한제국을 선포하면서 설치한 원구단이 헐리고 그 자리에 철도 호텔이 들어
섰다. 경운궁은 이후에도 대지가 매각되고, 학교로 조성되는 등 지속적으로 훼손되어 현재의 형태가 되었다. 이어서
1909년에는 경희궁 내에 경성중학교(전 서울고 자리)와 경성사범학교 부속 초등학교가 잇달아 들어서고, 경희궁 정
문인 흥화문마저 경성중학교 뒷문으로 사용되다가 1930년 이토 히로부미를 모신 박문사 총문으로 사용되어 경희궁
전체가 훼손되었다. 1911년에는 창경궁에 박물관을 건립하고 동·식물원과 함께 창경원으로 개칭하였으며, 1925년
에는 경모궁 전각이 철거되었다.

지도제작_ 최신경성전도(1907) / 대경성정도(1936) / 지번입최신서울특별시가도(1968) / 서울특별시, 「역사문화유산
        의 변화기록 및 시민인식 조사를 통한 서울도심의 정체성 연구」(2010).

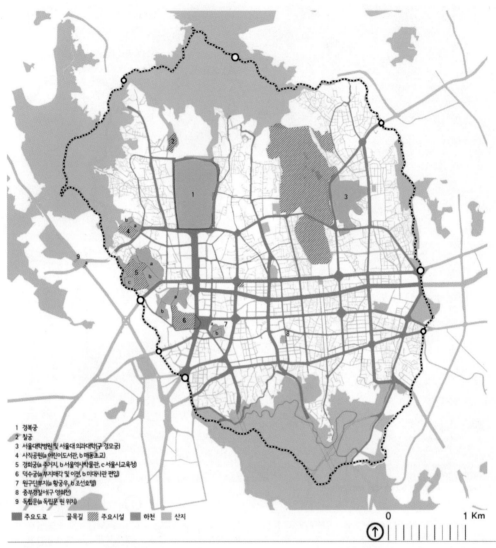

1 경복궁
2 칠궁
3 서울대학병원 및 서울대 의과대학(구 경모궁)
4 사직공원(a 어린이도서관, b 매동초교)
5 경희궁(a 주거지, b 서울역사박물관, c 서울시교육청)
6 덕수궁(a 부지매각 및 이전, b 미대사관 관저)
7 원구단부지(a 황궁우, b 조선호텔)
8 중부경찰서(구 영희전)
9 독립문(a 독립문 원 위치)

■ 주요도로   골목길   ▨ 주요시설   ■ 하천   ■ 산지

0   1 Km

**궁궐과
제사공간의
시대별 변화**

경제성장기

덕수궁 대한문은 1968년 태평로를 확장하면서 다시 15m 물러나 현 위치에 자리 잡았다. 원구단 터에 지어진 철도
호텔은 해방 이후 미군정 시기 반도 호텔로 명칭을 바꾸어 이용되다가 1968년에 헐고 다시 지어 현 조선 호텔이 되
었다. 2008년 율곡로를 만들면서 분리되었던 창경궁과 종묘가 다시 연결되는 공사가 진행 중이며, 박문사 정문으로
사용되었던 경희궁 정문 흥화문이 서울고 이전을 계기로 1988년 경희궁터 현 위치로 이전되었다.
지도제작_ 앞 지도와 같음.

애석하게도 경제성장기에도 도로를 개수하면서 각종 궁궐과 왕실 문화재의 훼손은 계속되었다. 1962년에는 도로를 확장하면서 사직단이 뒤로 물러났으며, 1970년에는 자하문길을 확장하면서 칠궁(후궁신주 봉안)이 훼손되었고, 1978년에는 서울대학병원과 서울대 의과대학을 건립하면서 경모궁이 훼손되었다. 1981년에는 태평로를 확장하면서 덕수궁 대안문과 돌담이 현재의 위치로 후퇴되었다. 1988년 서울고가 이전하면서 만들어진 경희궁 복원계획에 따라 옛 경희궁 터를 확보하고, 신라 호텔의 정문으로 사용되던 흥화문을 이전하여 다시 회복하였으나, 그 원형을 회복하지는 못하고 있다.

남산의 훼손과 내사산 자락의 침식

원래 한성은 도성 십리 내 사산금표四山禁標를 정하고 금표지역의 개간을 금했다. 도성 방어와 산지 관리를 위한 목적이었다. 하지만 17세기에 접어들면서 흉년과 전염병으로 많은 유민이 한성으로 몰려들었고, 상업화가 진전되면서 활성화된 경강 주변과 성문 밖에 정착하였으며, 빈민들은 개간이 금지된 산록지역을 개간하여 토막을 짓고 생활하였다. 유민의 정착과정에서 많은 산지가 개간되기 시작하였으며, 18세기 후반으로 접어들면서 내사산 안팎으로 산지가 개간되고 땔감소비가 급증하면서 산이 헐벗게 되었다. 19세기에 접어들어 개항에 따라 정치·사회적 혼란이 가중되면서, 산저지역은 점차 침식이 진행되었다. 한성과 같이 산으로 둘러싸인 교토가 시가지를 둘러싼 북산·동산·서산의 산저지역이 신성시되고 존중되어 현재까지도 그 경관이 그대로 유지되는 것과는 매우 대조적이다.

도심의 내사산 중에서 침식이 가장 두드러졌던 것은 일본공사관을 중심으로 일본인들이 거주했던 남산이었는데, 침식과 훼손이 동시에 이루어졌다. 1885년 일본공사관이 남산에 들어서면서 주변에 일본인촌이 형성되고, 이어서 신사가 들어섰다. 1898년에 경성신사가 건설되었고, 1925년에는 조선신궁이 남산 서측자락에, 1930년에는 노기신사가 차례로 건설되었다. 또한 도심 서측 남소영 터에 문무열사의 제향을 위해 설치했던 장충단 주변에 장충단공원(1920)이 조성되었고, 1932년에는 장충단공원 안에 이토 히로부미를 기리는 박문사(현 신라 호텔 부지)가 세워졌다.

해방 이후에는 이들 부지가 다른 용도로 변경되어 신축되면서 지속적으로 훼손이 진행되었다. 1946년에는 인쇄공장 터에 동국대가 입지하고, 1954년에는 경성신사 터에 숭의학원이 들어섰다. 1955년에는 동본원사 터에 경성중앙방송국이, 1957년에는 노기신사 터에 직업소년원(리라학원 전신)이 자리 잡았다. 훼손과 침식을 바로잡을 수 있는 기회를 놓쳐버린 것이다. 물론 당시의 시대적 상황으로 볼 때 그러한 여유가 없었다는 것은 누구나 인정할 것이다. 또한 해방과 한국전쟁을 거치면서 귀국한 동포와 전재민들이 내사산 자락을 중심으로 무단 점유되면서 내사산 지역의 전반적인 침식이 가속화되었다. 지도에서 보는 것처럼 백악산에서 낙산으로 연결되던 능선이 거의 식별하기 어려울 정도로 침식되었고, 남산의 동·서측 자락의 수림이 흔적을 감추었다.

경제성장기에 들어서도 각종 시설들과 호텔 등이 신설되면서, 남산자락의 침식과 훼손이 가속화되었다. 1960년에 재향군인회, 1961년에는 국회건립예정지에 야외음악당, 1962년에 장충단공원 부지에 반공자유센터, 그리고 1963년에는 중앙공무원교육원이 속속 건축되었다. 1967년에는 국립극장이 건설되었으며, 1968년에는 자유센터 숙소 예정지에 타워 호텔이 건립되었다. 1969년에는 조선신궁 터에 어린이회관(현 교육과학연구원)을 세웠으며, 같은 해 남산 남측자락의 공원을 해제하고 외인아파트를 지었다. 1971년에는 하얏트 호텔이 건축되었고, 1975년에는 박문사 터에 신라 호텔이 들어섰다. 한성의 정체성을 형성하는 가장 중요한 요소인 내사산의 모습과 경관이 상처를 입으면서, 한성이 갖고 있던 신성함과 장엄함도 그 빛을 잃게 된 것이다. 외인아파트를 철거하여 경관을 회복하는 시도를 하고 있으나, 신라 호텔과 하얏트, 타워 호텔을 보면서 역부족이라 느끼는 것은 필자만이 아닐 것이다.

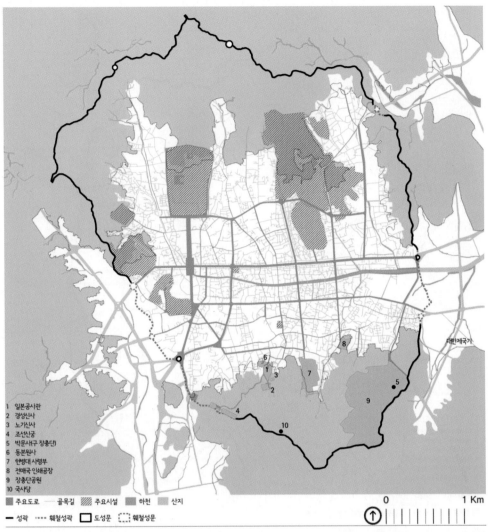

1 일본공사관
2 경성신사
3 노가신사
4 조선신궁
5 박문사구 장충단)
6 동본원사
7 헌병대사령부
8 전매국 인쇄공장
9 장충단공원
10 국사당

■ 주요도로 ▨ 골목길 ▨ 주요시설 ■ 하천 ■ 산지

— 성곽 ┈ 훼철성곽 □ 도성문 ▢ 훼철성문

0   1 Km

일제 식민강점기만 하더라도 지금은 점유되어 침식된 내사산 자락의 원형을 잘 볼 수 있다. 특히 지금은 그 흔적을 거
의 찾아볼 수 없는 낙산과 혜화문 주변의 능선이 드러난다. 일제 강점기에는 일본인 거류지가 형성되어 있는 남산기슭
의 침식이 눈에 띄게 이루어졌다. 이곳은 임진왜란 당시 왜장이 축성하여 장기간 주둔했던 곳으로 '왜성대'라 불렸다.
1897년 예장동에 화성대공원(합병 이후 경성신사) 조성을 시작으로 1900년 동원본사, 1904년 필동에 일본군사령부
(이후 헌병대사령부), 1907년 남산 케이블카 터 아래에 통감부(합방 이후 총독부)가 들어서면서 침식이 가속화되었다.
1910년에는 지금 남산식물원과 도서관 자리에 한양공원을 조성하였으며, 이 터는 이후 조선신궁이 들어서게 되었다.
한편 남산 동단은 1900년 고종이 남소영이 있었던 자리에 장충단을 꾸미고 이곳 일대를 장충단공원으로 조성하였으
나, 1929년 이곳 동편 현 신라 호텔 자리에 이토 히로부미를 기리는 박문사를 건립하였다.
지도제작_ 최신경성전도(1907) / 경성시가전도(1910) / 경성시가도(1927) / 대경성정도(1936).

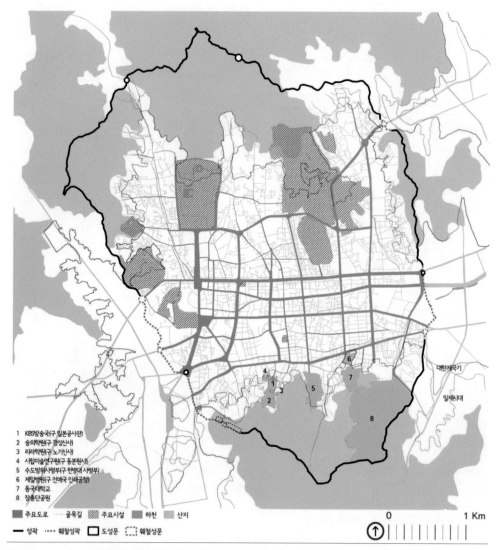

1 KBS방송국(구 일본공사관)
2 숭의학원(구 경성신사)
3 리라학원(구 노기신사)
4 시립미술연구원(구 통본원사)
5 수도방위사령부(구 헌병대 사령부)
6 재활병원(구 전매국 인쇄공장)
7 동국대학교
8 장충단공원

주요도로　골목길　주요시설　하천　산지
성곽　훼철성곽　도성문　훼철성문

0　　　　　　　　1 Km

남산의 시대별 변화

전후 혼란기

내사산의 침식은 해방과 한국전쟁을 거치면서 유입된 귀국동포와 피난민들이 무단점거하면서 가속화되었다. 이 당시에 낙산과 혜화문 주변 능선이 현재와 같이 점유되었고, 남산 회현동과 장충동 주변도 이때 급격하게 침식되었다. 백악산자락과 인왕산 자락도 서서히 침식이 이루어졌다. 남산자락에 일본인들에 의해 점유했던 각종 시설은 해방 이후 다른 용도로 신축되어 현재에 이르고 있다.

지도제작_ 서울특별시정도(1947) / 지번입최신서울특별시가도(1968).

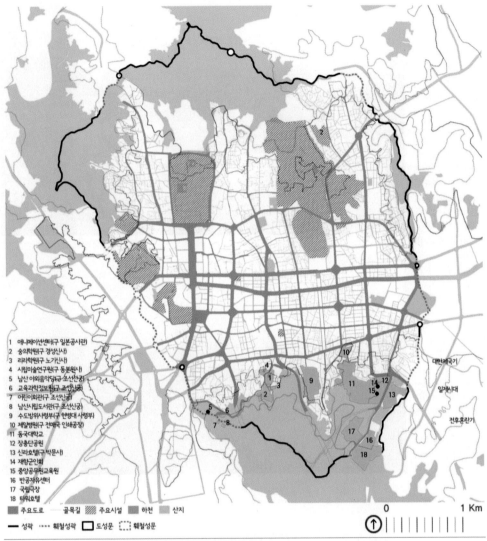

1 애니메이션센터(구 일본공사관)
2 숭의학원(구 경성신사)
3 리라학원(구 노기신사)
4 시립미술연구원(구 동본원사)
5 남산 야외음악당(구 조선신궁)
6 교육과학정보원(구 조선신궁)
7 어린이회관(구 조선신궁)
8 남산도립도서관(구 조선신궁)
9 수도방위사령부(구 안병대 사령부)
10 제일병원(구 전매국 인쇄공장)
11 동국대학교
12 장충단공원
13 신라호텔(구 박문사)
14 재향군인회
15 중앙공무원교육원
16 반공자유센터
17 국립극장
18 타워호텔

■ 주요도로   골목길 ▨ 주요시설 ■ 하천   ■ 산지

— 성곽   ···· 훼철성곽 □ 도성문 ▢ 훼철성문

대한제국기

일제시대

전후혼란기

0   1 Km

경제성장기에는 남산 주변 녹지에 대거 공공시설이 들어섰다. 특히 큰 면적을 차지하고 있던 장충단공원이 이들 건물로 서서히 잠식되었다. 1962년에 재향군인회가 들어섰으며, 1963년에는 현재 동국대부지로 편입된 중앙공무원교육원이 들어섰다. 1964년에는 자유센터가 건립되었으며, 1973년에는 국립극장이 완공되었다. 이후에는 호텔이 건립되면서 남산의 훼손이 지속되었다. 1969년에는 타워 호텔이 들어섰으며, 1967년 박문사 터에 조성된 영빈관 부지가 불하되어 1978년 현 신라 호텔이 들어섰으며, 이어서 1978년에는 정보사 이전 터에 현 하얏트 호텔이 들어섰다. 그리고 기타 어린이회관(현 서울시 교육과학연구원)과 현재는 철거된 외인아파트가 이 당시 들어섰다.

지도제작_ 앞 지도와 같음.

남산의
시대별 변화

경제성장기

은각사와 남선사에서 바라본 시가지와 니시야마. 교토는 북산을 중심으로 도시 동서측이 산으로 둘러싸여 있고, 측면으로 하천이 흘러 마치 경주와 유사한 도시구조를 가지고 있으며, 산으로 둘러싸인 한성의 분위기와 흡사하다. 이들 삼면을 둘러싸고 있는 산기슭에는 많은 신사불각이 입지하여 역사적 의미를 지니고 있어 신성시하여 철저하게 보호되고 있다. 위의 사진은 동쪽 히가시야마에 위치한 은각사 기슭에서 바라본 시가지 전경이다. 잘 관리된 시가지 경관선과 서쪽 배경의 니시야마가 한 눈에 들어온다. 아래는 은각사에서 좀 더 남쪽에 위치한 남선사 입구인 산문에 올라 서쪽으로 바라본 시가지 전경이다. 니시야마의 선명한 스카이라인 아래 들어선 시가지의 수평적인 건축선이 아름답게 느껴진다.

공원과 광장 등 시민공간의 조성

근대로 오면서 도시에서 발생한 가장 큰 변화는 도시 내에 시민공간이 만들어지기 시작한 것일 것이다. 동로마제국의 붕괴와 함께 교역이 발달하면서 성장하기 시작한 서양의 도시국가들은 귀족과 주교 등 전통적인 통치집단 외에 대지주들이 연합하여 자치하는 형태였으며 길드홀, 시청, 성당, 곡물창고, 시장광장 등이 도시를 형성하는 주요시설이었다. 르네상스 이후 이들 도시국가가 민족을 중심으로 한 국가로 재편되면서 형성된 절대왕정 시대에는 도시의 주인이 왕이었고, 왕을 위한 궁궐과 왕실을 위한 다양한 시설, 과시적 광장 등이 도시의 주요 공간을 형성하였다. 나머지 공간들은 귀족과 대상인들을 위한 공간으로 할애되었고, 남은 지역은 일반시민이 거주하는 공간으로 채워졌다. 이곳에는 시민들을 배려한 시설과 공간이 고려될 여지가 없었다. 교황의 면죄부 판매에서 비롯된 종교개혁과 시민들을 착취하던 절대왕정의 붕괴 과정에서 형성된 시민들의 자주적 요구가 다양한 정치적 변혁을 주도하면서, 시민의 권리가 높아져 시민이 도시의 주인이 되는 민주공화정 체제가 자리 잡아갔다. 이러한 과정 속에서 도시 내 많은 왕과 왕실의 자산이 시민을 위한 공간으로 변용되었고, 증가되는 위락시설의 수요에 맞춰 시민들이 휴식하고 즐길 수 있는 시민공원이 생겨났다.

앞서 언급했듯이 왕실과 귀족들의 많은 정원이나 공원이 개방되었고, 1804년에는 뮌헨에 있는 영국식 정원이 시민을 위한 공원으로 처음 조성되었다.[8] 이어 1843년에 조지프 팩스턴이 설계한 리버풀 부근 버켄히드 공원에서 시민공원에 대한 개념이 구체화되었고, 1842년에는 런던 동측의 노동자 밀집지역에 노동자를 위한 빅토리아 공원이 조성되었다. 파리에서도 볼로뉴 숲이 시민공원의 개념으로 재설계되었고, 몽소 공원Monceau Park 등 다양한 공원이 만들어졌다. 뉴욕에서는 유명한 센트럴파크가 이때 조성되었으며, 이러한 개념은 세계 곳곳으로 퍼져나갔다.

대한제국이 전제군주국을 표방했고 일제 식민기간을 거치면서 한성에서는 진정한 시민공간이 만들어지지는 못했으나, 서양에 문호가 개방되면서 시민을 위한 시설과 공간에 대한 조성 필요성이 제기되면서 점차 이러한 공간들이 들

----

8 다소 논란은 있으나 이 공원을 최초의 시민공원으로 보는 이유는, 왕실에서 후원을 했다 하더라도 궁과 관계없이 공원 그 자체로 계획되었으며, 역사를 담은 그림과 영웅조각상, 기념비들이 들어서 시민의 교육을 위한 내용이 담겨 있기 때문이다.

어서기 시작했다. 이러한 공간들은 한성을 근대적인 도시공간으로 변모시키는 계기가 되었으며, 해방 이후에도 새로운 장소로 지속적으로 진화되었다. 1897년 고종이 대한제국의 선포와 함께 도시공간에 대한 근대화를 추진하면서 제안했던 것이 원각사 터에 건립된 탑골공원이며, 이것은 최초의 근대적 공원으로서 1898년 만민공동회를 개최하고 훗날 3·1 운동의 거점이 되었다. 일제 통치기간에는 1920년에 장충단 일대를 장충단공원으로 조성하였다. 공원이 등장하게 된 배경과는 다르지만, 서구에서 오래전부터 도시의 주요 활동공간으로서 자리 잡아왔던 광장도 공원과 함께 소개되었다. 서구에서도 왕의 권위를 상징하는 퍼레이드나 행사공간이나 시장공간으로 기능했던 광장은 시민혁명 이후 시민의 권리를 상징하는 공간으로 그 기능이 변화되면서, 공원과 같이 시민을 상징하는 공간으로 인식되었다. 대한제국 시기 경운궁 앞에 조성된 대안문광장은 일제와 경제성장기·민선자치기를 거치면서 2000년에 들어 시청앞광장으로 완성되었다. 1912년에는 일제에 의하여 황토현을 없애고 도로를 내면서 교차로에 교통광장 성격의 광장을 조성하였고, 1915년에는 조선은행 전면에 선은앞광장을 조성하였다.

해방 이후 1952년에는 중앙청 앞·종묘 앞과 남대문·동대문·독립문 앞 등 교통 요충지에 교통광장이 계획되었고, 같은 해 시청앞광장의 확장계획도 만들어졌다. 또한 1975년에는 마로니에공원, 1987년에는 원서공원이 조성되었다. 하지만 정치적 혼란과 군사독재를 거치면서 시민의 자유로운 의사표현과 권익이 제한되었기 때문에 기능적인 차원에서 확보되었으며, 1995년 이후 민선자치가 시행되면서 부터 표출되기 시작한 시민들의 의사표현이 증가하면서 다양한 공원과 광장이 들어서기 시작하였다. 1997년에는 훈련원공원, 1999년에는 광화문 열린 시민마당, 2004년에는 서울광장, 2005년에는 숭례문광장, 2009년에는 광화문광장, 그리고 동대문운동장 터에는 동대문역사문화공원 등이 계속적으로 들어서 앞으로도 지속적인 확장이 예상된다.

병원, 학교, 도서관, 박물관, 극장, 대학교, 운동장 등 시민시설 설립

개항은 쇄국과 개화를 둘러싼 내부의 갈등과 서양제국주의의 외부의 개방 압력 속에서 불안한 정세를 타파하여 망국의 위기를 모면하려는 정치적 목적 외에도, 서양의 문명을 받아들여 개화와 부국강병을 이루려는 의도가 담겨 있었다. 개항 이후 서양의 과학문명과 문물 외에도 도시화 속에서 발달된 서양문명과 문화가 같이 소개되면서, 서양의 과학문명과 기술을 배우기 위한 각종 시설과 새로운 문화시설이 등장했다. 이것은 당시 동양의 여느 도시와 마찬가지로 우리나라에서도 개화와 부국강병을 위해 현실적으로 받아들여야 하는 가장 절실한 부분이었으며, 교육·의료·문화 등 사회 전반에서 요구되는 것이었다.

16세기 중반부터 서구에서는 교역 증가로 도시가 거대해지고 부가 축적되면서 시간과 돈에 여유가 있는 통치권자와 대지주를 중심으로 한 사교계가 형성되었으며, 이에 따라 도시 내에 여가용 상설시설을 설치하려는 요구가 점차 증가하였다. 16세기에 이탈리아와 런던 등지에 상설극장이 처음 들어섰고, 19세기까지 여러 도시에 지속적으로 등장하면서 일반화되었다. 경마장과 상설 투우장이 생겼고 테니스코트도 만들어졌다. 유원지에는 다양한 사교활동을 담을 수 있는 복합홀이 런던, 파리, 빈 등 유럽의 대도시 곳곳에 생겼다. 이러한 회합장소는 근대에 발달하기 시작한 도시의 활력을 가장 잘 느낄 수 있는 공간이었다. 1784년에 파리에 문을 연 팔레 루아얄Palais Royal은 상점과 원형극장, 호텔, 카페 등 개별적인 회합시설이 복합된 당시 가장 고급스런 회합장소로서 이곳에서 일어난 다양한 회합과 대화 및 논쟁은 프랑스 대혁명의 기반을 형성한바, 이들 여가공간은 도시 내에 지식이 모이고 보급되는 장소로 새로운 사상 형성에 큰 기여를 하였다.[9] 도시 내에 점진적인 부와 생산품이 축적되어 여가

----

9 마크 기로워드, 『도시와 인간: 중세부터 현대까지 서양도시문화사』, 민유기 옮김(책과함께, 2009), 318~324쪽.

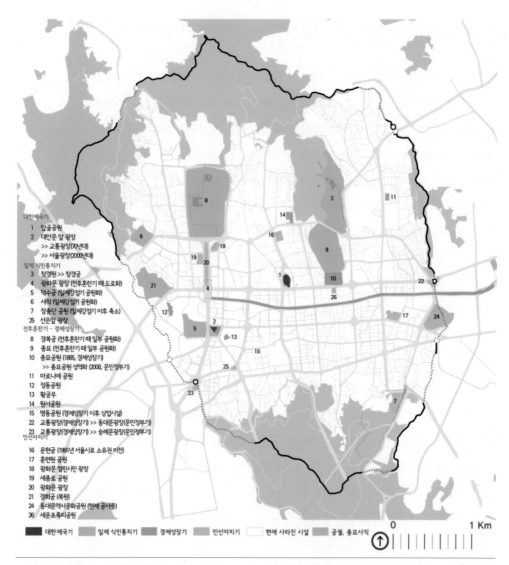

대한제국기
  1 탑골공원
  2 대안문 앞 광장
  >> 교통광장(70년대)
  >> 서울광장(2000년대)
일제 식민통치기
  3 창경원 >> 창경궁
  4 광화문 광장 (전후혼란기 때 도로화)
  5 덕수궁 (일제강점기 공원화)
  6 사직 (일제강점기 공원화)
  7 장충단 공원 (일제강점기 이후 축소)
 25 선은앞 광장
전후혼란기 - 경제성장기)
  8 경복궁 (전후혼란기 때 일부 공원화)
  9 종묘 (전후혼란기 때 일부 공원화)
 10 종묘공원 (1885, 경제성장기)
  >> 종묘공원 성역화 (2008, 문민정부기)
 11 마로니에 공원
 12 정동공원
 13 황구우
 14 원서공원
 15 명동공원 (경제성장기 이후 상업시설)
 22 교통광장(경제성장기) >> 동대문역사문화공원(문민정부기)
 23 교통광장(경제성장기) >> 숭례문광장(문민정부기)
민선자치기
 16 운현궁 (1991년 서울시로 소유권 이전)
 17 훈련원 공원
 18 광화문 열린시민 광장
 19 세종로 공원
 20 광화문 광장
 21 경희궁 (복원)
 24 동대문역사문화공원 (현재 공사중)
 26 세운초록띠공원

대한제국기 일제 식민통치기 경제성장기 민선자치기 현재 사라진 시설 궁궐, 종묘사직

0   1 Km

시민시설 설치와
신장소의 생성
공원과 광장

1897년 임진왜란때 폐허가 되었던 원각사 터에 탑골공원을 처음 조성하면서 시작된 공원은 시민을 상징하는 공간
으로서 일제 강점기와 전후 혼란기를 거치면서 잠시 주춤했다가 훈련원공원, 정동공원, 원서공원, 동대문역사문화
공원 등 기회가 있을 때마다 지속적으로 조성되었다. 광장은 경운궁 앞 대안문광장과 선은앞광장이 조성되어 경제
성장기에 교통광장으로서 기능하다가 최근에 와서 시민문화를 상징하는 공간으로 새로 태어났다. 선은앞광장이 교
통섬으로 있다가 을지로광장으로 새롭게 조성되었고, 대안문광장이 있던 교차로가 서울광장으로 다시 태어났다. 그
리고 최근 육조거리가 있던 세종로가 광화문광장으로 다시 태어났다.

지도제작_ 도성대지도(18세기 중반) / 최신경성전도(1907) / 대경성정도(1936) / 지번입최신서울특별시가도(1968) /
서울특별시, 「역사문화유산의 변화기록 및 시민인식 조사를 통한 서울도심의 정체성 연구」(2009).

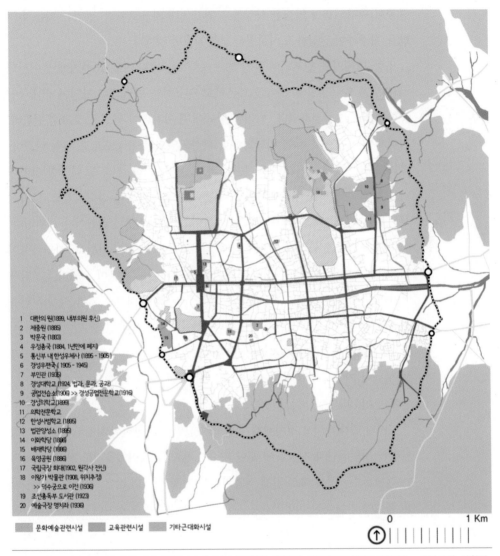

1 대한의원(1899, 내부의원 후신)
2 제중원 (1885)
3 박문국 (1883)
4 우정총국 (1884, 1년만에 폐지)
5 통신부 내 한성우체사 (1895 - 1905)
6 경성우편국 (1905 - 1945)
7 부민관 (1935)
8 경성대학교 (1924, 법과, 문과, 공과)
9 공업전습소(1906) >> 경성공업전문학교(1916)
10 경성의학교(1899)
11 의학전문학교
12 한성사범학교 (1895)
13 법관양성소 (1895)
14 이화학당 (1886)
15 배재학당 (1886)
16 육영공원 (1886)
17 국립극장 확대(1902, 원각사 전신)
18 이왕가 박물관 (1908, 위치추정)
     >> 덕수궁으로 이전 (1936)
19 조선총독부 도서관 (1923)
20 예술극장 명치좌 (1936)

■ 문화예술관련시설   ■ 교육관련시설   ■ 기타근대화시설

0   1 Km

개항이 되면서 서양의 다양한 시민공간과 시설들이 소개되었다. 육영공원, 배재학당, 이화학당 등 근대적 교육기관 **시민시설 설치와** 에서부터 극장, 도서관, 운동장 등 다양한 문화체육시설이 들어섰다. 일제강점기를 거치면서 점차 확대되어 새로운 **신장소의 생성** 장소를 만드는 기반이 되었다.   시민시설

지도제작_ 앞 지도와 같음.

활동이 증대되면서 발생한 사상들은 인간에게 자유로워질 수 있는 이론적 기반을 제공하여 진정한 도시혁명을 만들어냈던 것이다.

또한 12세기를 전후하여 등장했던 대학[10]을 바탕으로, 16세기에 들어서면서 새로운 학문경향과 분야를 토론하고 연구하는 아카데미 모임이 근대적인 종합대학으로 발전하였다. 이러한 활동에 통치자들이 관심을 갖고 후원한바, 피렌체를 시작으로 하여 이탈리아로 확산되었고 북유럽으로도 퍼져 나갔다. 파리에서는 루이 14세가 무용, 문학, 과학, 음악, 회화, 건축 등 다양한 아카데미를 설립하였으며, 영국에서는 1660년에 왕립과학원이 설립되었고, 로마에서는 1603년에 갈릴레이가 소속되었던 아카데미아 데이 린체이가 세워졌다. 이러한 분위기와 공간 속에서 근대의 자유와 사회사상이 나왔고, 자연과학이 등장하였으며, 다양한 의학 및 과학기술이 생겨나는 기반이 되었다. 그 밖에 국가의 틀이 갖춰지면서 각국의 수도에는 국가를 통치하는 기관 외에 시민을 지원하는 다양한 공공시설이 들어섰다. 파리에서는 1607년 생 루이 병원을 시작으로 많은 병원이 왕실자금으로 설립되었으며, 런던에서는 1676년 베들레헴 병원이 기부금을 통하여 생겨났고 코펜하겐, 나폴리, 빈 등지에도 많은 병원이 들어섰다.

도시가 근대화되고 정치체제가 변하여 시민들의 권익이 확장되는 과정에서 이러한 시민공간과 시설들에 대한 수요는 당연한 것이었을지도 모른다. 하지만 전제군주국에서 바로 일제 식민기간을 거치면서 더 많은 제약과 통제를 받은 한성에 만들어진 시민공간과 시설은 일본인을 위한 것이었고, 단지 식민을

....

10 대학은 주교좌 성당의 부속학교로서 병설학교 형태로 만들어지던 것이 12세기 후반으로 오면서 독립적인 형태로 만들어지기 시작하였다. 1158년 학문의 자유를 보장하는 황제 특허장으로서 바르바로사의 보호특권이 생기면서 황제와 왕의 대학 재정 지원이 확대되었다. 이를 계기로 대학 설립이 확장되기 시작하였으며, 문법·수사학·변증법·산술·기하학·천문학·음악을 가르치던 옛날 교육모델에서 철학·신학·법학·의학 등 네 개 학부로 구성된 새로운 교육모델이 등장하였다.

위한 과시적인 공간이었다. 가장 먼저 서양의 발달한 문명을 받아들이기 위하여 교육시설이 들어섰다. 1886년에는 육영공원, 배재학당, 이화학당 등 근대적인 교육기관이 사립으로 설립되었으며, 1894년에는 갑오개혁으로 근대교육제(소/중/사범학교)가 시행되었고, 1895년에는 교동초교 터에 교사 양성을 위한 한성사범학교가 건립되었다. 또한 같은 해에 법관양성소, 1899년에 경성의학교와 상공학교 등이 들어섰고, 1907년에는 현 서울대병원 터에 대한의원(내부의원)이 생겼다. 1906년에는 공업전습소(경성공업전문학교 중앙시험소), 1924년에는 공업전습소 인근에 관립대학교인 경성대학교가 설립되었다.

다양한 극장과 문화시설도 들어섰다. 1902년에는 봉상사 내 국립극장 희대(원각사 전신)가 생겼고, 1908년에는 이왕가 박물관이 건립되어 이듬해 일반인에게 공개되었다. 1923년에는 남별궁 터에 조선총독부 도서관이, 1936년에는 명동예술극장 명치좌(국립극장 전신)가 생겼다. 이어서 1935년에는 다목적회관인 부민관이, 1926년에는 경성운동장이 설립되었다.

해방 이후 군사독재를 거치면서 이들 시설의 공급은 확대되었으나 단순히 시대적 필요에 의해 기능적으로 확보된 것일 뿐이었고, 시민의 회합과 교육을 위한 박물관과 미술관 등 문화시설이 시민의 요구에 의하여 자발적으로 설치되기 시작한 것은 1996년 민선자치 실시 이후의 일이다. 하지만 당시 건립된 시민시설은 대학로, 영화거리 등 현재 특징 있는 장소로 발전하는 토대가 되었다.

종로·남대문로의 행랑 소멸과 선은앞광장 일대의 신상업지 형성

조선시대를 통틀어 한성의 가장 큰 번화가는 종로였고, 종로의 십자가로는 한성의 심장부였다. 대한제국에서 일제 식민 기간을 거치는 과정에서 겪었던 가장 큰 변화는 근대화의 다른 말인 산업화인 것처럼 아마도 경제적인 구조 변화였으며, 공간적으로 이러한 역할을 담당하던 종로와 남대문로의 변화가 가장 두드러졌다. 그것은 개혁의 칼이 근대화를 향한 순간 당연한 귀결이었지만,

400여 년에 걸쳐 만들어냈던 서구의 산업화과정을 단기간에 걸쳐 바꿔내기 위해 받아들일 수밖에 없었던 그러한 격변 속에서 도시공간의 모습은 서구의 건축양식까지도 그대로 모방하여 순식간에 서구의 이국적인 경관으로 바뀌어갔다. 경제적 변화는 도시를 변화시키는 근본적인 힘이지만, 급격한 변화는 항상 도시 속에 상처를 남기게 된다. 하물며 외지인에게 경제권이 맡겨진 이상 식민지의 수탈이라는 대전제 아래 한성은 우리의 생각과는 달리 변화되어갈 수밖에 없는 처지였다.

1453년 동로마제국의 멸망 이후 번성하기 시작한 서유럽 도시들의 원동력은 교역이었으며, 교역을 통해서 축적된 부와 산업은 점차 확대되면서 과학기술의 발달에 힘입어 산업혁명을 일구어냈다. 파리와 같은 일부 행정수도를 제외하면 서구의 대부분 근대도시들은 상업도시에서 출발하였으며, 교역을 위한 시장과 상품거래소 등 판매시설, 곡물창고 등 저장시설, 제혁·염색·세모·축융 등 제작시설, 전당포와 은행 등 금융시설, 그리고 이들이 묶을 수 있는 숙소들이 필수적으로 갖춰져 있었다. 따라서 베네치아, 피렌체, 제노바, 밀라노, 리스본, 브뤼헤, 안트베르펜, 암스테르담, 런던 등 당시 주요 운반수단이 배였기 때문에, 근세에 들어오면서 발달한 이들 도시 대부분이 강이나 해안을 끼고 발달한 해안도시로서 하물을 내리고 올리는 대규모 부두와 운하가 발달해 있었다. 15세기 전후 지역 간 교역이 활성화되면서 조직된 대규모 상단에 의해 활동도시마다 환전과 은행업무를 수행하는 상회나 다양한 합자회자가 출현하고, 도시를 넘나들면서 대출과 환어음을 취급하는 근대적 개념의 금융회사가 출현하게 되었다.[11] 이것이 은행이나 전당포가 출현하게 된 배경이다. 또한, 이들 상인과 은행업자는 다양한 정보를 수집하고 교섭을 하는 특정장소가 도시 내에서 발전해갔으며, 이들은 상품거래소에서 후대 증권거래소를 탄생시키는 출

---

[11] 이러한 전문회사들을 '반코 그로소Banco Grosso'라고 불렀으며, 바르디 가문, 페루치 가문, 알베르티 가문, 메디치 가문, 피티 가문, 스트로치 가문 등 14세기와 15세기에 활동했던 이탈리아의 거대한 금융회사들이 대표적인 예이다.

발점이 되었다. 국제적 규모의 상행위가 일어나면서 외지에서 동향인들의 이익을 대변하기 위한 형태로 영사관의 형태도 만들어졌다. 1469년에 안트베르펜에 상품거래소가 처음 만들어졌고, 런던(1567)과 암스테르담(1613) 등 여러 도시로 확산되었다. 1609년에는 암스테르담에 최초의 공공은행인 비셀방크가 생겼고, 암스테르담의 동인도회사로 대표되는 근대적 개념의 주식회사도 출현하였다. 그리고 위락소비에 대한 욕구가 증대되면서 상업공간도 진화해갔다. 1784년 파리에 건설된 대규모 회합장소였던 팔레 루아얄이 성공하면서 회랑식 상점가가 각광받기 시작하였고, 파사주, 바자 등 다양한 형태의 대형상점이 문을 열었다. 1800년대 중반 이후 중앙의 홀을 중심으로 여러 층이 승강기와 계단으로 연결된 대형 상점이 자리 잡았고, 이것은 1900년대에 들어와 백화점으로 발전했다.

이러한 근대적인 상업지구의 형성은 도시가 비대해지고 상업이 발달하면서 형성된 도시경제의 중심공간으로서, 도시가 부강해지기 위해서 거쳐야 하는 중요한 과정이었다. 한성도 튼실한 도시경제를 바탕으로 한 근대적인 도시로 변화하기 위해서는 불가피하지만 개선이 필요했다. 하지만 다른 물리적인 도시정비와는 다르게 산업기반은 하루아침에 형성될 수 없는 것이었고, 경쟁력 있는 서구의 물품들이 들어오면서 점차 전통산업이 붕괴됨에 따라 금융시스템도 작동하지 못했다. 이러한 경제적인 쇠락과 함께 서구 열강과의 경쟁에서 승리한 일제에 외교권을 건네주면서, 한성은 한동안 자립할 수 없는 상태에 직면하였다. 서구의 도시 근대화가 상행위를 기반으로 한 경제체제의 전환에서 비롯되었던 것처럼 한성은 한동안 근대적 경제체제로의 전환을 향해 실로 엄청난 변화를 겪게 되었다.

사실 대한제국기에는 주로 서구의 제품을 소비하면서 일부 제조기술을 습득해가는 과정에 있었기 때문에 기존의 전통적인 경제산업체제를 유지하면서 근대적 경제체제로의 전환을 위해 지속적으로 관심을 기울였다. 1896년에는 한국 최초의 근대적 은행인 조선은행이 등장했고, 이어서 한성은행(조흥은행),

대한천일은행 등이 만들어졌다. 또한 제사공장이나 직조공장 등 근대적 형태의 공장도 이 시기에 설립되기 시작하였다. 이러한 자주적인 변화노력은 러일전쟁 이후 시행된 일제의 화폐·금융·세제 개혁, 이른바 메가타 개혁[12]이 시행됨에 따라 구화폐 정리과정에서 조선상인이 대부분 급격하게 몰락하여 사라지게 되었다. 이러한 변화과정에서 한성의 중심상업공간이었던 종전의 시전은 근대적 회사와 상회가 들어서면서 그 모습이 급격하게 변모해갔다. 1894년 육의전 및 금난전권이 폐지되면서 종전 시전상인들은 급속도로 근대적 기업가로 전환되기 시작하였으며, 앞서 언급했던 많은 은행과 합자회사가 남대문로 일대에 들어서게 되었다. 1904년 메가타 개혁으로 육의전은 사실상 소멸되었고, 근대적 회사로 대체되면서 한옥 양식의 행랑이 들어서 있던 시전의 경관도 점차 변화를 거듭하게 된다. 종로변에 1910년 유창상회와 동양서원 등이 들어서고, 1916년에는 동아부인상회와 덕원상회 등이 양옥형태로 건축되면서 종로의 풍경도 서서히 근대적으로 바뀌어갔다. 1930년대에는 대형빌딩 형태의 백화점이 등장했는데, 1931년에 화신백화점이, 1932년에는 동아백화점이 건설되었다. 1940년도에 이르러서는 종로·남대문로에서 동대문구간 일부를 제외하고는 한옥 건물을 찾아볼 수 없을 정도로 근대적 건축양식이 주를 이루는 경관으로 바뀌었다. 예전에 행랑을 통하여 통일성과 연속성을 가졌던 품위 있는 시전 거리는 이제 찾아볼 수 없게 되었다.

물론 경제발전이 급격하게 이루어지면서도 저층으로 형성된 행랑을 유지하는 것이 중심가에서 가능했는가라는 의문은 여전히 존재한다. 하지만 조선 후기로 오면서 종로변에 들어선 2층 한옥을 보면 고층화 속에서도 여전히 행랑이 가지고 있던 일관성과 연속성은 여전히 유지될 수 있었고, 또한 유지하려는 노

----

12 1905년 대한제국의 일본인 재정고문 메가타는 우리의 재정과 화폐를 장악하기 위하여 화폐개혁을 실시하였다. 이것은 1904년 체결된 한일협정에 따라 재정과 외교에 관한 모든 업무를 일본인 고문과 일본이 추천한 서방국 고문에게 일임한다는 조항에 근거하여 추진되었다.

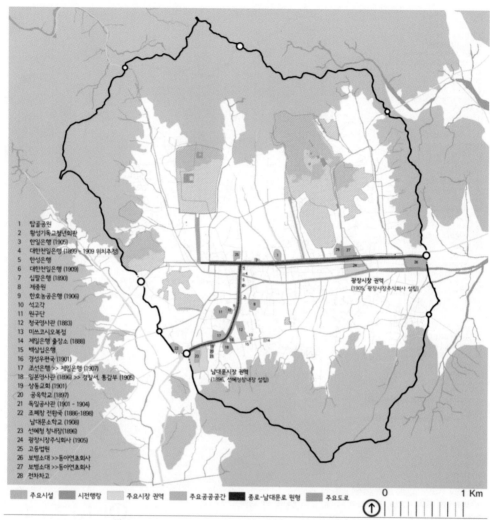

1 탑골공원
2 황성기독교청년회관
3 한일은행 (1905)
4 대한천일은행 (1899 ~ 1909 위치추정)
5 한성은행
6 대한천일은행 (1909)
7 십팔은행 (1890)
8 제중원
9 한호농공은행 (1906)
10 석고각
11 원구단
12 청국영사관 (1883)
13 미쓰코시오복점
14 제일은행 출장소 (1888)
15 백삼십은행
16 경성우편국 (1901)
17 조선은행 >> 제일은행 (1907)
18 일본영사관 (1896) >> 경찰서, 통감부 (1905)
19 상동교회 (1901)
20 공옥학교 (1897)
21 독일영사관 (1901 ~ 1904)
22 조폐창 전환국 (1886-1898)
　 남대문소학교 (1908)
23 선혜청 창내장(1896)
24 광장시장주식회사 (1905)
25 고등법원
26 보병소대 >>동아연초회사
27 보병소대 >>동아연초회사
28 전차고

광장시장 권역
(1905, 광장시장주식회사 설립)

남대문시장 권역
(1896, 선혜청창내장 설립)

주요시설　시전행랑　주요시장 권역　주요공공공간　■ 종로-남대문로 원형　주요도로

0　　　　　　　1 Km

1882년 외국인의 서울 거류가 합법화되어 일본공사관이 왜성대 아래 이종승 저택에 들어서면서 주변으로 일본인 상
인들이 자리를 잡았다. 일본인 거류지가 안정화되기 시작하자 1885년 남산 녹천정 터에 새로 공사관이 들어섰으며,
갑신정변 이후 1885년 일본인의 불법·편법 영업을 인정하는 한성조약의 체결과 함께 일본인 거류지가 공간적으로
확산되어갔다. 1891년 영사관에서 노점영업규칙을 제정하여 일본상인을 보호하면서 진고개(본정통)에서 남대문통
으로 일본상인이 진출하기 시작하였고, 1894년 청일전쟁 이후 새로운 가권제도가 마련되면서 일본인 점포가 늘어나
게 되었으며, 남대문통으로도 지속적으로 확장되었다. 한편 종로 육의전의 금난전권이 철폐되면서 종로의 상업구조
가 재편되기 시작하였다. 종로상인들은 황실·정부고관들과 합자회사를 설립하고, 관부의 물품조달을 확보하기 위
한 용달회사가 나타났다. 특히 종로변의 전차부설사업이 완공되면서 길 주변으로 새로운 상점들이 들어서게 되었다.
한편 1895년 남대문통과 일본 거류지를 연결하는 도로가 개설되었고, 교차로변에는 일본인 상업 관련 시설들이 밀
집하면서 이 일대는 새로운 상점가로 자리 잡기 시작하였다.
지도제작_ 최신경성전도(1907) / 대경성정도(1936) / 지번입최신서울특별시가도(1968) / 서울특별시,「역사문화유산
　　　　의 변화기록 및 시민인식 조사를 통한 서울도심의 정체성 연구」(2010).

종로·남대문로
및 선은앞광장
일대 변화
대한제국기

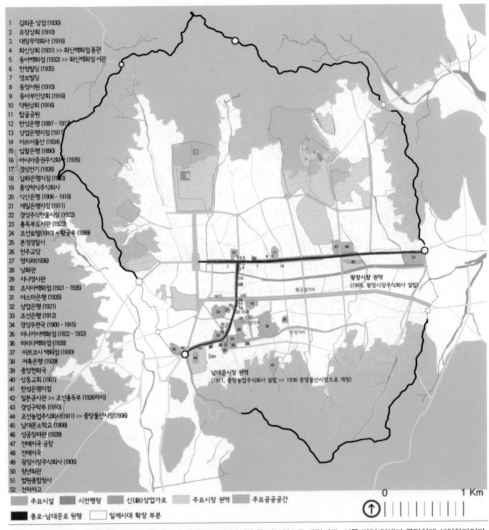

1 김희준 상점 (1930)
2 유창상회 (1910)
3 대창무역회사 (1916)
4 화신상회 (1931) >> 화신백화점 동관
5 동아백화점 (1932) >> 화신백화점 서관
6 한청빌딩 (1935)
7 영보빌딩
8 동양서원 (1910)
9 동아부인상회 (1916)
10 덕원상회 (1916)
11 탑골공원
12 한성은행 (1897 - 1917)
13 상업은행지점
14 미쓰이물산 (1934)
15 십팔은행 (1890)
16 아마증권주식회사 (1935)
17 경성전기 (1928)
18 삼화은행지점 (1913)
19 동양척식주식회사
20 식산은행 (1906 - 1918)
21 제일은행지점 (1911)
22 경성주식현물시장 (1922)
23 총독부도서관 (1923)
24 조선호텔 (1910) + 황궁우 (1899)
25 본정경찰서
26 천주교당
27 명치좌 (1936)
28 낭화관
29 자나영사관
30 조자야백화점 (1921 - 1935)
31 야스마은행 (1935)
32 상업은행 (1921)
33 조선은행 (1912)
34 경성우편국 (1900 - 1915)
35 미나카이백화점 (1922 - 1932)
36 히라다백화점 (1928)
37 미쓰코시 백화점 (1930)
38 저축은행 (1929)
39 중앙신학교
40 상동교회 (1901)
41 한성은행지점
42 일본공사관 >> 조선총독부 (1926까지)
43 경성구락부 (1910)
44 조선농업주식회사 (1911) >> 중앙물산시장 (1936)
45 남대문소학교 (1908)
46 성공장려관 (1929)
47 전매국 공장
48 전매국
49 광장시장주식회사 (1905)
50 청년회관
51 법원종합청사
52 전차고

범례
■ 주요시설 ■ 시전행랑 ■ 신(新)상업가로 ■ 주요시장 권역 ■ 주요공공공간
■ 종로·남대문로 원형 □ 일제시대 확장 부분

광장시장 권역
(1905, 광장시장주식회사 설립)

남대문시장 권역
(1911, 중앙농업주식회사 설립 >> 1936 중앙물산시장으로 개칭)

0 1 Km

종로·남대문 및 선은앞광장 일대 변화

일제 식민통치기

지도제작_
앞 지도와 같음.

1905년 을사조약 이후 진고개 일대는 본정, 명치정 등 일본명으로 개명되고, 이들 지역 일대가 급격하게 상업화되었다. 1912년에는 대안문과 광희문을 연결하는 황금정길(현 을지로)가 개설되면서 이 도로 주변에 동양척식회사, 조선식산은행 등 대형시설이 들어섰다. 특히 한일합방 직후 남대문통과 본정통이 교차하는 선은앞광장(현 을지로광장) 주변으로 조선은행, 경성우편국, 경성부청사 등이 들어서 한성의 정치·경제·문화의 중심지로 자리 잡기 시작하였다. 경성부청사(전 일본영사관터)가 현재의 위치로 이전한 이후에 미쓰코시 백화점(전 경성부청사터), 조선저축은행(전 경성부청사터, 현 제일은행 본점), 미나카이 백화점, 히로다 백화점, 조지야 백화점(전 미도파 백화점 터) 등이 잇따라 들어서 한성 제일의 상업중심지가 되었다. 한편 1905년 러일전쟁 후 화폐정리사업 등 메가타 개혁이 추진되면서 종로의 시전상인들은 점차 소멸되어 소매상으로 전락하였다. 종로 상인들은 새로운 활로를 모색하기 위하여 창신사, 대창무역주식회사, 조선지주식회사 등 근대적인 회사나 조합회사 등으로 변모해갔다. 한일은행, 대한천일은행 등 근대적 은행도 들어섰다. 1920년대 중반 경복궁 터에 총독부 건물이 건축되면서 종로에 대한 개수가 진행되어 가로변으로 새로운 건물들이 들어서기 시작하였다. 화신백화점, 동아백화점, 영보빌딩 등 대형화와 더불어 화장품점, 전당포, 과자점 등으로 전문화가 진행되었다.

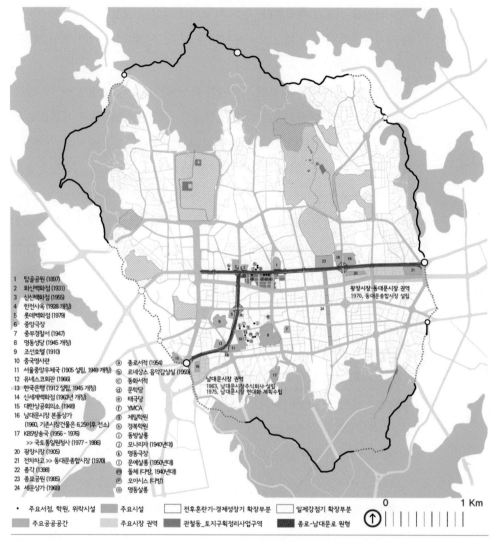

1 탑골공원 (1897)
2 화신백화점 (1931)
3 신신백화점 (1955)
4 한청사옥 (1928 개칭)
5 롯데백화점 (1979)
6 중앙극장
7 중부경찰서 (1947)
8 명동성당 (1945 개칭)
9 조선호텔 (1910)
10 중국영사관
11 서울중앙우체국 (1905 설립, 1949 개칭)
12 유네스코회관 (1966)
13 한국은행 (1912 설립, 1945 개칭)
14 신세계백화점 (1963년 개칭)
15 대한상공회의소 (1948)
16 남대문시장 본동상가
 (1960, 기존시장건물은 6.25이후 전소)
17 KBS방송국 (1956 - 1976)
 >> 국토통일원청사 (1977 - 1986)
20 광장시장 (1905)
21 전차차고 >> 동대문종합시장 (1970)
22 종각 (1398)
23 종묘공원 (1985)
24 세운상가 (1968)

ⓐ 종로서적 (1954)
ⓑ 르네상스 음악감상실 (1959)
ⓒ 동화서적
ⓓ 문학당
ⓔ 태극당
ⓕ YMCA
ⓖ 제일학원
ⓗ 경복학원
ⓘ 동방살롱
ⓙ 모나리자 (1940년대)
ⓚ 명동극장
ⓛ 문예살롱 (1950년대)
ⓜ 돌체 (다방, 1940년대)
ⓝ 오아시스 (다방)
ⓞ 명동살롱

광장시장-동대문시장 권역
1970, 동대문종합시장 설립

남대문시장 권역
1963, 남대문시장주식회사 설립
1975, 남대문시장 현대화 계획수립

• 주요서점, 학원, 위락시설   ▨ 주요시설   ☐ 전후혼란기-경제성장기 확장부분   ☐ 일제강점기 확장부분
▨ 주요공공공간   ▨ 주요시장 권역   ▨ 관철동_토지구획정리사업구역   ▨ 종로-남대문로 원형

0   1 Km

이곳 본정거리의 모습은 한국전쟁 당시 폭격을 받아 일제 당시의 번화했던 흔적과 분위기를 찾아보기 어렵다. 하지만 이곳은 전후복구사업 이후에도 음식점, 술집, 다방, 패션점 등이 밀집하여 경성 제일 번화가로서 가졌던 명성을 금세 되찾았다. 선은앞광장 주변에 들어섰던 백화점들도 주인을 바꾸어 계속적으로 유지되었다.

종로·남대문로 및 선은앞광장 일대 변화

전후 혼란기~ 경제 성장기

지도제작_ 최신경성전도(1907) / 대경성정도(1936) / 지번입최신서울특별시가도(1968) / 서울특별시, 「역사문화유산의 변화기록 및 시민인식 조사를 통한 서울도심의 정체성 연구」(2010) / 서울역사박물관, 『종로엘레지』(2009) / 서울역사박물관, 『명동이야기』(2012).

력이 있었을 것으로 확신한다. 높이와 양식에 의한 통일성과 연속성이 깨어지기 시작하면서 종로는 여느 도시에서나 볼 수 있는 재미없는 일반적인 거리가 되어버린 것이다.

한편, 러일전쟁 이후 일본인 거주지가 확산되면서 본정거리(명동블록 퇴계로 뒷길)를 중심으로 명치정까지 확대된 일본인 상업지는 총독부의 개입으로 남대문시장과 을지로 일대까지 확대된다. 1912년에 황금정길(을지로)이 건설되면서 주변에 동양척식회사(1910)와 중앙은행(1915)이 들어서고, 선은앞광장 일대에는 경성우편국(1915), 조선식산은행(1918), 미쓰코시 백화점(1930)이 들어서면서 이들 지역은 사실상 한성의 중심업무지구로 급성장하게 된다. 한국전쟁 때 폭격으로 이들 지역 일대가 폐허가 되어 당시의 모습을 찾아볼 수는 없으나, 광복 이후에 명동일대는 다시 회복되어 현재까지 서울의 최고 중심지로서 기능하고 있으며, 이들 지역은 신신백화점(1955), 신세계백화점(1963), 롯데백화점(1977)과 각종 금융회사가 들어서 상업의 중심지면서 금융업무중심지로서 명맥을 현재까지도 이어오고 있다.

해방 이후 종로 남측과 남대문로 동서측이 확장되면서 종로 북측지역과 남대문로의 극히 일부지역에서만 어렵게 시전의 흔적을 찾아볼 수 있으며, 경제성장기를 거치면서 지속적으로 진행된 고층화 속에서 이제는 예전에 종로가 가지고 있던 풍취마저 찾아보기 어렵게 되었다.

재개발로 인한 유기적인 도시조직 특성과 분위기 상실

조선시대에 한성에서 화재가 수차례 있었다는 기록이 『조선왕조실록』에 있는바, 수천 호를 태우는 대화재도 여러 번이었다고 한다. 하지만 화재 이후에도 이전과 같은 목조와 초가집으로 다시 복구되었으며, 이렇다 할 특별한 조치가 이뤄지지는 못했다. 개항 전후해서도 이러한 상황은 여전히 계속되었다.

서구에서도 근세 전후로 해서 이러한 도시상황은 별반 다르지 않았다. 하지만 근세로 들어오면서 서구에서는 급증하는 인구와 도시확장 속에서 일어난 대화재를 겪으면서 실질적인 조치들이 있었다. 1666년 런던 대화재 외에도 1812년 모스크바, 1871년 시카고 등 목재로 지어진 집으로 채워진 많은 도시가 불길에 휩싸였다. 런던은 대화재 이후 목재구조의 건설을 금지하고, 벽돌과 돌로 건물을 짓는 규정을 만들었으며, 돌출창과 차양, 발코니와 건물과 계단을 연결하는 다리 등을 엄격하게 규제하고, 밖으로 돌출되어 있는 간판 등도 철저하게 규제하였다. 많은 도시가 이러한 규정을 만들기 시작했고, 이러한 건축물 관리로 인해 도시의 경관은 놀라울 정도로 급격하게 변모하기 시작하였다.

파리의 경우에는 1850년 이후 잘 알려진 오스망의 도시개조사업을 진행하면서 도시 내 불량지역을 전면적으로 철거하고 재건축하였다. 도시의 위생과 화재를 위협하는 많은 낡은 지역에서 철거가 이루어졌다. 이때 사유재산권을 통제하여 수용할 수 있는 권한을 갖는 법안이 처음으로 생겼고, 여러 도시들도 도시의 위생과 화재문제를 개선하기 위하여 불량지역을 철거하고 재정비하는 방안을 충분히 고려하였다. 건축물의 개조는 도로의 개선과 같이 이루어졌으며, 화재 예방과 위생 확보는 해결해야 하는 필연적인 과제였다. 반면 우리의 경우 대한제국기에 들어서 많은 도로가 개수되고 신설되었지만, 개별건축물에 대한 개선은 이루어지지 못했다. 오히려 정치·사회적 불안과 경제체제 붕괴로 산저지역과 천변을 중심으로 토막집과 판잣집이 늘어가는 상황이었다. 이러한 상황은 일제강점기를 거치면서 더욱 심각해졌고, 해방 전후의 정치적 혼란과 해외동포의 귀국 등으로 가속되었으며, 한국전쟁 이후에는 최악의 상황으로 치닫고 있었다. 도심부에 있는 목조건축물을 근대적 건물로 정비하고, 판잣집이 밀집한 불량지역을 재정비하는 것은 필연적인 과정이었는지도 모른다.

전후 혼란기와 1970년대 경제성장기를 거치면서 도심부의 기간도로망은 대부분 완비되었으나, 블록 내부는 여전히 화재에 취약한 판자집들이 즐비했고, 비좁은 골목길은 위생적으로 상당히 열악한 환경에 놓여 있었다. 협소한 대지의 작은 목조주택 사이사이로 무허가 판잣집이 들어서서 일대가 불량주거지를

형성하게 되었다. 전통적인 주거지를 중심으로 형성된 불량주거지로는 도렴
동, 적선동, 내자동, 내수동, 당주동, 체부동 등지가 대표적인 곳이었고, 지금은
세운상가와 낙원상가가 들어선 지역 일대는 소개공지대疏開空地帶[13]였던 곳으로,

무허가로 들어선 판잣집들 일대에 형성된 사창가 종삼(종로3가)도 이러한 지역 중 하나였다. 그리고 갑신정변(1884) 이후 중국인들이 촌을 이루어 살았으나 점차 쇠퇴하여 슬럼화된 소공동 지역도 이러한 소개공지대 중 하나였다. 또한 사격장 터에 자리 잡은 해방촌과 남산 및 인왕산 자락에도 판자촌이 즐비했다. 이렇듯 해방과 한국전쟁을 거치면서 발생한 무허가 판자촌으로 인해 도심부의 개수는 불가피한 것이었다.

한국전쟁 때 폭격이 있었던 을지로 3가, 충무로, 관철동, 종로5가, 묵정동, 북창동, 남창동 일대에 토지구획정리사업 방식으로 전후복구사업(1952)을 시행하면서 도심부 일부가 정비되었다. 대대적인 정비는 주로 경제성장기에 도심재개발사업을 통하여 이루어졌다. 간선가로변 이면 블록 내부의 위생·화재 방지를 위한 도로개수와 슬럼지역을 철거하고 다시 재정비하는 것이 주된 내용이었다. 1962년에 도시계획법에 도심재개발사업이 처음 들어왔고, 1965년에는 지정근거를 만들었으며, 1971년에는 시행근거가 마련되었다. 이러한 과정에서 세운상가 재개발이 착공(1966)되었고, 소공재개발사업구역의 철거(1971)가 추진되었다. 1973년에 11개 구역[14]이 도심재개발구역으로 최초 지정되었고, 1973년에는 특정가구 정비지구 4개소[15]가 추가로 지정되었으며, 1975년 이후에도 지속적으로 도심재개발구역이 다수 지정되었다.[16] 하지만 1970년

----

[13] 제2차 세계대전 막바지에 미국의 항공기 공습이 빈번하자 조선총독부에서 화재가 났을 때 불이 주변으로 번지지 못하도록 비워두었던 공간을 말한다.

[14] 이때 지정된 곳은 소공, 서울역, 서대문 1·2·3가, 을지로1가, 장교, 다동, 서린, 적선, 도렴지구이다.

[15] 이때 지정된 특정가구는 반도, 금문도, 세종로, 을지로 5·6가 지구이다.

[16] 1976년에 광화문, 신문로, 청계천 7가 지구 등 3개소가 지정되었고, 1977년에는 을지로 2가, 명동, 청진, 남대문, 회현지구 등 5개소가 추가되었으며, 1978년에는 양동, 서소문, 소공 4가, 명동 2가, 공평, 신문로 2가, 봉래동 1가, 남대문로 5가, 동자지구 등 9개소가 대거 지정되었다. 또한 1980년에는 명동 2가, 신문로 2가, 남대문 지구 등이 해제되기도 하였다. 1982년에 세운상가 지구가 지정되었고, 1983년에는 명동 2가, 신문로 2가 지구

대 후반으로 들어서자 안정된 경제를 바탕으로 새로운 업무수요가 점차 증가하면서 도심재개발도 불량지역의 철거에서 새로운 업무공간을 확보하는 수단으로 서서히 변해갔다. 88 올림픽 개최와 함께 많은 지역에서 도심재개발이 시행되었으며, 이들 지역은 현재까지도 계속되고 있다.

이러한 재개발과정을 통하여 비위생적인 골목길과 판자촌은 대체로 정비되었으나, 이러한 정비과정에서 한성이 본래 가지고 있던 경관과 분위기는 이질적으로 변모되어갔다. 각종 문화재와 한옥이 철거되고 양옥과 빌딩이 들어서면서 예전에 오밀조밀하게 형성되었던 도심부의 경관 및 분위기가 변화해갔다. 재개발 과정에서 일제강점기에 건축된 근대적 양식의 양호한 건축물도 철거되었다. 1974년에는 국립중앙도서관(조선총독부 도서관)과 국무회의장(반도호텔)이 매각되어 종국에는 철거되었다. 1981년에는 조선식산은행이 철거되어 이들 터는 모두 현대적인 대형 고층건물군으로 신축되었다. 따라서 경성 시기에 세워졌던 많은 건축물도 점차 사라졌고, 경성이 가지고 있던 근대적인 풍모도 대거 사라져갔다.

1970년대 도심재개발의 추진으로 도심은 대형화, 고층화, 현대화로 예전의 모습을 찾아볼 수 없는 정도로 변모했다. 플라자 호텔(22층), 교보 빌딩(23층), 삼성 본관 및 생명 빌딩(26층), 롯데 호텔(37층), 현대 사옥(20층) 등이 당시 도심재개발을 통하여 건축된 대표적인 건물이다. 이 중 일부는 특정가구 정비지구와 재개발촉진지구를 도입(1972)하면서 완화된 높이와 용적률을 적용받았다. 이러한 고층화와 대형화는 내사산으로 둘러싸인 강한 위요감圍繞感을 위협하고 훼손하는 주요 요인이 되었다. 제한적으로 내사산과 문화재의 경관을 보호하기 위하여 도심부 내에 건축고도를 제한하려는 시도도 있었으나, 전체적인 추세를 보면 대체로 용적률과 높이를 완화하여 재개발을 촉진하는 경향이

가 추가되었으며, 1984년에 북창 지구가 지정되었다. 이어서 1985년에는 세운상가 2, 3 지구가 지정되었으며, 1988년에는 남대문 지구 일부가 해제되었다. 또한 1993년에는 내수 지구가 추가되었고, 1994년에는 세종로 지구가 지정되었다.

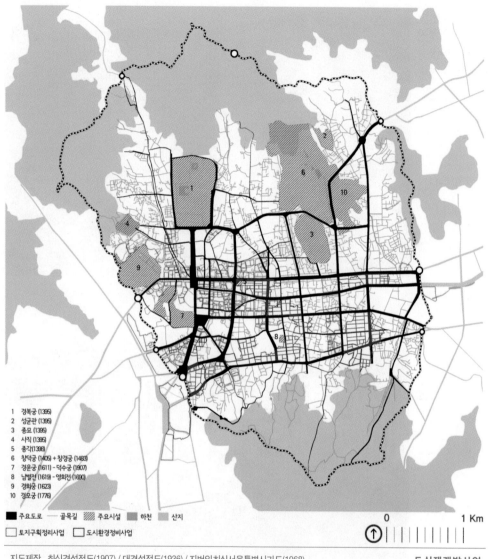

1 경복궁 (1395)
2 성균관 (1395)
3 종묘 (1395)
4 사직 (1395)
5 종각(1398)
6 창덕궁 (1405) + 창경궁 (1483)
7 경운궁 (1611) - 덕수궁 (1907)
8 남별전 (1619) - 영희전 (1690)
9 경화궁 (1623)
10 경모궁 (1776)

| ■ 주요도로 | ── 골목길 | ▨ 주요시설 | ▧ 하천 | ▨ 산지 |
| □ 토지구획정리사업 | □ 도시환경정비사업 |

0   1 Km

지도제작_ 최신경성전도(1907) / 대경성정도(1936) / 지번입최신서울특별시가도(1968).

도심재개발사업
및 토지구획
정리사업 추진

도심부 경관 및 분위기 변화

1900년대 광화문 앞

자료: 서울연구원, 「서울 20세기 100년의 사진기록」(2000).

남산에서 바라본 도심부 현재

자료: 서울시 도심재창조 종합계획 발표자료.

강했으며, 이러한 양상은 비교적 최근까지도 유지되어왔다. 예전의 도심부가 가졌던 정취와 분위기가 사라져가는데도 여전히 도심재개발이 추진되어 논란 과 갈등을 양산하고 있다.

4 · 도시 개조에서 남은 것, 그리고 잃은 것과 얻은 것

동로마제국이 멸망하면서 서서히 성장하기 시작한 서구의 도시들은 흑사병과 대화재를 겪으면서 도시의 위생과 안전을 확보하기 위한 도시개조사업을 통하여 근대도시를 향한 발걸음을 딛게 되었다. 당시 교역이 발달하면서 부가 축적된 도시국가는 과두정치체제와 절대왕정 시기를 거치며, 통치자를 상징하고 힘을 과시하기 위한 도시공간으로 각종 궁전과 시청, 광장, 상품거래소, 조망가로 등이 들어서면서 치장되었다. 이후 시민들의 자주적인 목소리가 높아지면서 왕에 의해 조성된 과시적인 도시공간은 시민혁명을 통하여 시민을 위한 공간으로 변모해간바, 새로운 시민공간이 또한 자연스럽게 형성되면서 근대적 도시공간의 틀이 완성되었다. 이러한 과정을 우리는 근대화라고 표현하였으며, 이것이 오랜 기간을 거쳐 내려온 정체성을 유지하면서도 점진적으로 근대화된 현재 우리가 보고 있는 서구 도시의 경관이라고 보면 된다. 하지만 동양의 도시는 서구의 강제적인 개방 압력 속에서 오랜 기간 형성되어왔던 문명과 문화에 대한 정체성의 혼란을 겪으면서 급격한 변화과정을 거쳐야 했다.

개항 당시 서양의 수준에서 보면 중세에서나 볼 수 있었던 도시상황에 머물러 있던 모든 동양의 도시들은 불안정한 국제정세 속에서 근대적 도시로의 개조를 강요받았고, 스스로 만들어왔던 고유한 문명을 버리고 서구의 문명을 받아들여야 할 수밖에 없었다. 서구 문명을 받아들이는 과정이 모두 같았던 것은 아니다. 일본의 도시들은 오히려 명치유신을 통하여 서양문명을 적극적으로 받아들여 자기 것으로 만들어가면서 적응해간 덕분에 충격을 최소화하고 고유한 문화를 더 발전시켜갈 여지가 생겼다. 중국의 도시들은 어느 순간 신해혁명으로 구체제를 해체하는 내부적인 변화를 통하여 스스로 개선해나가는 방식을 선택했고, 필요한 갈등과 충격을 수용하면서 변화해나갔다. 우리나라의 경우에는 동학혁명과 갑신정변 등 다양한 변화 노력이 좌절되면서 내부적인 변화를 통하여 스스로 개선해나갈 힘을 결집시키지 못했다. 내부적인 변화의 힘을 결집하지 못하고 기존 체제를 유지하면서 외부적인 변화만을 모색하는 방식을 선택했으나, 결국에는 외세의 힘에 견디지 못하고 식민화되어 강제적인 개조를 겪게 되었다. 이것이 일본이나 중국과는 다른 길을 겪었던 한성만이 가지고 있는 차이점이며, 이러한 고통에서 벗어나고자 각고의 노력 끝에 자주적으로 경제적 근대화를 일구어냈던 우리의 급격한 근대화과정이 한성의 공간구조 변화 속에 녹아 있는 것이다.

그래서 한성에는 자주적인 변화노력도 존재하며, 일제 강점기를 거치면서 진행된 의도된 훼손과 강제적 도시 개조의 모습도 보인다. 또한 군부에 의하여 추진된 급격한 근대화과정에서 진행되었던 과격한 도시 개조의 모습도 볼 수 있다. 일제 강점기에서부터 전후 혼란기를 거쳐 군부에 의한 경제성장기에 이르기까지 이 시기에 공통적으로 볼 수 있는 특징은 일방적인 추진과정에서 현실적인 필요—그것이 착취든 번영이든—를 강조한 나머지 한성의 정체성이 신중하게 고려되지 못했고, 그로 인한 훼손이 일본이나 중국의 여느 도시보다도 많았다는 것이다. 이러한 일방적인 도시 개조는 현재까지도 진행되고 있고 이러한 관점은 도시계획 및 건축 전문가들 사이에서도 일반화되어 도시를 발전시킨다는 미명 아래 더욱더 심각한 문제를 초래해왔다.

이러한 과정을 통하여 한성의 정체성 요소 중 내사산과 궁궐 등 주요시설만이 그 흔적으로 남아 있으며, 요소 대부분은 훼손되었고, 하천과 한옥의 정취와 같이 완전히 사라져버린 것도 있다. 또한 중심대로와 같이 가로의 형태 속에서 일부 흔적을 찾아볼 수 있는 것도 있다. 한성개잔 이후의 변화과정을 통하여 한성의 정체성을 형성하는 요소에 대한 변화를 정리해보면 다음과 같다.

첫째, 전근대적 위험요소는 제거되었으나, 종로를 중심으로 한 다중적 축성은 해체되었다. 도심부에서 대대적으로 간선가로와 골목길이 정비되면서 위생, 화재, 홍수, 슬럼 등 도시 속에 도사리던 위험요소는 제거되고 근대적 기준에 맞춰 변형되었다. 그 변화가 한성의 골격을 형성하고 있던 가로들을 감안하여 이루어졌지만, 중심대로를 중심으로 주요시설이 연결되어 있던 한성의 구

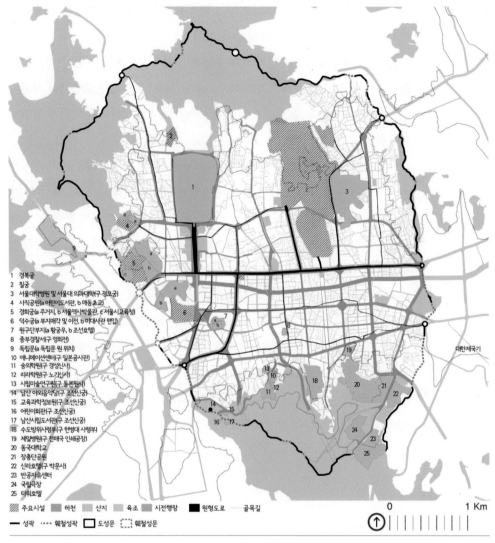

1 경복궁
2 창궁
3 서울대학병원 및 서울대 의과대학(구 경모궁)
4 사직공원(a 어린이도서관, b 매동초교)
5 경희궁(a 주거지 b 서울역사박물관, c 서울시교육청)
6 덕수궁(a 부지매각 및 이전 b 미대사관 편입)
7 원구단부지(a 황궁우, b 조선호텔)
8 중부경찰서(구 영화권)
9 독립문(a 독립문 원 위치)
10 애니메이션센터(구 일본공사관)
11 숭의학원(구 경성신사)
12 리라학원(구 노기신사)
13 시립미술연구원(구 동본사)
14 남산 야외음악당(구 조선신궁)
15 교육과학정보원(구 조선신궁)
16 어린이회관(구 조선신궁)
17 남산시립도서관(구 조선신궁)
18 수도방위사령부(구 한방대 사령부)
19 제칠병원(구 천매국 인쇄공장)
20 동국대학교
21 장충단공원
22 신라호텔(구 박문사)
23 반공자유센터
24 국립극장
25 타워호텔

주요시설 하천 산지 육조 시전행랑 원형도로 골목길
━ 성곽 ┅ 훼철성곽 ☐ 도성문 ⬚ 훼철성문

0   1 Km

도심부 정체성
요소 변화(종합)

조적 특성은 찾아보기 어려울 정도로 바뀌어 오히려 격자형 가로체계에 가까
워졌다. 종로를 중심으로 주요시설이 뻗어난 가지들이 사방으로 연결되면서
종로가 갖던 중심성은 사라졌고, 주요시설의 다원성을 지탱하던 질서가 무너

져 버려 오히려 산만해졌다. 가로가 가졌던 상징성과 미학적 특성은 거의 사라지고 가로의 기능적인 측면만이 남아 있다.

둘째, 유기적 수향도시의 정취와 수평적 경관특성은 이제는 볼 수 없다. 하천은 지상에 도로만 남고 지하의 하수로로만 사용된다. 겉만 보아서는 하천이 있을 거라고는 알 수 없을 정도다. 이로 인해 도시의 정취와 분위기가 완전히 뒤바뀌었다.

도심부 전체에 예전의 하천과 계곡이 그대로 있었더라면, 최근 복원된 청계천변의 활력과 정취가 도심부 전체 내에 공존했을 것이다. 앞으로 땅 아래 감춰진 하천의 활력과 정취를 되살릴 기회가 오기만을 간절히 바랄 뿐이다. 재개발을 추진하면서 만들어진 고층화와 대형화는 어쩔 수 없었다 하더라도, 무절제하게 그대로 내버려둔 것은 누구도 부인하기 어려운 우리의 책임일 것이다.

셋째. 문명개방을 통해 새로운 정체성 요소가 등장하였다. 서구의 시민사회와 문명이 들어오면서 많은 공간이 의미를 갖는 새로운 장소로 진화해갔다. 새롭게 들어선 외국공관과 종교시설, 공원과 광장, 신식학교와 병원, 도서관과 체육시설, 문화시설과 그 주변은 새로운 장소로 진화하면서 서울의 다양성을 채워주는 역할을 했다. 또한 이들 시설은 대부분 서양건축양식으로 지어져 한성의 경관을 좀 더 활력 있고 다양하게 만들었다.

제 4 장

정체성 회복의 전개와
재정립

1 • 정체성 회복의 움직임

1990년대 정치·경제·사회체제의 변화에 따라 도시공간도 많은 변화가 있었다. 국민의 민주화 요구로 평화적으로 정권이 이양되면서 정치적으로 안정되었고, 경제성장을 바탕으로 자유와 균형에 기반을 둔 사회안정정책이 사회 전반에 걸쳐 실시되었다. 또한, 군사정변 이후 중단되었던 지방자치가 전면적으로 실시되면서 사회 곳곳에서 다양한 요구와 논의가 이루어지면서 점차 시대적 가치와 의식이 변하게 되었다. 이러한 변화에 따라 한성 지역에 대한 정책 및 사업도 자연스럽게 변모해 갔다.

이러한 변화에 함께 도심부는 1972년부터 추진된 도심기능 이전에 따른 일반요식업 허가제한, 강북학교와 대기업 본사 및 행정기관의 강남 이전(1978), 학원 및 예식장 등의 사대문 밖 이전 등 강북억제정책으로 상주인구가 감소하고 점차 경제적 활력이 쇠락하게 되면서 경제적 활력의 지속성 확보가 새로운 당면과제로 등장했다. 하지만 도심부에 대한 정책변화의 중심에서는 도심부가 갖는 역사문화에 대한 인식의 변화가 새롭게 자리 잡기 시작했다. 1994년 전후로 서울 정도 600년을 기념하여 추진된 각종 저술과 전시회 및 사업들로 도심의 역사문화에 대한 관심이 고조되었으며, 1990년대 후반에는 인사동 영빈가든부지 개발을 위한 건축허가제한 조치 발표 및 지구단위계획 수립 추진 등 역사적 장소에 대한 개발압력과 특성보존에 대한 갈등이 가시화되면서 역사적 장소에 대한 가치 재인식 및 체계적 관리가 시작되었다.

아울러 식민통치와 정치적 혼란, 군부에 의한 장기간의 독재로 억제되었던 시민사회의 형성과 시민공간의 요구가 증대되면서 다양한 정책과 사업이 등장했다. 2002년 월드컵 이후 시민의 의사 표출공간으로서 광장이 조성되고 시립미술관, 역사박물관 등 역사자원을 활용하여 시민 문화역량을 강화하기 위한 시설이 들어섰다. 또한 청계천 복원, 세운상가 남북녹지축 조성 등 역사성 회복과 연계하여 시민의 휴식공간이 늘어나면서 정치사회 근대화(지방자치, 시민사회)의 공간적 실현이 이루어지게 되었다. 최근에는 소득 증대에 따른 도시미관에 대한 인식이 확산되면서 1996년 이후 보행환경 개선을 위한 주무부서 및 보행조례가 신설되고 차 없는 거리, 덕수궁길 녹화거리 조성 등 보행환경 개선 시책이 추진되었다. 또한 1990년 초 남산 제 모습 찾기, 북한산 주변 고도지구 지정 등을 시작으로 2000년 경관지구가 도입되고 수변경관 관리가 추진되었다. 2007년에는 경관법이 제정되고 역사문화 경관계획 및 경관형성기준이 마련되었다.

이러한 시대적 변화와 요구에 따라 도심부에 대한 다양하고 구체적인 정책과 사업이 추진되었다. 그동안 추진되었던 이들 사업에 대한 시민의 인식을 살펴보면, 공공성과 상징성이 높으면서 시민들의 호응이 높았던 사업이 상위그룹을 형성했다(다음 도표 참조). '청계천 복원사업'이 20.4%로 가장 높았고, '인사동 차 없는 거리사업'이 13.8%로 다음을 차지했다. 이어서 '광화문광장 조성사업'이 12.7%로 3위를 차지했고, '명동 환경 개선사업'이 후순위로 나타났다. 하지만 명동 환경 개선사업은 1순위 응답이 11.0%였던 데 비하여 1순위와 2순

⊞ 시간과 비용 투자에 비하여 서울의 특성을 살리는 데 기여도가 미흡하고 성과도 부진하다고 생각되는 사업은 무엇입니까?

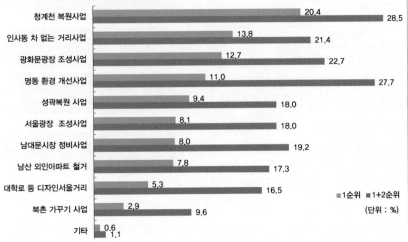

위를 합친 응답에서는 27.7%로 호응이 높은 것으로 나타났다. 그 밖에 성곽 복원 사업 9.4%, 서울광장 조성사업 8.1%, 남대문시장 정비사업 8.0%, 남산 외인아파트 철거 7.8%, 대학로 등 디자인서울거리 5.3%, 북촌 가꾸기 사업 2.9% 등의 순서로 응답결과가 나타났다.

이들 사업은 앞으로도 지속적인 추진이 예상되므로, 좋은 취지 속에서 시행된 것이지만 추진방향에서는 부정적인 평가도 나오는 만큼 평가를 통하여 그 시각을 재정립할 필요가 있다.

2 · 정체성 회복의 전개와 과제

1990년대에 들어서면서 정치·사회 전반을 지배했던 변화의 흐름은 타자로서 서구의 문명화를 지향했던 도시 개조의 흐름을 주체로서 한성 지역의 정체성이 갖는 자아의식 속에서 돌이켜보고 전환하는 과정으로 이해할 수 있다. 도

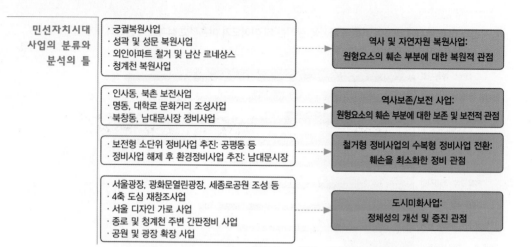

민선자치시대 사업의 분류와 분석의 틀	·궁궐복원사업 ·성곽 및 성문 복원사업 ·외인아파트 철거 및 남산 르네상스 ·청계천 복원사업	역사 및 자연자원 복원사업: 원형요소의 훼손 부분에 대한 복원적 관점
	·인사동, 북촌 보전사업 ·명동, 대학로 문화거리 조성사업 ·북창동, 남대문시장 정비사업	역사보존/보전 사업: 원형요소의 훼손 부분에 대한 보존 및 보전적 관점
	·보전형 소단위 정비사업 추진: 공평동 등 ·정비사업 해제 후 환경정비사업 추진: 남대문시장	철거형 정비사업의 수복형 정비사업 전환: 훼손을 최소화한 정비 관점
	·서울광장, 광화문열린광장, 세종로공원 조성 등 ·4축 도심 재창조사업 ·서울 디자인 가로 사업 ·종로 및 청계천 주변 간판정비 사업 ·공원 및 광장 확장 사업	도시미화사업: 정체성의 개선 및 증진 관점

시를 개조하거나 바꾸는 인프라사업은 1980년대에 들어서는 사라졌고, 1990년대에 들어서는 철거형 재개발사업의 대상인 슬럼지역의 문제도 도시공간 내에서 이미 해소된 상태였다. 정치·사회 전반의 변화 속에서 시민의 자아의식이 싹트면서 정체성 회복이라는 새로운 시각으로 도시를 바라보게 되었다. 도심부의 인구감소 및 기능이전에 따른 산업 활성화 정책이 지속적으로 전개되어왔으나, 산업 활성화 정책도 기형성된 산업특성을 기반으로 하여 만들어야 한다는 시각이 우세했다. 이러한 방향성은 2000년 처음으로 수립된 「도심부 관리 기본계획」에 드러나 있으며, 청계천 복원에 따라 재정비된 「청계천 복원에 따른 도심부 발전계획」(2004)에서도 그대로 지속되었다. 1990년대 이후 추진된 사업을 목적별로 구분해보면 더 분명하게 이러한 경향이 드러난다. 이들 사업에는 2000년도 「도심부 관리 기본계획」 수립 이전에 개별법에 근거하여 추진된 것도 있고, 2000년 이후 「도심부 관리 기본계획」과 「청계천 복원에 따른 도심부 발전계획」에 근거하여 추진된 것도 있다. 그리고 이들 계획에 대한 후속 전략계획으로서 도심 4축 사업 추진을 위해 수립되었던 「도심재창조 종합계획」(2007)에 의거하여 추진된 사업이 있다. 또한 이러한 종합계획에 의거하지 않고 개별적으로 추진된 사업들을 망라하여 분류하였다. 이들 개별사업

을 목적별로 구분해보면, 아래와 같이 크게 보존·보전 정책, 복원정책, 정비정책, 도시미화정책으로 나눌 수 있다. 이들 민선자치시대에 추진된 정책은 1990년 이전에 추진된 사업들과 정체성의 회복 측면에서 그 맥락은 다르나 서로 연결되어 있기 때문에 동일선상에서 같이 살펴보아야 한다.

역사보존 및 보전 정책

최근 변화 흐름 속에서 역사보존 및 보전 정책은 철거재개발정책의 추진에 제동을 걸면서 정책방향을 전환하는 데 가장 큰 기여를 하였으며, 다른 정책을 이끌어냈다는 점에서 중요한 의미를 갖는다. 역사보존 및 보전 정책은 1960년대부터 추진되었으며, 당시 남아 있던 궁궐과 종묘 등 문화재를 보전·관리하는 정책에서 출발하여 도심부의 정체성을 유지하는 데 근간이 되어왔던 정책이다. 1963년 경복궁 등 주요 궁궐이 사적으로 대거 지정되었다. 1980년대에 들어서면서부터는 문화재시설에서 한옥밀집지역이나 역사적 공간 등 장소로 그 관심이 확대되기 시작하였다. 도심부에서도 강한 특성을 갖고 있는 대학로(1986), 명동(1988), 인사동(1988) 지역에 대하여 문화거리 조성사업을 추진하였으며, 이들 지역은 이후에도 특성 보전에 역점을 두면서 환경을 개선해나가는 방향으로 지속적으로 관리·추진되었다. 이러한 장소 보전사업은 2000년대 이후 최근까지 북촌, 정동, 북창동, 관철동, 남대문시장, 광장시장, 경복궁 서측(서촌)지역으로 확대되고 있다. 또한 이 시기에 동아일보 사옥, 경교장, 광통관, 명동국립극장 등 근대 건축물에 대해서도 역사적인 지평을 확대하여 이들 시설에 대한 문화재 지정·확대가 이루어졌다. 역사보존 및 보전 정책은 비교적 오래전부터 추진되어 정체성 회복을 위한 근간이 되어왔던 정책으로서 2000년대에 들어서면서부터 가장 활성화되어 비교적 안정적으로 추진되고 있는 사업이다.

이러한 역사보존 및 보전 정책은 가시적인 성과가 있었고, 시민들에게도 많

역사보존 및 보전 정책의 전개	1960년대	·경복궁 사적(제117호) 지정(1963) / 사직단 사적(제121호) 지정(1963) ·창덕궁 사적(제122호) 지정(1963) / 창경궁 사적(제123호)으로 지정(1963) ·덕수궁 사적(제124호) 지정(1963) / 종묘 사적(제125호)으로 지정(1963)
	1980년대	·경희궁 사적(제271호)으로 지정(1980) ·대학로 문화거리 조성(1986) ·인사동/명동 문화거리 조성(1988)
	1990년대	·탑골공원 사적(제354호)으로 지정(1991)
	2000년대 이후	·북촌 가꾸기 기본계획 수립(2001) ·경교장 서울시유형문화재 129호 지정(2001) / 동아일보 사옥 서울시유형문화재 131호 지정(2001) ·한옥지원조례 제정(2002) ·광통관 기념물 지정(서울특별시기념물 제19호)(2002) ·인사동 지구단위계획 수립(2002) ·명동관광특구 지구단위계획 수립(2004) / 명동국립극장 문화관광부 매입 보존(2004) ·한옥선언(2008) ·북창동 음식거리 조성(2009) / 북촌 지구단위계획 수립(2009) ·경복궁 서측 지구단위계획 수립(2010)

은 호응을 얻고 있다. 이러한 성과를 바탕으로 역사문화 회복에 대한 시민의
인식을 바꾸는 데 상당히 기여했다는 평가도 받는다. 역사보존 및 보전 정책에
대한 향후 방향을 설정하기 위하여 1990년대 이후 추진된 핵심 사업을 대상으
로 시민의 의식을 파악해보면, 시민들은 역사보존 및 보전 정책에 대하여 보존
및 보전대상에 대한 역사적 가치를 기반으로 보존 및 보전대상의 분포와 상태
에 많은 비중을 두는 것으로 나타났다. 사라져가는 한옥의 보존을 위하여 추진
했던 '북촌 한옥 보존/보전사업'에 대한 성과가 52.4%로 가장 높게 나타났고,
이와 유사한 '인사동 보존/보전사업'이 22.3%로 그 뒤를 이었다. 광장시장과
남대문시장의 정비도 11.7%로 비교적 높은 비중을 차지했고, 지역특성은 많이
사라졌지만 여전히 장소적 가치를 지닌 대학로 및 명동지역과 정동지역이 각
각 6.9%, 6.8%로 유사하게 나타났다. 1, 2순위 응답을 합친 결과에서는 역사적
특성이 좀 더 많이 남아 있는 정동지역(25.7%)이 대학로 및 명동지역(16.3%)보
다 높았다.

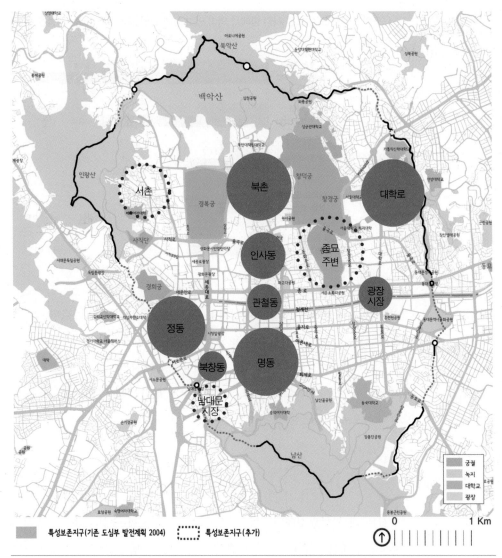

기존 특성보존지구 및 추가지정필요지역 설정

한성 지역 내에서 보존/보전이 필요한 지역에 대해서는 대체로 관리체계가
잘 잡혀 있으나, 그 외에 역사적으로 의미가 있으면서 그 특성이 남아 있는 지
역들에 대해서도 잘 관리해나가야 한다. 북촌 외에 한옥이 밀집된 경복궁 서측

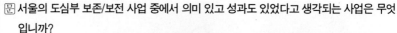

서울의 도심부 보존/보전 사업 중에서 의미 있고 성과도 있었다고 생각되는 사업은 무엇입니까?

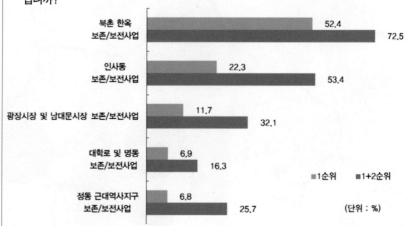

지역(서촌)과 종묘 주변지역에 대해서도 보존/보전사업 추진이 검토될 필요가 있다. 또한 이제는 역사적인 지평을 넓혀 개항과 함께 경성시대에 만들어진 새로운 정체성 요소 전반에 대해서도 사업대상을 확대시켜갈 필요가 있으며, 근대적 정취와 분위기가 살아 있는 남대문시장과 광장시장에 대해서도 보존 및 보전 대상으로서 접근해야 한다.

정비정책

도심부 내 위협요소였던 비좁은 도로와 비위생적인 슬럼지역을 철거하고 기반시설을 개선하기 위하여 시작했던 도심재개발사업은 1966년 소공 재개발을 시작으로 법제화되어 현재까지도 추진되고 있는 도심부 내 핵심정책 중 하나이다. 이는 대부분 기존 지역을 전면철거하고 새로 구획을 했기 때문에 정체성을 사라지게 만들었던 주요 원인이 되었다. 1973년 11개 구역이 최초로 지정된 이래 지속적으로 증가되어, 2012년 현재 41개 구역에 걸쳐 264개 지구 중

1970년대	도시환경정비사업	소공/서울역/서대문1·2·3/을지로1가/장교/다동/서린/적선/도렴(1973)
		반도/금문도/세종로/을지로5·6가 특정가구 정비구역(1973)
		광화문/신문로/청계천7가(1975)
		을지로2가/명동/청진/남대문/회현(1977)
		양동/서소문/소공4/명동2가/공평/신문로2/봉래동1가/남대문로5가/동자(1978)
	주택재개발사업	삼청1/옥인/청운1(1973)
1980년대	도시환경정비사업	세운상가(1982)/명동2·신문로2(1983)/북창(1984)
	주택재개발사업	삼청2(1987)
1990년대	도시환경정비사업	내수(1993)/세종로(1994)
	주택재개발사업	청운2(1993)
	주거환경개선사업	연건(1992)/원서·동숭1(1993)/사직·명륜2구역(1994)/명륜1·명륜3(1997)/
		누상옥인(1998)
2000년대 이후	도시환경정비사업	사직1·중학(2000)/순화(2003)/세운4·익선(2004)/저동·중학2(2006)/쌍림(2007)/종로6가·사직2(2009)/수표·수송(2010)
	재정비촉진사업	돈의문(2003)/세운(2006)
	주택재개발사업	명륜4(2006)/옥인1(2007)/이화1(2008)
	주거환경개선사업	가회(2000)/신교(2001)

142개 지구가 완료되었고 23개 지구가 시행 중이며, 존치지구를 제외한 67개 지구가 미시행지구로 남아 있다. 그리고 내사산 자락에 형성된 불량주거지에 대해서는 주택재개발사업과 주거환경개선사업을 통하여 정비해왔다. 대체로 슬럼지역에 대한 정비는 완료되어 위생·안전문제는 해소되었으나, 88 올림픽을 전후해서 부동산시장이 활성화되면서 필요한 업무·주택 수요에 대응하기 위하여 새로운 국면에서 지속적으로 전개되어왔다.

하지만 2000년대에 들어서면서부터 철거 재개발에 따라 많은 문화재가 철거되고, 지역의 특성이 사라진다는 비판이 높아지면서 기존 정비구역에 대해서 지역특성을 고려한 다양한 정비사업방식이 검토되기 시작하였다. 지역의 도시조직을 살리면서 필지단위로 정비하는 수복형 정비방식이 검토되었고, 정비구역 내에 문화재가 있을 경우 문화재를 보존하면서 정비하는 보전형 재개발방식도 검토되었다. 하지만 추진은 지지부진한 상황이다. 한편에서는 대규모 철거정비사업인 도시재정비촉진사업이 도입되어 세운상가 일대가 지정되

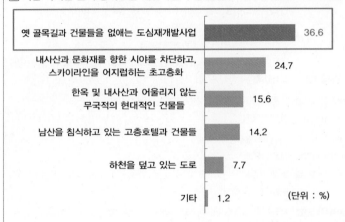

☞ 서울 사대문 안의 정체성을 훼손하는 주된 원인은 어디에 있다고 생각하십니까?

옛 골목길과 건물들을 없애는 도심재개발사업 ── 36.6

내사산과 문화재를 향한 시야를 차단하고,
스카이라인을 어지럽히는 초고층화 ── 24.7

한옥 및 내사산과 어울리지 않는
무국적의 현대적인 건물들 ── 15.6

남산을 침식하고 있는 고층호텔과 건물들 ── 14.2

하천을 덮고 있는 도로 ── 7.7

기타 ── 1.2 (단위 : %)

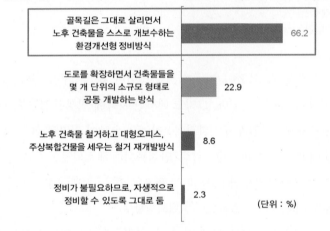

☞ 서울의 도심부 내 정비사업은 어떻게 추진되는 것이 바람직하다고 생각하십니까?

골목길은 그대로 살리면서
노후 건축물을 스스로 개보수하는
환경개선형 정비방식 ── 66.2

도로를 확장하면서 건축물들을
몇 개 단위의 소규모 형태로
공동 개발하는 방식 ── 22.9

노후 건축물 철거하고 대형오피스,
주상복합건물을 세우는 철거 재개발방식 ── 8.6

정비가 불필요하므로, 자생적으로
정비할 수 있도록 그대로 둠 ── 2.3 (단위 : %)

어 또 다른 문제를 야기하고 있다.

도심재개발사업은 도시 내 위생·안전문제를 해소하기 위하여 추진되었으나, 이러한 문제가 해소된 지금에 와서도 도심지로서 필요한 업무·주택수요에 대응하여 여전히 추진되고 있다. 사업 추진과정에서 지역특성을 보전하자는 의견과 여전히 정비가 필요하다는 의견이 지속적으로 대립되어왔고, 청진동·공평동 재개발 등 곳곳에서 빈번하게 발생하고 있다. 보존·보전사업을 추진

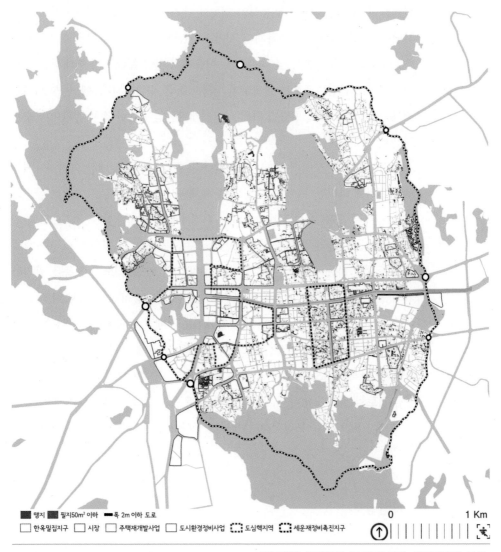

정비정책 추진지역 및 현재 남은 불량지역의 분포

했던 인사동, 북촌, 삼청동지역에 대한 시민의 발길이 늘어나면서 재개발사업
을 보는 시민의 인식이 변화되는 추세이다. 시민들도 도심부 정체성 요소의 훼
손 원인으로 옛 골목길과 건물을 없애는 도심재개발사업(36.6%)을 가장 많이

선택하여, 재개발사업의 부정적인 영향에 대하여 충분히 인지하는 것으로 나타났다. 또한 내사산과 문화재의 시야를 차단하고 스카이라인을 어지럽히는 초고층화(24.7%)와 한옥 및 내사산과 어울리지 않는 무국적의 현대적인 건물들(15.6%)도 간접적으로는 재개발의 영향으로 볼 수 있기 때문에, 한성 지역을 역사문화 중심으로 정립하기 위해서는 재개발사업에 대한 정책 전환이 필수과제가 아닐 수 없다.

이러한 인식은 도심재개발사업에 대한 향후 추진방향에 대한 의견조사에서도 분명하게 나타난다. 향후 도심부 내 재개발사업은 '골목길은 그대로 살리면서 노후 건축물을 스스로 개보수하는 환경개선형 정비방식(66.2%)'으로 추진해야 한다는 의견과 '도로를 확장하면서 건축물들을 몇 개 단위의 소규모 형태로 공동 개발하는 방식(22.9%)'이 비교적 많았다. 반면에 '노후 건축을 철거하고 대형 오피스, 주상복합건물을 세우는 철거 재개발방식'은 8.6%로 극히 미미했다. 앞으로 도심부 내 철거형 재개발사업은 경제적 활력을 위해 필요한 지역에 한하여 최소화하고, 궁궐, 종묘·사직단, 종로·남대문로·육조거리·돈화문로변 등 정체성 요소 주변은 구역을 해제하거나 수복형으로 전환해나가는 방안을 검토할 필요가 있다. 수복형 정비방식은 주민 스스로 추진하는 데에는 많은 한계가 있으므로, 보전적 차원에서 공공의 지원방안이 우선 마련되어야 할 것이다.

복원정책

복원정책은 1970년대 성곽 복원을 시작으로 궁궐과 사직단 등 주요시설을 회복하는 데 역점을 두어 추진되었다. 1983년에는 창경원을 창경궁으로 환원하면서 이듬해인 1984년에 복원을 추진하고 같은 해 서울고 터를 매수하여 경희궁 일부를 복원하였으며 1988년에는 사직단을 복원하는 등 기회가 있을 때마다 매입하여 도시를 복원해나갔다. 복원사업은 타의에 의하여 역사가 훼손

1970년대	·서울성곽 복원 시작(1974)	
1980년대	·창경원을 창경궁으로 환원(1983)	
	·경성중학교터 매수 및 경희궁 일부 복원 / 창경궁 복원(1984)	
	·사직단 복원(1988)	
	·수방사 터에 한옥마을 조성(1989)	
1990년대	·남산 내 외인아파트 철거 및 시민공원 조성(1994)	
	·구■총독부 건물 철거/광화문 복원계획 발표(1995)	
2000년대 이후	·청계고가 철거 및 청계천 복원(2005)	
	·창경궁 - 종묘 단절구간 복원공사 추진 / 종묘앞광장 개선(2008)	
	·광화문 복원(2006~2010)	
	·환구단 정문 복원(2009)	
	·동대문교회·이대병원 이전(2012) 및 인왕산 수성동계곡 복원(2012)	

된 경험을 가진 우리의 특수성을 고려할 때 역사를 되돌리는 것이 아니라, 끊어진 역사를 연결하여 지속적으로 발전·계승한다는 의미에서 매우 중요하다.

1990년대에 들어서면서 주요시설 중심에서 한성의 정체성 근간을 형성하는 자연요소에 대한 회복이 시작되었고, 주요시설에 대한 회복도 질적으로 전환되었다. 1994년 정도 600년 기념사업의 하나로 남산 외인아파트를 철거하고 시민공원을 조성하면서 내사산 중 가장 훼손이 심했던 남산의 회복이 시작되었다. 1989년에는 남산자락에 있던 수방사 터를 이전하고 도심 및 그 주변 각지의 한옥을 모아 한옥마을을 조성하였으며 2005년에는 한성의 기간 하천인 청계천을 복원했고 지천에 대한 회복도 논의 중에 있다. 그리고 2011년에는 인왕산 계곡의 시민아파트를 철거하고 수성동계곡을 복원하였다. 또한 주요시설에 대한 원형 고증과 원형을 중시한 복원이 이루어졌다. 1995년에는 구■총독부 건물을 철거하였고, 광화문 원형복원계획을 발표하여 2010년에 광화문이 복원되었으며, 이어서 덕수궁과 사직단에 대한 원형복원계획도 최근에 마련되었다. 2009년에는 환구단 정문이 복원되었고, 2012년에는 동대문교회 및 이대병원을 이전하면서 성곽 단절구간을 복원하였으며, 혜화문 복원(1992)에 이어 돈의문 복원이 검토되고 있다. 그리고 창경궁과 종묘 단절구간을 연결하

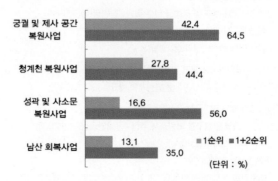

복원사업에 대한
시민의 인식

🗫 서울의 도심부 복원사업 중에서 의미가 있고 성과도 있었다고 생각되는 사업은 무엇입니까?

궁궐 및 제사 공간
복원사업 — 42.4 / 64.5

청계천 복원사업 — 27.8 / 44.4

성곽 및 사소문
복원사업 — 16.6 / 56.0

남산 회복사업 — 13.1 / 35.0

■1순위 ■1+2순위
(단위 : %)

는 사업도 추진 중이다. 복원사업은 2000년 이후 가장 역점을 두고 추진하는 사업이며, 지속적으로 진행될 것으로 예상된다.

복원사업이 모조품이라는 논란 속에서도 한성이 갖고 있던 사라져버린 정체성을 되살리는 데 가장 효과적이라는 것은 이견이 없으며, 많은 성과와 호응을 받고 있는 것도 의심할 여지가 없다. 복원사업이 한성의 정체성을 높임으로써 역사의 재인식이라는 교육적 효과와 주변지역의 활성화라는 부가가치도 얻고 있는 것도 사실이다. 복원사업은 외세에 의한 근대화와 급격한 경제적 근대화 과정에서 훼손되거나 사라져버린 정체성을 회복하여 역사를 치유하고 바로잡아 새로운 미래를 만들어나가는 과정으로 인식되어야 한다. 시민을 대상으로 한 1990년대 이후 주요 복원사업에 대한 평가 설문 결과를 보면, 시민들은 복원대상의 역사적 가치에 비중을 두면서도 현재의 필요성과 활용성도 고려의 대상이 되고 있음을 간접적으로 파악할 수 있다. 설문 결과 시민들은 주요 상징공간인 궁궐 및 제사공간의 복원(42.4%)을 가장 의미 있고 성과가 높은 사업으로 인식하고, 청계천 복원사업(27.8%)도 긍정적으로 생각하는 것으로 나타났다. 그리고 '성곽 및 사소문 복원사업(16.6%)', '남산 회복사업(13.1%)' 등의 순서로 응답했다. 앞서 1순위 응답 결과와 달리, 1순위와 2순위를 합한 결과에서는 성곽 및 사소문 복원(56.0%)이 청계천 복원(44.4%)보다 비율이 높게 나타

민선 자치시대의 주요 복원사업

났다. 내사산과 성곽을 떼어놓고 설명할 수 없는 것을 고려한다면 내사산과 성
곽 회복사업도 의미와 비중이 큰 것으로 파악된다.

　예전에 비하여 복원사업의 비중이 점차 높아져 가는 것을 볼 수 있으며, 예전에는 궁궐과 성곽 등 주요시설 복원을 중심으로 진행되었다면 이제는 하천과 내사산 등 자연요소의 회복에 대한 비중이 높아지고 있다. 주요시설 복원이 원형 고증과 현장 발굴에 기초하여 이루어지고 있어 질적인 복원도 점차 확대될 것으로 전망된다. 앞으로는 서민과 집권층인 사대부들의 생활사가 반영되어 있는 생활유물과 자연유물에도 관심을 기울여야 할 것이다. 이것이 사실 한성의 분위기와 정취를 구성하는 본질이기 때문이다. 주요시설이면서 시가지에 질서를 부여해주었던 중심대로와 행랑이 만들어낸 경관과 가로형태의 회복에도 관심을 기울여야 하며, 한성의 주요 정취와 분위기를 제공했던 하천과 함께 이에 맞추어 진화했던 유기적 도시조직의 보존과 회복에도 관심을 기울여 나가야 할 것이다.

도시미화정책

도시미화정책은 1990년대 이후 안정된 정치·경제 상황을 바탕으로 시민의 참여 및 여가활동이 증가하면서 도시 속에서 이러한 공간과 시설에 관심을 갖고 만들고 가꾸려는 요구 속에서 시작되었다. 사람들이 많이 모이는 보행가로와 광장, 공원, 문화시설 등이 주요 대상이다.

먼저 한성 내 주요 가로에 대한 보행화 사업이 시작되었다. 1995년에는 국가 중심 가로와 서울 상징 가로를 계획하면서 기간도로인 세종로와 태평로를 차량 중심에서 보행 중심으로 바꾸겠다는 계획을 발표하였고, 이어서 명동길, 인사동길 '차 없는 거리' 조성사업과 덕수궁길 '걷고 싶은 녹화거리' 조성사업을 추진하면서 가시화되었으며, 시민의 반응도 좋았다. 2000년대에 들어서 보행화 사업은 지속적으로 확대되었고, 가로 주변 건축물에 대한 관심도 높아져 가로에 대한 종합개선사업으로 그 내용도 확대되어갔다. 청계천변과 종로변에 대한 간판정비사업이 시범적으로 추진되었고, 2007년에는 서울디자인가로 사업으로 확대되어 대대적으로 추진되었다. 또한, 도심부 내 시민광장과 휴식

1990년대	·국가중심가로(광화문 - 시청 - 서울역) 및 서울상징가로(시청 - 남산 - 예술의전당) 계획(1995) ·명동길·관철동길·인사동길 차 없는 거리 조성 / 덕수궁길 1차 걷고 싶은 녹화거리 조성(1997) ·덕수궁길 2차 걷고 싶은 녹화거리 조성(1998) ·광화문 열린 광장 조성 / 낙원동길 차 없는 거리 조성(1999)	
2000년대	·정동길 걷고 싶은 녹화거리 조성 / 인사동길·대학로·고궁길 문화탐방로 조성(2000) ·대명거리 차 없는 거리 조성 / 서학당길 걷고 싶은 녹화거리조성 / 명동길·성균관길·경복궁 길·정동길 문화탐방로 조성(2001) ·덕수궁길(동측) 걷고 싶은 녹화거리 조성 / 낙산길 문화탐방로 조성(2002) ·서울광장 조성/남산 진입로 정비 / 대학로 마로니에길 차 없는 거리 조성(2004) ·종로변 및 청계천변 간판 정비 / 무교동길 가로사업(2005) ·서울 디자인 가로 사업(2007) ·동대문 운동장 공원화 및 디자인플라자 조성사업 추진(2007) ·세운상가 남북 녹지축 조성사업 착공(2008) ·광화문광장 조성(2009) ·남대문과 동대문 및 종각 주변 공원화	

공간에 대한 조성도 시작되었으며, 문화시설도 지속적으로 확충되었다. 2004년 서울광장 조성을 시작으로 남대문·동대문·종각 주변이 공원화되었고, 옛육조거리인 세종로가 광화문광장으로 조성되었다. 또한, 세운상가지역을 철거하고 그 지역에 종묘와 남산을 연결하는 남북 녹지축을 조성하는 계획이 입안되었고, 동대문운동장 터는 공원으로 계획되어 현재 공사가 진행 중에 있다.

1990년대 이전만 하더라도 도시공간 속에서 시민들을 배려하여 시민들이 많이 모이는 장소를 꾸미고, 모여서 즐기고 활동하는 공간과 시설을 만드는데 관심을 기울이질 못했다. 경제적으로 여유도 없었고 사회적으로 군사독재로 시민들이 모이고 활동하는 행위를 용인하지도 않았다. 평화적으로 정권이 이양되고 문민정부가 들어서면서 시작된 지방자치제도는 도시공간을 바라보는 인식의 변화 속에서 많은 변화를 불러왔다. 시민들의 다양한 목소리가 반영될 수 있는 기반이 만들어졌고, 유권자인 시민들의 생활공간에 대한 시정부의 관심도 높아졌다. 이러한 배경에서 시작된 도시미화정책에 대한 시민들의 뜨거운 호응은 아마도 당연한 것일 것이다. 민선자치 이후 다양한 사업이 추진되었

☶ 서울의 도심부 미화사업 중에서 의미가 있고 성과도 있었다고 생각되는 사업은 무엇입니까?

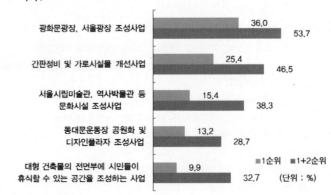

고, 시민들의 반응은 사업유형에 따라서 달라지는 경향을 보였다. 아무래도 상징성이 높은 광장(36.0%)에 대한 호응이 가장 높았고, 보행화와 간판정비를 포함한 가로환경개선사업(25.4%)이 다음 순서로 나타났다. 그리고 문화시설(15.4%), 공원화사업(13.2%), 소규모 공지 조성사업(9.9%) 순서로 나타났다.

도시미화정책이 시작된 지는 얼마 되지 않지만, 시민의 참여와 여가활동이 증가하면서 앞으로도 이러한 도시미화사업은 지속적으로 증가할 것으로 예상된다. 이러한 측면에서 한성 지역에서 추진하는 도시미화정책은 다른 지역과 다르게 접근해야 한다는 점을 강조하고 싶다. 한성 지역은 정체성이 강한 지역이기 때문에 도시미화정책은 정체성을 높일 수 있는 방향으로 추진되어야 한다. 정체성이 고려되지 못하고 일반적인 방법으로 추진된다면 오히려 그 특성을 훼손시킬 수 있기 때문이다. 최근 조성된 광화문광장과 삼청동길과 관련하여 그 조성방향에 대하여 많은 논란이 있었던 것도 이러한 이유일 것이다.

한성 지역의 정체성 회복이라는 큰 방향성 속에서 1990년대 이후 전개된 이들 보존·보전 정책, 정비정책, 복원정책, 도시미화정책의 새로운 과제를 정리해보면 다음과 같다.

첫째, 정체성을 사라지거나 훼손시키는 철거재개발사업은 극히 제한적으로

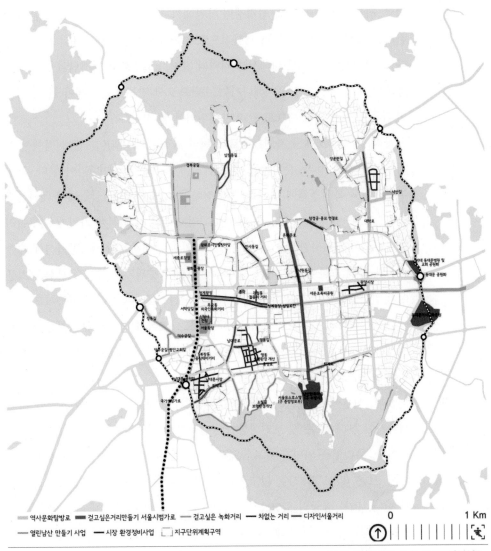

0　　　　　　　　　　　　　　　1 Km

민선 자치시대 주요 도시미화정책

추진하되, 지역특성을 살리면서 정비하는 방식으로 진행해야 한다. 우선 지금
까지 도시의 위생·안전 확보차원에서 추진했던 재개발사업의 목적에 대하여
다시 한 번 짚어볼 필요가 있다. 대체로 전근대적 도시의 위험요소가 제거된

지금, 과연 업무공급 및 산업경쟁력 차원에서 필요한 공간수요가 있다면 적절한 위치에서 추진하되, 극히 제한적으로 철거재개발방식을 적용할 필요가 있다. 그렇지 않은 지역에 대해서는 지역의 점진적 노후화와 경쟁력의 증진에 대응하여 지역의 활력을 유지해나가는 수단으로서 거듭나도록 해야 한다. 목적이 다른 만큼 방식과 수단도 달리 마련되어야 할 것이다.

둘째, 시설요소에서 자연요소로 복원의 관심이 확대되어가는 시점에서 이제는 시가지의 정취·분위기를 회복하는 데 관심을 기울여나가야 한다. 도심부정책에서 복원정책에 대한 비중이 점차 증가하고 있다. 궁궐에서 내사산과 하천으로 관심이 옮겨가고, 복원방법도 점차 원형의 회복에 가깝게 이루어지고 있다. 이제는 사람으로 관심을 옮겨 서민과 사대부들의 생활문화사에 대한 관심과 함께 그들이 만들어간 시가지의 정취와 분위기 회복에도 관심을 기울여야 한다. 결국 이것이 한성의 정수가 아닌가? 그래야 문화도 회복이 가능하다. 하천을 중심으로 유기적으로 자라난 도시조직의 정취와 분위기를 어떻게 지켜나가면서 회복시켜나갈 것인가가 향후 도심부의 보전·복원·정비정책과 관련하여 큰 과제가 될 것이다.

셋째, 시설에서 장소로, 한성에서 경성으로 보존·보전대상의 지평을 확대해나가야 한다. 보존 및 보전대상이 공간적으로 시대적으로 점차 확대되는 추세이다. 무엇이든 의미가 있고 오래된 시설에 대해서는 지켜나가는 것이 중요하며, 보존 및 보전대상을 찾고, 공감하고, 대책을 마련하는 과정이 우선되어야 한다. 또한 공공의 힘만으로는 한계가 있으므로 시민들이 서로 공감할 수 있는 정책의 설정과 공론화 및 추진과정이 후속적으로 마련되어야 한다.

넷째, 보행화와 광장·문화시설에 대한 확충 요구는 지속적으로 증가할 것이며, 도시미화정책은 역사성과 정체성을 부각시킬 수 방향으로 추진해나가야 한다. 분권화가 심화되고 소득수준이 올라가면서, 시민의 자유와 참여의지가 증가함에 따라 도시공간에 대한 이러한 확충 요구는 앞으로 더욱 증가할 것으로 예상된다. 따라서 도심부 전반에 대한 보행화를 점진적으로 추진해나갈 필요가 있으며, 필요한 곳에는 광장과 문화시설을 계획하고, 특정 가로변에는 저층부의 시설과 미관을 관리하는 종합적인 가로정비계획이 마련되어야 한다. 그리고 삼청동길, 자하문로, 대학로, 광화문광장(육조거리) - 돈화문로 - 종로 - 남대문 등 역사적 의미와 정체성이 있는 가로는 그 지역의 정체성을 살려주는 방향으로 도시미화정책이 추진될 수 있도록 해야 한다. 그래서 도시 전체의 특성이 미화사업을 통하여 부각될 수 있어야 한다.

3 • 문화적 주체로서 정체성 정립

수도 서울에 있는 학교에서는 자기 나라 것에는 등을 돌리고 수백 년 동안 중국 학문에만 관심을 두고 열중했다. 한국 젊은이(문인)들은 중국의 요순시대에 대해서는 꿰뚫고 있지만 기원전 57년에서 기원후 936년까지 지속되었던 자기 선조 나라인 신라의 역사에 대해서는 아는 게 없다.

— 서드(1902)

조선은 중국의 속국일 뿐이다. 조선의 군주인 이희(고종)는 지금까지도 중국 천자에게는 인접국 군주 중에서 가장 충직한 봉신이다. 금년 1월에 공물을 가지고 중국 황실로 떠났던 동지사가 돌아오면서 중국 황제의 칙사와 책력을 조정에 전달하였다는 내용이 적혀 있다. 이 책력이라는 것은 주종관계에 아주 중요한 역할을 하는데, 책력을 받는 것은 충성의 표시 또는 봉신의 표시이며 이를 거부하는 것은 반역의 표시이다.

— 헤세 바르텍(1894)

고구려의 후예를 자처하여 중국과 대등한 관계 속에서 독자적 주체로서 이어나간 고려와 달리, 개국 이래 대외에 칭제를 표방했던 대한제국을 선포하기까지 근 500년간 조선은 유교를 국교로 삼고 중국의 조공체제[1]를 받아들이면 서 중국을 섬기는 속국으로서 인식되어왔다. 이러한 인식은 문명적 우위를 점 했던 중국을 통해서 도교·유교와 인도의 불교가 전파·확산되면서 자연스럽 게 나타난 중국 중심의 동아시아 공동체의 국제질서 속에서 형성되었다. 물론 이것은 세상을 자아를 중심으로 이해하는 통념으로서 중국 한족을 중심으로 형성된 '천하 개념'과 '조공체제'라는 상상적 관념[2] 속에서 비롯되었으나, 실제 는 점차 강성해지기 시작한 북방 유목민족을 견제·방어하기 위한 수단으로 인 식된다. 일찍이 중국은 진·한의 통일과정을 거치면서 한족을 중심으로 한 '화 하華夏'가 인정되었고, 송대 이후 뚜렷해지기 시작한 한족을 중심으로 한 자기 정체성의 기초를 갖추면서 이러한 관념이 자리 잡았다. 이것은 중국이 천하의 중심이고 한족의 문명이 세계문명의 최고봉으로서 주변의 야만적이고 미개한 민족을 교화로 굴복시키고, 주변 국가들은 중국을 배우고 조공을 바쳐야 하며

---

[1] 조공은 중국 군주와 주변국 군주들과의 군신관계를 정하여 세 번 무릎 꿇고 아홉 번 엎드 려 절하는 전통적 궁정 의식인 '삼궤구고三跪九叩'를 행하고 교역, 외교 등 중국과의 대외 적인 관계를 정한 포괄적인 행위를 말한다. 이것은 중국의 군주가 국내에서 유지하려 한 유교적 사회질서체계를 대외적으로 확장시킨 것으로 해석되며, 주로 호전적인 북방 유 목민족에 대한 방어를 목적으로 문화 종주국으로서 문화주의의 표현으로 볼 수 있다. 주 변국의 입장에서는 교역 등 중국과의 접촉을 위해서 천자의 보편적 우월성을 인정하지 않을 수 없었고, 조공이라는 형식은 그에 대해 지불해야 할 대가였다.

[2] 거자오광에 의하면, 중화 - 화이華夷(오랑캐) 관념은 적어도 전국시대에 형성되었으며, 중국인은 자신들의 경험과 상상 속에서 '천하'를 구축했다. 화이란 동이·서융·남만·북 적으로서 주로 조선·몽고·만주·티베트·신장을 말한다. 그들은 자기가 거주하는 곳이 세계의 중심이자 문명의 중심으로 상상했으며, 왕이 거주하는 곳이 중심이며 중심의 바 깥은 화하 또는 제하이고, 제하의 바깥은 오랑캐라고 생각했다. 또한 이러한 판단은 문 명(유가의 예의)에서 찾았으며, 한족의 문명에 대항할 수 있는 또 다른 문명이 천하에 결 코 존재하지 않는다고 마음으로 믿으면서 한족을 중심으로 한 중화체제가 자리를 잡게 된다. 실제로 한당漢唐 문화는 세계적으로도 널리 영향을 미쳤으며, 그 문화를 받아들이 고 발전시켰다. 거자오광, 『이 중국에 거하라宅兹中國: '중국은 무엇인가'에 대한 새로운 탐구』. 이원석 옮김(글항아리, 2012) 참조.

황제를 알현해야 한다는 믿음이었다. 물론 이러한 조공체계는 중국과의 교역과 교류 등 경제·사회적 이득을 얻기 위한 수단으로 진행되는 경향이 있었으며, 필요에 따라 이러한 의식은 무시되거나 바뀌었다. 결과적으로 이는 중국이 한족에 의해 통일되어 강성해졌을 경우에는 받아들이되 그렇지 않을 경우에는 무시되는 헐거운 체제였다. 특히 북방 유목민족이 세운 요, 금, 원, 청 등에 의하여 지배되면서 이러한 문화적 우월성에 기초한 의식은 점차 희석되고 변화되어갔다. 다만 우리나라의 경우에는 국교로 정한 성리학이 조선 중기 이후 당쟁과 함께 교조적으로 흐르면서 이러한 의식 자체가 고착된 것으로 판단된다. 또한 명나라를 멸망시킨 북방민족 청나라의 두 차례 침입을 통해 굴복하면서 이러한 체제는 계속 존속되었다.

이러한 타자 의식이 지배하는 문화적 특성은 이후 일제의 식민통치과정을 거치고, 해방 이후에도 미국의 신탁통치를 거치면서 고착되었다. 특히 대한제국 이후 우리의 물질세계와 정신세계 모두를 지배하고 있는 근대화의 다른 말인 서구화도 사실은 타자 의식으로서 자기의식 속에서 타자를 수용하기보다는 선진문명으로서 타자를 따라가는 것으로, 이러한 문화적 종속성은 현재까지도 지속되고 있다. 이것은 일본의 선서구화의 성공에 따른 자강[3]을 보면서 개항 이래 '전반 서구화'를 통해서 중국을 포함한 동아시아에 팽배했던 보편적 세계주의에 편승하면서 시작되었다. 또한 이러한 의식은 현실인 동시에 자기 동일화 과정을 거쳐 우리의 것으로 재인식되는 것도 사실이다.

한편 일본의 경우에는 역사왜곡이라는 논란이 여전히 지속되고 있지만, 중국으로부터의 종속관계에서 탈피하고 서양의 종속관계에서도 벗어나 주체적

3 일본은 1543년 포르투갈인이 아프리카를 돌아 인도를 거쳐 규슈 남단 다네가시마에 도착하면서 소개한 당시 유럽의 총포, 요새형 성벽 등 군사기술 외에 담배, 시계, 안경 등을 포함한 많은 서구문물을 받아들이면서 일찍부터 교류를 시작하였으며, 쇄국기를 거쳐 이러한 경향은 19세기에 들어 다시 지속되었다. 이러한 서구와의 교류는 다른 동아시아 국가와 달리 일본이 이후 개항과 근대화에 대해서 훨씬 더 유연하게 대처한 요인이었다.

인 문화체제를 구축하려는 노력을 기울여 왔다.[4] 이미 일본은 1592년 임진왜란을 일으켜 베이징을 중심으로 대제국을 세우려는 시도를 함으로써 중국을 존경의 대상으로 여기지 않았고, 신국과 불국으로서 일본을 지칭하면서 문화적으로 중국과 점차 멀어져 독자성을 구축해갔다. 일본 학계는 중국의 영향을 인정하면서도 일본문화가 독립적 문화[5]로서 '신도神道, しんとう'와 신도에서 연원하는 '천황'이 일본 고유의 것으로서 만세일계萬世一系되어 중국과 대등한 관계에서 면면히 끊이지 않고 지속되어왔다고 말한다. 물론 여기에는 메이지 이후 일본의 국가와 민족주의가 날로 강성해지면서 천황을 신성화하고 신도를 존숭화하는 과정에서 일본의 역사와 문화의 독특함을 높이기 위한 의도 속에 사실을 왜곡되거나 증명할 수 없는 부분이 실화된 부분이 인정된다. 다만, 일본의 신도와 천황이 갖는 독자성에 대한 논란은 접어두고, 이러한 문화적 독자성을 기반으로 일본의 정체성이 형성되었다는 데에는 이견이 없다.

이러한 자아를 중심으로 한 주체의식은 정체성 논의의 중심에 있으며, 타자

----

4   페어뱅크·라이샤워·크레이그, 『동양문화사』. 김한규·전용만·윤병만 옮김(을유문화사, 1991/해당 원서 초판은 1978년)에 의하면, 일본은 섬나라가 갖는 지리적 특성으로 우리나라와 달리 중국 등 외부적 압력보다는 내부의 자발적 수용과 발전에 의해서 독자적인 통치체제와 문화를 형성해갔다고 한다. 9세기 이후 일본은 중국의 중앙집권체제에서 탈피하여 지방 무사계급을 중심으로 한 봉건사회로 나아갔다. 이러한 체제는 서양의 봉건사회와 상당히 유사한 체제였으며, 상업의 발달과 함께 시작된 도시민들의 부의 축적과 자각은 오히려 서양의 근대화과정과 상당한 유사점이 있었다. 이러한 독자성은 14세기 기타바타게 지카후사北畠親房가 제기한 천황에서 유래한다는 주장이 고쿠가쿠(국학) 등에 의해 점차 발전되어 주체의식으로서 '신도' 아래 사상적으로 체계화되었다.

5   마루야마 마사오丸山眞男는 일본 문화는 독립적 문화로서 항구불변의 '옛 층'을 가지고 있으며, 그것이야말로 일본 문족의 문화적 주체성이 뿌리를 내린 곳이라고 주장했다. 그는 일본의 신화를 언급하면서 일본의 공간, 집단, 언어, 벼농사방식 등의 요소야말로 일본의 '집요하게 지속하는 바탕음'이자 '고훈시대 이래의 옛 층'이 된다고 했다. 다만, 스에키 후미히코는 내력이 오래된 '신도', '천황'은 사실 역사 속에서 점차 형성된 것으로 '옛 층' 밑에는 또 다른 '옛 층'이 있다고 지적했다. 丸山眞男, 「元型, 古層, 執拗低音」, ≪丸山眞男集≫, 第12卷(東京: 岩波書店, 1996).

를 중심으로 형성된 조선의 문화적 정체성과 현재 서울의 문화적 정체성 속에서 독자적인 우리의 문화적 정체성을 찾는 것은 앞으로 정체성의 회복과 계승을 위해 매우 중요한 과제임에 틀림없다. 더욱이 서구의 보편적 세계주의로 자리 잡은 무국적의 국제주의 양식이 지배하는 현실에 대응하여, 자아로서 정체성이 전통성[6]으로 진화하여 문화의 주체로서 과거의 집착과 종속관계에서 벗어나 보편적 가치로 재구성해나가는 것이 앞으로 매진해야 하는 매우 중요한 과제이다.

여기에는 동아시아라는 공동체에 대한 인식과 함께 동아시아 공동체 속에서 한국의 독자성을 찾아가는 과정을 포함한다. 물론 이러한 정체성의 위기는 산업혁명 이후 모더니즘과 용도지역지구제가 범세계적으로 보편화된 도시건축이론으로 등장한 이후 이것을 선도한다고 하는 여러 나라에서도 정체성의 위기가 이 시대의 보편화된 특징으로 규정되는 것이 현실이다. 이것은 도시건축 분야를 넘어서 이 시대를 포괄하는 범세계적인 현상이라고 한다. 헌팅턴은 현대의 여러 국가들이 이러한 정체성의 논란을 겪고 있다고 말하면서, 일본 사람은 자신들이 아시아에 속하는지 서구에 속하는지 고민하는 수준의 정체성 문제를 갖고 있으며, 이란과 남아공, 중국 등은 정체성을 찾고 있는 나라에 속하고, 러시아와 시리아, 브라질, 캐나다, 덴마크, 알제리, 터키는 정체성의 위기에 직면해 있다고 지적한다.[7] 이어서 독일은 통일된 독일의 정체성을 재규정하기 위해 애쓰고 있으며, 타이완은 정체성의 해체와 재건 노력에 몰두하고, 멕

---

6   피아제Jean Piaget는 그의 형성인식론Genetic Epistemology 연구를 통하여 인간에게서 자의식 또는 원초적 형태의 정체성 및 주체성은 인간이 자신의 공간적 존재를 시간적 연속성 속에서 파악할 수 있을 경우에만 존재하기 때문에, 시간성은 주체성의 본원적 요소이고 시간의식을 떠난 자의식은 생각할 수 없다고 주장하였다. 즉, 개인 차원을 넘어 한 국가나 민족의 정체성은 역사의식의 형태로 완성되며, 역사 속에서 변하지 않는 영속성으로서 정체성은 오랜 기간 시대적 요구에 의해 끊임없는 자기보완과정을 통해 진화되어 전통성이 된다는 것이다.

7   새무얼 헌팅턴, 『새뮤얼 헌팅턴의 미국』, 형선호 옮김(김영사, 2004).

시코는 정체성에 대한 의문이 전면에 부상하고 있다고 말한다. 이들 가운데 일본의 정체성 문제가 가장 약하며, 알제리가 가장 심각하다고 지적하였다. 또한 독일과 타이완과 같이 정체성을 재규정하거나 재건하는 노력이 진행되고 있는 국가는 오히려 위기가 심각하지 않은 징표라고 주장한다. 우리는 어느 단계에 와 있고 그 위기는 어느 수준인가 반문해볼 필요가 있다.

예전 서구의 강제적인 개항압력 속에서 자아를 지켜내려는 동아시아 국가들의 여러 가지 자구 노력이 좌절되었던 것을 우리는 기억한다. 일본의 화혼양재和魂洋才 사상이 굴복했고, 중국의 중체서용中體西用 사상이 좌절했으며, 우리나라의 동도서기東道西器 사상도 실패했다. 하지만 일본은 근대화에 성공하면서 바로 일본 문화의 고유성을 찾는 노력을 경주하였으며, 중국은 최근 개방에 성공하면서 막강한 국력을 바탕으로 서체西體에 기댄 중체中體가 아니라 서체와 당당히 맞서는 의미의 중체가 부상하고 있다. 한편에서는 세계화 시대에 민족주의라는 허구적인 이념의 집착에서 벗어나 민족·인종·문화적 차이에서 벗어나 상호 공존하며 살아갈 수 있도록 개방해야 한다고 반문한다. 하지만 이러한 다문화주의조차도 각 문화의 정체성에 대한 존중의식이 전제되어 있다. 물론 우리의 의식구조에 박혀 있는 단일민족이라는 민족주의 관념은 우리 스스로가 극복해야 할 비합리적인 잔재이나, 우리에게 집단적 자아가 공유되어 있고 타자에게 인정받을 수 있는 문화적 정체성이 확립되어 있는가는 의문이다. 중요한 것은 문화와 문명의 발전은 자아의 주체적 의식 속에서 진행된다는 것이고, 문화의 주체의식을 확보하는 것이 무엇보다도 중요하다는 것일 것이다.

우리나라에는 현묘한 도玄妙之道가 있으니 이를 '풍류風流'라고 한다. 그 가르침의 근원은 선의 역사仙史에 상세히 구비되어 있다. 풍류도는 실로 유·불·도 삼교를 포함하는 것으로 많은 사람과 접하여 교화한다.

— 최치원, 「난랑비서」, 『삼국사기』

우리 고유의 문화적 정체성은 단군신화에서 비롯되었으며, 그것은 선도로서 유·불·도 삼교와 융화하면서 그 명맥을 유지해온 것으로 알려져 있다.[8] 단군신화는 우리나라와 우리 민족이 시작된 기원을 밝히고 있는 것으로 한국인의 자기 정체성은 이것에서 파악할 수 있다. '천하'라는 현세의 통치영역에서 기원을 찾는 중국의 황제신화와 다르고, 천신과 지상신 등 신에서 기원을 찾는 일본의 기기신화記紀神話와 달리, 단군신화는 천신인 환웅(하늘)과 동물(땅)인 곰 사이에서 태어난 인간에게서 그 기원을 찾고 있다. 우리는 중국·일본의 건국신화에서 나타나는 것과 달리 단군신화에서 나타나는 독특성을 통하여 우리 민족의 고유한 세계관과 자연관을 읽을 수 있다.

단군신화는 하늘 숭배사상에 바탕을 두고 있다.[9] 하늘의 신이 지상으로 내려온다는 천신강림사상을 근간으로 지상의 곰이 단군이라는 인간 안에 융합되어 일체가 되는 기본구조를 보여준다. 특히, 웅녀가 동굴수행을 통하여 인간이 되는 과정에서도 웅녀 안의 내적 신성이 교감하여 인간이 되는 이원성과 융합

....

8 양승태, 『대한민국이란 무엇인가: 국가 정체성 문제에 대한 정치철학적 접근』(이화여자대학교 출판부, 2010), 298~301쪽. 우리에게는 한민족 고유의 정신적 전통인 선도의 존재와 더불어 '단군민족주의'의 역사로 부를 수 있는 정신사의 흐름이 있다고 언급하면서 비록 불교와 유학 중심의 한국 정신사 일반에서 보면 조그만 지류에 해당하고 단속적으로 존재한 성격의 흐름이지만 1281년 일연의 『삼국유사』를 필두로 일제치하까지 민족사를 단군조선으로부터의 연속성 차원에서 이해하고 그러한 이해를 바탕으로 민족의식을 고취시키려 노력한 지식인들이 있어왔다고 지적한다. 하지만 그는 단군민족주의는 어쨌든 한국 역사 및 정신사에서 소수 지식인에 의해 추구된 '비주류'의 이념이며, 그것을 '비주류'로 머무르게 한 주자학 등 '주류' 이념의 지배, 그리고 개화 과정 및 그 이후의 근·현대사의 진행을 통해 도입 및 정착된 서구 이념의 지배를 단순히 민족적 정체성의 빈곤이나 주체성 또는 민족의식의 결여로 비판 또는 매도할 수는 없다고 지적한다.
9 단군신화에 나오는 환국桓國의 환은 우리말 '한'의 한자표기로서 최남선은 환국을 한국으로 보았다. 유동식은 『한국무교의 역사와 구조』(연세대학교 출판부, 1975)에서 한은 큰 하나, 하늘의 의미를 가지며 이 '한'이 한자로 '한韓'으로 표기되기도 하고 환桓으로 표기되기도 했다고 보았다. 환은 큰 하나이며 하늘 천의 의미로 보면, 환국은 한국이며 곧 천국이 된다.

구조를 볼 수 있다. 이것은 하늘과 땅이 인간을 통하여 하나가 되는 고유한 삼재사상의 이론적 기반이 되었으며, 이것이 한국사상의 원류로서 선도의 맥을 형성하여 유·불·도교와 융화하면서 독자적인 사상을 형성하고, 조선 후기 동학의 인내천사상으로 이어져 내려왔다고 말한다.[10] 따라서 단군신화는 자연과 조화되고 융화되는 자연관을 갖는다. 특히, 천신이 강림하여 세상을 교화한 신성한 장소로서 산봉우리를 신격화하고 성역화하는 것을 볼 수 있다. 이러한 산악 강림은 북방 대륙계에서 찾아볼 수 있는 것으로 일본의 기기신화에서도 나타난다.[11] 최남선은 단군의 '단檀'이 박달나무를 뜻하며, 이것은 밝다(천)와 달(산악)을 뜻하는 밝은 산 즉 천산을 의미한다고 언급하고 있다. 이렇듯 산악 존숭사상은 풍수사상[12]으로 이어졌으며, 음양오행사상 및 도교의 자연숭배사상과 결합하여 더욱 체계화되었다.

단군신화에서 비롯된 고유한 사상체계가 신선사상으로 어떠한 과정을 거쳐 구현되었으며 그 실체가 무엇인지, 그리고 이후 유·불·도교가 도입되면서 어떻게 융합되어왔고 우리의 조영원리로 자리 잡게 되었는지에 대해서는 앞으로도 지속적으로 연구가 필요한 부분이다. 다만 우리는 단군신화에서 시작된 우리의 고유한 사상체계로서 신선사상과 이러한 사상이 융화되어 표현되고 있는 풍수사상을 통하여 한성을 구현한 우리의 독특한 조영원리를 부분적으로나마 추측할 수 있다. 산을 중심으로 자연을 중시하는 태도는 도시를 만드는 데 고려해야 할 가장 중요한 요소로 다루고 있다. 아무 곳이나 가능하고 어느 곳에

....

[10] 한자경, 『한국철학의 맥』(이화여자대학교 출판부, 2008).

[11] 최영진 외, 『한국철학사』(새문사, 2009), 20쪽.

[12] 남영우는 여러 문헌을 통하여, 풍수사상은 산악지대가 많은 우리의 자연환경과 산악숭배사상, 지모사상 등에 의하여 자연적으로 형성되었으며 신라 말 중국과 교류가 활발해지면서 중국의 풍수사상이 도입되어 더욱 발전했다고 주장하였다. 물풍수와 산악숭배에서 오는 진산鎭山의 개념은 중국에 없는 한국적 풍수사상의 흔적이라는 것이다. 남영우, 『한국인의 두모사상: 한국인의 사상적 정체성 탐구』(푸른길, 2012), 22~30쪽.

서나 자연을 중시하는 입장은 아니다. 하늘이 갖는 신성을 갖고 있는 신성한 장소로서 산과 자연형상을 찾아내는 것이 매우 중요하다. 이러한 자연형상을 찾아내는 세부적인 원리를 담고 있는 것이 풍수이다. 터를 찾아낸 다음에는 여러 가지 자연요소를 존중하면서 시설을 배치한다. 도성의 경계, 궁궐, 제사 공간, 성문, 관아 등 주요시설들이 산과 주변 형세를 중심으로 배치된다. 배치방법은 축과 향이다. 그것으로 전체가 완성되는 것은 아니다. 산의 형세 속에서 인간의 질서를 담아내 자연과 융화시키는 과정을 통하여 완성된다. 이것은 여러 주요 요소를 중심대로를 통하여 연결하여 하나로 완성된다. 이것은 자연 속에 내재된 신성을 드러내 신성한 공간으로서 다시 태어나는 과정인 것이다. 즉 하늘과 땅이 인간을 통하여 조화되고, 곰에 내재된 신성을 통하여 인간으로 승화되는 삼재의 사유체계인 것이다.

조선시대에 들어오면서 삼국시대 이후 사회윤리 및 정치질서와 교육에 국한하여 전개되었던 유학을 국교로 채택하면서 송대에 이르러 재정리된 신유학을 받아들여 새로운 사상체계로서 정립해나간다.[13] 조선은 중앙집권적 관료체제를 공고히 하기 위하여 성리학을 국교로 삼으면서 중국의 주례와 유교사상의 영향을 받았으되, 한성은 고려시대 이전부터 전해 내려오는 한민족의 독특한 자연관과 세계관이 가장 이상적으로 구현되어 있다는 것은 이미 확인된 사실이다. 즉 한성은 단군신화에서 비롯된 우리의 고유한 사상체계를 중심으로 이들 유교적 가치체계가 결합된 전승대상으로서 정체성이 갖는 변하지 않는 영속적인 가치를 지니며 의미를 갖는다. 따라서 이러한 정체성 요소를 어떻게 지켜나가고 회복하며 그 가치를 계승시켜나갈 것인지가 현재 우리가 직면한 중요 과제이다. 전반적인 근대화의 성취와 함께 1990년대 이후 전개되고 있는 정체성 회복 정책에 대해서 문화적 주체의 시각에서 새로운 미래를 열어나갈 수 있도록 다시 한 번 점검할 필요가 있다. 현재 남아 있는 요소를 계속 지켜나

---

13 한자경, 『한국철학의 맥』, 122쪽.

가는 보존 및 보전 정책을 기반으로 하고, 정체성 요소를 없애는 재개발사업은 기존 정체성 요소를 존중하면서 정비해나가는 방식으로 방향을 전환하는 것이 매우 중요하다. 또한 정체성 회복정책은 앞으로 그 비중이 점차 확대될 것으로 예상되며, 기회가 될 때마다 지속적으로 추진하는 것이 중요하리라 판단된다.

복원대상에 대한 진위 논란에 매몰되지 않고 좀 더 큰 시야에서 회복의 의미를 바라보아야 한다. 대원군 시절의 경복궁 복원이 현재에 와서 의미를 갖고, 전소된 남대문이 다시 회복되고 한옥이 이층 한옥, 연립한옥 등으로 시대적 요구에 대응하여 적응해나가듯이, 복원정책은 역사에 대해서 갖는 동시대인들의 의지의 반영이며 미래로 볼 때 가치의 전승인 것이다. 도시미화정책은 정체성 요소가 갖는 가치를 담아 계속 전승될 수 있도록 하되, 현재의 요구를 반영하여 재해석해나가는 것이 중요하다. 앞으로 한성을 변화시켜나가는 이 네 가지의 정책이 자아로서 문화적 주체의식 속에서 서로 다른 역할을 수행하게 될 때 한성의 정체성은 서구의 문화와 문명을 모방하고 따르는 문화적 타자의 수준에서 벗어나 독자적인 양식과 문화를 재창조하는 문화적 주체로서 세계사회와의 융화와 새로운 변화의 주체로서 거듭날 수 있을 것이다. 앞으로 우리는 그러한 의지를 공간적으로 표현해나가기 위해 노력해야 한다.

4 • 정체성 회복정책의 재정립

정체성에 대한 논의는 시민의 위기의식에서 비롯되며, 시민들 사이의 대립과 갈등에서 구체화된다. 이것은 시민들 사이에 가치의 충돌에서 빚어지는 정신적 혼란이기도 하지만 정체성으로서 자아의식이 만들어지는 증거이기도 하다. 이러한 자아의식은 지속적인 변화를 수반한다.

도심부는 서울의 중심지역으로서 다양하고 복잡한 이해관계가 충돌하는 지역이다. 최근까지 도심부를 이끌었던 가치는 개발과 보존의 조화였다. 이러한 정책방향은 지난 2000년에 수립한 최초의 도심부 마스터플랜인 「도심부 관리 기본계획」에서부터 청계천 복원에 따라 재수립한 「도심부 발전계획」(2004)에서도 정책적 일관성을 유지해왔다. 인사동, 북촌 등 역사적 장소를 보존하는 사업을 추진하면서 시민들의 의식이 전환되는 계기가 마련되었고, 최근에는 보존·보전에서 더 적극적으로 청계천 복원과 함께 광화문광장 복원 및 성곽 복원 등 역사·문화적 장소에 대한 복원사업도 추진되어왔다. 전면철거 재개발사업 대신에 지역특성을 살리면서 정비하는 소단위 정비수법 등 다양한 정비방식을 시도하고 있으며, 2008년에는 한옥선언과 함께 이듬해에는 서울시 사대문 안 특별지원에 관한 조례를 제정하여 역사문화자원 보전을 위한 공공지원 근거도 마련하였다. 하지만 여전히 옛것을 없애고 새로운 것으로 대체하는 도심재개발사업이 계속 추진되고 있으며, 이러한 보존·복원 및 개발과정에서 서로 상반되는 가치인 개발과 보전은 끊임없이 충돌하면서 갈등을 빚어왔다. 청계천 복원과 광화문광장 복원과정에서 복원 및 조성방향에 대한 논란과 갈등이 가시화되었고, 세운상가 재개발을 추진하면서 종묘 주변의 높이 논쟁으로 개발이 표류되면서 그 갈등이 심화되어왔으며, 청진동과 공평동 재개발을 추진하면서 피맛길과 인사동의 도시조직 보전에 대한 논쟁도 일어났다. 최근에는 도심부의 역사·문화적 장소에서 산발적으로 추진되는 가로환경정비사업과 간판정비사업 등 도시미화정책이 그 지역의 장소성과 역사성을 훼손하고 있다는 지적도 나타난다.

과연 이러한 혼란은 지속되고 합의될 수 없는 것인가 반문해본다. 이러한 갈등과 충돌과정 속에서 드러난 정체성의 가치는 지속적인 변화의 힘을 얻어가는 것도 사실이다. 인사동과 북촌의 보존을 위한 지구단위계획에 따라 해당 지역이 정비되고, 청계천이 복원되면서 시민의 인식이 많이 바뀌었다. 연이어 명동, 북창동, 남대문시장, 서촌 지역으로 확대되어 보존을 위한 지구단위계획이 수립되었다. 계획이 수립되고 사업이 완성되면서 이들 역사에 대한 시민의 관심이 높아졌고, 다양한 볼거리와 이야기가 있는 이들 장소에 대한 시민과 외국

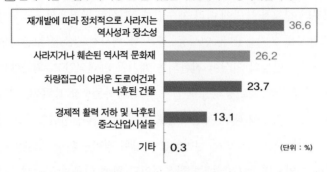

현재 서울 도심부의 가장 큰 문제점은 무엇이라고 생각하십니까?

재개발에 따라 정치적으로 사라지는 역사성과 장소성 36.6
사라지거나 훼손된 역사적 문화재 26.2
차량접근이 어려운 도로여건과 낙후된 건물 23.7
경제적 활력 저하 및 낙후된 중소산업시설들 13.1
기타 0.3
(단위 : %)

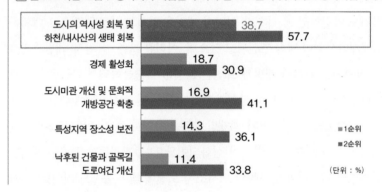

앞으로 서울 도심부 정책에서 역점을 두어야 할 요소는 무엇이라고 생각하십니까?

도시의 역사성 회복 및 하천/내사산의 생태 회복 38.7 / 57.7
경제 활성화 18.7 / 30.9
도시미관 개선 및 문화적 개방공간 확충 16.9 / 41.1
특성지역 장소성 보전 14.3 / 36.1
낙후된 건물과 골목길 도로여건 개선 11.4 / 33.8
■1순위
■2순위
(단위 : %)

인의 방문이 증가하였으며, 토지소유자는 재산가치 상승을 확인하면서 역사를 보는 시민의 인식을 바꾸는 데 많은 기여를 하였다. 이러한 일련의 계획과 사업과정을 통하여 시민들은 스스로 도심부의 역사적 장소가 갖는 가치를 알게 되었고, 활용하고 이용하는 방법도 깨우치게 되었다.

정체성 회복이란 것이 시민의 자아의식을 찾아가는 것이라면 시민의 의식 흐름을 파악하는 것은 향후 정책방향을 재정립하는 데 우선으로 해야 할 일이다. 시민이 갖는 정체성의 위기의식 속에서 가장 큰 과제는 역시나 가장 큰 갈등이 양산되는 재개발사업으로 나타났다(위 도표 참조). 두 번째로 지적된, 사라지거나 훼손된 역사문화재의 문제도 재개발의 추진문제와 연관되어 있다.

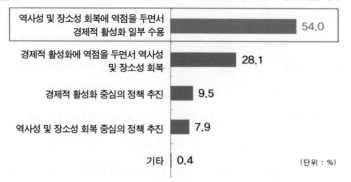

향후 서울 도심부 정책은 어떠한 방향으로 이루어져야 한다고 생각하십니까?

항목	%
역사성 및 장소성 회복에 역점을 두면서 경제적 활성화 일부 수용	54.0
경제적 활성화에 역점을 두면서 역사성 및 장소성 회복	28.1
경제적 활성화 중심의 정책 추진	9.5
역사성 및 장소성 회복 중심의 정책 추진	7.9
기타	0.4

(단위 : %)

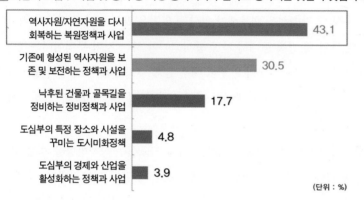

서울의 도심부 사업 및 정책 중 가장 중시되어야 한다고 생각되는 것은 무엇입니까?

항목	%
역사자원/자연자원을 다시 회복하는 복원정책과 사업	43.1
기존에 형성된 역사자원을 보존 및 보전하는 정책과 사업	30.5
낙후된 건물과 골목길을 정비하는 정비정책과 사업	17.7
도심부의 특정 장소와 시설을 꾸미는 도시미화정책	4.8
도심부의 경제와 산업을 활성화하는 정책과 사업	3.9

(단위 : %)

도시의 위생과 안전, 낙후된 주택을 개선하기 위하여 시작했던 도심재개발의
동기가 해소되었다고 해서 오랜 기간 신축하지 못하도록 시민의 재산권 행사
를 제한해왔던 것을 금방 해제하기란 쉽지 않다. 또한 도심부의 오랜 유기적인
특성 속에서 차량접근이 어려운 골목길과 낙후된 건물의 정비 문제는 여전히
남아 있다. 경제적 활력의 저하와 중소산업시설의 낙후 문제도 이와 연관되는
문제이다. 역사성 및 장소성의 보존과 함께 정비의 문제는 앞으로도 해결해야
할 과제인 것이다. 앞으로 도심부지역에서 역점을 두어야 하는 과제가 무엇이
냐는 질문에 대해서도, 역사성과 자연자원의 보전과 회복이 큰 비중을 차지하
면서도 낙후된 건물과 골목길의 개선, 경제적 활성화 등 개발에 대한 요구의

비중도 큰 것으로 나타났다. 하지만 이제는 개발에 대한 요구보다 보전 및 회복에 대한 요구가 더 비중이 높게 나타나 시민의 의식이 개발에서 보존으로 선회하는 것을 파악할 수 있다. 개발도 기존 특성을 보전하면서 정비해나가는 방식으로 선회하여 진정한 의미에서 개발과 보존의 조화를 이끌어내는 것이 향후 과제이다. 또한 1990년대 이후 새롭게 등장한 도시미관에 대한 인식이나 문화적 개방공간에 대한 요구도 점차 높아지는 것을 볼 수 있다(앞 도표 참조).

향후 도심부 정책방향에 대한 설문에서도 이러한 인식전환이 반영되어 나타났다. 시민들은 이제는 역사성과 장소성 회복에 역점을 두면서 경제적 활성화 일부를 수용해야 한다고 보고 있다. 이에 반하여 경제적 활성화에 역점을 두면서 역사성 및 장소성을 회복해야 한다는 의견은 28%로 다소 비중이 적었다.

도심부 사업 및 정책 중에서 가장 중시되어야 하는 것이 무엇이냐는 질문에서도 복원사업과 보전정책의 비중이 매우 높게 나타났다. 낙후된 건물과 골목길을 정비하는 사업은 17%, 경제와 산업 활성화 정책은 3.9%로 그 비중이 낮았다(앞 도표 참조).

이러한 시민의 의식변화를 반영하여 이제는 도심부 정책방향을 재정립해야 할 시점에 있다. 이러한 재정립 과정에서 논란과 갈등을 드러내고, 정체성을 지키고 만들어간다는 의미에서의 '회복'이라는 하나의 방향에서 슬기롭게 정비를 이끌어가는 방향으로 유도해가야 한다. 즉, 개발이라는 개념은 이제는 보존·보전의 개념이 복합된 정비라는 측면에서 접근해나가는 것을 의미한다.

정체성 회복이라는 큰 방향에서 정책을 만들어나가기 위해서는 도심부 상업지역을 중심으로 보아왔던 공간범위를 한성 지역으로 확대하여 바라보아야 한다. 시가지의 정비방향을 주변 내사산과의 관계 속에서 정립하고, 한성의 공간 틀을 형성하고 있는 중심대로와 하천, 그리고 하천을 따라 형성되어 있는 유기적인 도시조직을 지키고 살리는 방향으로 전개해나가야 한다. 또한 이러한 도시공간의 틀과 도시조직의 특성에 맞도록 건축물의 스타일도 자연의 색채와 경관에 맞춰 만들어졌던 한옥이 갖는 가치와 의미를 되살려 현대적으로 재창조해나가야 한다. 건축물 관리 없이 도시공간의 틀과 도시조직이 갖는 특성을 살린다는 것은 불가능하다. 서구에서 시대적 요구에 따라 로마와 그리스 건축양식이 고전주의, 절충주의, 매너리즘, 신고전주의 등으로 변형되었듯이 우리의 고유한 전통양식으로서 한옥에 대해서 끊임없이 재해석하고 재창조해야 한다. 이러한 정책방향이 실현될 수 있도록 공공이 적극적으로 지원하기 위해서는 현재 행정구역이 중구와 종로구로 나뉘어 있는 것을 통합하여 정책의 일관성을 확보해나가도록 해야 한다. 또한 다른 일반적인 시가지와 달리 한성 지역은 지적과 건축물의 불일치, 한옥의 건축, 구릉지, 골목길 등으로 인해 건축법에서 규정하는 형태규제를 적용할 경우 이러한 특성을 보존하면서 정비해나가기가 어렵다. 따라서 정체성의 보존·회복·정비 등 관련 정책을 원활하게 추진해나가기 위해서는 규제완화나 비용지원 등이 자유롭게 이뤄질 수 있도록 행정구역을 특별구 성격으로 개편하고, 보다 적극적인 지원을 위해서 특별법 제정이 검토되어야 한다.

이러한 도심부 정책방향의 전환이 궁극적으로 의미하는 바는 무엇일까? 이는 현행 도심의 비전과는 그 시야와 목적이 다르다. 현생 도심의 비전은 '시민생활의 중심공간이자 세계와 교류하는 서울의 얼굴'이었다.[14] 이것은 서울의 중심공간으로서 도심의 기능 유지에 비중을 두면서 현존하는 정체성과 매력을 지켜나가겠다는 상당히 현실적인 입장을 견지한 것이다. 그런데 도심부 정책방향의 비중을 정체성 회복에 둔다는 것은 도심부에 거주하는 시민들이 다

----

[14] 서울특별시, 「도심부 관리 기본계획」(2000), 43쪽. 서울 도심부는 시민들의 사회·경제·문화적 중심공간으로서, 만남의 장소이고 거래의 중심지이며 풍부한 문화공간이 됨으로써 계속해서 시민생활의 중심공간으로 기능할 것을 추구한다. 또한 도심부는 한국과 서울이 세계와 교류하는 접점이며 대표이미지임을 인식하고, 보다 바람직하게 이러한 기능을 추구한다. 서울의 정체성을 간직하면서 매력적인 서울의 심장부로 발전되어나갈 것을 추구한다.

소 불편을 겪더라도 앞으로 도심부의 정책은 역사문화에 좀 더 비중을 두고 추진하겠다는 것을 의미한다. 한성 지역의 역사문화를 토대로 매력과 가치를 높여 시민이 문화적 주체로서 자부심을 고취시키고, 외부적으로 단기간에 경제적 성취를 이룬 신흥공업국의 경제수도가 아니라 고유한 문화와 문명을 갖는 문명국의 고도로서 자리매김하는 것이다. 한성 지역에서만큼은 역사문화적 관점에서 다양한 활동을 바라보고, 우리가 아는 세계의 문명도시 ─ 파리, 런던, 뉴욕, 베를린, 로마, 아테네, 빈, 베이징, 교토 ─ 와 같이 세계인에게 보호받고 사랑받을 수 있는 세계의 도시문화유산으로서 자부심을 느낄 수 있도록 역사문화적 관점에서 만들고 가꾸어나가겠다는 것이다. 이러한 문화적 주체의식은 이탈리아의 고전주의, 영국의 공리주의, 프랑스의 계몽사상, 독일의 낭만주의가 각국의 새로운 도약의 토대가 되었던 것처럼 국가와 도시의 문명발전에 힘이 될 것이다. 메디치 시대의 피렌체, 카를 4세의 프라하, 루이 14세와 나폴레옹 시대의 파리, 엘리자베스와 빅토리아 여왕 시대의 런던, 프란츠 요세프 시대의 빈Wien, 프리드리히 대왕과 빌헬름 1세의 베를린처럼.

한성의 정체성 회복과 계승에서 앞으로의 과제는 정체성을 구성하는 요소의 회복과 연관이 있다. 이들 정체성 요소의 회복에 초점을 맞추어 향후 과제를 정리해보면 다음과 같다.

첫째는 주요 상징시설인 궁궐·제사공간과 내사산(도성)의 회복이다. 이곳들이 한성에서 상징적 의미가 있는 가장 중요한 곳이다. 이들 시설은 대부분 보존체계가 잡혀 있고 훼손된 부분에 대한 복원도 진행 중이다. 훼손이 심한 경희궁의 복원과 원구단 및 황궁우의 회복이 앞으로의 과제로 남아 있다. 또한 사대문 중에는 흔적도 없는 서대문의 회복이 과제로 남아 있다.

둘째는 한성의 공간적 틀을 제공하는 중심대로의 회복이다. 중심대로는 한성을 구성하는 주요시설들을 서로 연결하여 공간적 질서를 세우는 중요한 역할은 했고 현재에도 그러한 기능을 수행하고 있다. 도심부가 하나의 장소로 인지되기 위해서는 훼손된 중심대로가 회복되어야 한다. 현재는 중심대로의 존재는 있으되 그 형태와 분위기는 찾아보기 어렵다. 그것은 대로변의 행랑을 통하여 만들어내는 장엄한 경관이 사라진 데 원인이 있다. 종로, 돈화문로, 육조거리, 남대문로의 경관 가치를 회복하기 위한 방안이 마련되어야 한다.

셋째는 시가지 형성의 질서를 제공했던 하천의 회복이다. 한성 내 마을은 궁궐을 제외한 내사산의 명당자리에 명승지였던 계곡 주변으로 권문세가들의 집이 자리 잡게 되었고, 그들의 문화도 이들 수변공간에서 번성하였다. 한성 내 마을은 이들 하천을 중심으로 지형에 따라 자연스럽게 발달된 유기적인 특성을 가지며, 이들 마을을 전체적으로 이어주는 것이 바로 하천이다. 하천을 회복한다는 것은 마을의 골격을 되찾고 전체적으로 연결하여 그곳에 쌓인 문화를 회복하는 것을 의미한다.

넷째는 도심부 내 정취와 분위기를 형성했던 한옥의 회복이다. 도시의 정체성은 그 도시만의 독특한 양식을 갖는 건축물이 집합적으로 모여서 만들어내는 분위기와 정취에서 비롯된다. 따라서 도시의 정취와 분위기를 회복한다는 것은 그 도시의 주류 건축양식의 건축을 회복하는 것을 의미한다. 파리의 오스망 스타일, 런던의 빅토리안 스타일 등이 그것이다. 한옥 양식의 회복을 위해서는 재현적 방법 외에 현대적 해석과 계승을 위한 적용방법에 대한 다양한 논의가 진행되어야 한다. 한옥이 가지는 형태나 구조를 어떻게 현대적으로 구현하느냐도 중요하지만, 한옥이 갖는 색채도 고려되어야 한다. 도시의 색은 도시를 하나로 인식하게 하는 결정요소이다. 적색의 시에나, 흑백의 제노아, 회색의 파리, 여러 색깔의 피렌체처럼 도시의 색은 도시의 정취와 분위기를 결정한다. 예전 한성의 주류 색이었던 한옥의 회색, 청색, 백색, 갈색이 같이 고려되어야 한다.

시민들은 이들 요소별 과제에 대하여 한성이 왕의 도시로서 가치를 드러내는 상징시설인 궁궐과 제사공간을 가장 중시하는 것으로 나타났다. 다음은 왕의 도시로서 권위를 드러내고 표현하면서 동시에 시가지의 공간적 질서의 틀을 제공했던 중심대로로 나타났다. 한성의 경계를 한정하는 내사산과 도성이

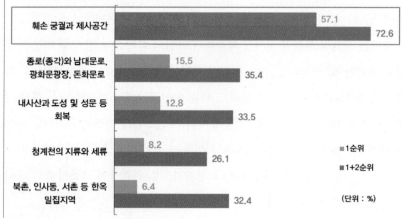

정체성요소별
회복에 대한
시민의 의식

🔲 서울 도시 사대문 안의 정체성을 형성하는 데 비중이 높은 요소 중에서 회복이 시급히 필
요하다고 생각되는 요소는 무엇입니까?

훼손 궁궐과 제사공간: 57.1 / 72.6

종로(종각)와 남대문로,
광화문광장, 돈화문로: 15.5 / 35.4

내사산과 도성 및 성문 등
회복: 12.8 / 33.5

청계천의 지류와 세류: 8.2 / 26.1

북촌, 인사동, 서촌 등 한옥
밀집지역: 6.4 / 32.4

■1순위
■1+2순위

(단위 : %)

이와 유사하게 나타났고, 이어서 하천, 한옥의 순서였다(위 도표 참조). 이것은
한성의 정체성 회복 면에서 왕의 도시로서 상징성을 갖는 궁궐과 제사공간이
갖는 중요성을 나타내는 것으로, 이러한 인식은 일반 시민 대부분의 생각일 것
이다. 하지만 이러한 인식의 이면에는 이들 요소를 개별적인 요소로서 인식하
고, 이들 요소별 비중에 차등을 두고자 하는 차별적 의식이 있다. 과연 정체성
이라는 것이 구분될 수 있고 개별적으로 존재하는 것인가? 이것은 단순히 정체
성을 규명하기 위한 과정일 뿐 정체성이라는 것은 원래가 종합적이고 통합적
인 인지과정을 통해 보이고 느껴지는 것이다. 즉, 한성의 정체성을 형성하는
요소들은 모두 서로 다른 중요한 역할과 기능을 담당하고 있으며, 이들 요소
간의 상호작용을 통해서 전체로서 한성의 특성이 비로소 드러나게 되는 것이
다. 공간을 한정하는 경계요소로서 내사산과 도성, 왕의 도시를 상징하는 시설
로서 궁궐과 제사공간, 공간적 질서를 제공하는 중심대로, 마을을 형성하는 질
서를 제공했던 하천과 그 문화를 담고 있는 유기적인 도시조직, 그리고 이것을
표현해내는 대상으로서 한옥. 이 모두는 전체로서 완결지어졌을 때 하나로 인
식된다. 우리의 자연관과 세계관으로서 산과 하천 속에서 도시를 구현하는 조

영원리가 경계로서 도성을 포함하는 산과 유기적인 도시조직 속에서 드러나며, 이것을 근간으로 왕의 도시로서 유교적 가치를 구현하는 이념이 궁궐과 제사공간, 중심대로와 성문을 통해서 드러난다. 한성은 우리의 고유한 조영원리를 토대로 시대적 요구로서 유교적 이념을 구현한 왕의 도시로서 이 세 개 층위의 가치가 조화되어 만들어낸 그 자체가 하나의 문화유산인 것이다. 즉, 한성은 전통사상에 근간하여 왕과 유교이념의 가치로 구현된 도시이며, 정체성의 회복과 전승이란 이러한 가치의 회복과 전승을 위한 요소의 회복을 의미한다. 이것은 요소의 개별대상의 회복이 아니라 요소의 종합으로서 가치의 회복인 것이다.

지금까지 우리는 궁궐, 제사공간, 산 등 개별 요소로서 중요한 상징공간의 회복에 힘을 쏟았고, 전체에 대한 인식 속에서 한성의 회복에 대해서는 다소 소홀히 했다. 따라서 이러한 상징공간의 주변 요소이면서 서민적 공간인 중심대로와 하천을 문화재로 보는 가치 인식이 부족했고, 그동안 도외시했던 것이 사실이다. 현재 한성 지역이 하나로 인지되지 못하고 정체성도 분명하게 드러나지 않는 것은 재개발에 따른 무국적 국제주의 양식의 범람에 기인하기보다는 중심대로와 하천이 갖는 존재감의 부재에서 오는 결과인 것이다. 정치·경제의 안정에 따라 도시공간에 대한 시민의 요구가 높아지는 지금, 도시의 주인인 시민의 가치에 대한 반영 요구는 앞으로 더욱더 증가할 것이다. 이러한 가치 변화에 따라 시민 공간의 중심이었던 중심대로·하천의 가치와 비중은 점차 높아질 것이며, 이에 따른 요소의 회복과 활용 및 가치의 전승 문제는 중심대로와 하천 회복에 중요한 논제가 될 것이다.

대부분의 시설에 대한 보존체계가 잡혀 있고 복원계획이 마련되어 있는 상징공간에 대한 회복정책은 현재 구축된 보존 및 복원체계 속에서 앞으로도 지속적으로 추진될 것이다. 또한 보존과 지원체계가 마련되어 있는 한옥정책도 재해석과 전승의 문제가 남아 있으나 이러한 체계 속에서 지속적으로 추진될 것이다. 따라서 한성을 전체로서 바라보는 데 다소 소홀히 했던 요소인 중심대로와 하천이 갖는 가치와 회복방향에 대해서 검토해보고자 한다. 이것은 전체로서 한성이 갖는 정체성을 회복하는 데 가장 절실한 과제이다.

제 5 장

정체성의 근간,
중심대로와 하천의 회복

1 · 도심부의 이미지

정체성이란 특정 대상에 대하여 사람들의 지각과 체험을 통하여 드러나는 내재된 속성으로서 인지과정의 영향을 받는다. 물론 개인의 체험과 가치의 차이에 따라서 달라질 수 있는 이미지와 그 대상의 참모습으로서 정체성은 다르게 나타날 수 있다. 하지만 이러한 이미지는 린치에 의하면 공간관계로서 구조, 의미와 함께 정체성을 통해서 만들어지는 결과로서 정체성을 드러낸다. 따라서 하나의 대상으로서 한성이 체험자에게 어떻게 인지되는가는 정체성을 회복하는 데 확인해야 할 중요한 과정이다.[1] 도심부는 과연 역사적 공간으로서 한성으로 인지되는가? 아니면 다른 무엇으로 인지되고 있는가? 오랜 기간에 걸쳐 진행된 도시개조사업과 전후복구사업, 그리고 도심재개발사업 속에서 도심부의 모습은 알아볼 수 없을 만큼 변화되었다. 그래서 이 지역의 명칭도 한

....

1   K. Lynch, *The Image of the City*(Cambridge, Mass: MIT Press, 1960).

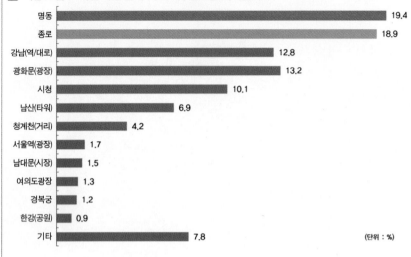

'서울 도심부' 하면 가장 먼저 떠오르는 장소는 어디입니까?

장소	비율(%)
명동	19.4
종로	18.9
강남(역/대로)	12.8
광화문(광장)	13.2
시청	10.1
남산(타워)	6.9
청계천(거리)	4.2
서울역(광장)	1.7
남대문(시장)	1.5
여의도광장	1.3
경복궁	1.2
한강(공원)	0.9
기타	7.8

(단위 : %)

성부가 아니라 도심부이다. 빌딩이 숲을 이루는 이 도심부에서 600년의 역사적 흔적을 느낄 수 있다는 것 자체가 더 이상한 일일 것이다. 궁궐과 종묘 등 일부 문화재가 남아 있으나, 고층빌딩이 에워싼 박제화된 공간 속에서 역사성을 느낀다는 것 자체가 무리일 것이다. 다만 종로·인사동·체부동의 비좁은 작은 골목들 속에서 이러한 흔적을 조금이나마 느낄 수 있을 것이다.

시민에게 도심부는 하나의 역사적 공간으로 인지되기보다는 다양한 개별공간의 집합체로서 인지되는 것으로 나타났다. 시민에게 도심부는 한성이 아니라 명동, 종로, 광화문광장, 동대문시장, 남대문시장, 청계천, 궁궐 등의 집합체인 것이다. 도심부 하면 가장 먼저 떠오르는 장소는 명동, 종로, 광화문광장, 시청, 남산, 청계천, 서울역, 남대문, 경복궁 순서로 나타났다. 역사적 장소는 주요 순위에서 벗어나 있다. 도심부가 갖고 있는 내재적인 속성에서 역사성은 비주류 이미지로서 일부분을 형성하고 있으며, 주류 이미지는 쇼핑공간의 이미지로 나타났다. 개인적으로 자주 방문하는 곳도 명동, 종로, 남대문시장, 동대문시장 등 쇼핑 공간이었고, 인사동, 고궁, 북촌, 도성은 후순위에 자리했다.

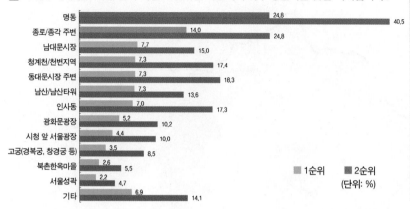

'도심부에서 업무적인 일이 아닌 개인적인 차원에서 자주 방문하는 곳은 어디입니까?

명동 24,8 / 40,5
종로/종각 주변 14,0 / 24,8
남대문시장 7,7 / 15,0
청계천/천변지역 7,3 / 17,4
동대문시장 주변 7,3 / 18,3
남산/남산타워 7,3 / 13,6
인사동 7,0 / 17,3
광화문광장 5,2 / 10,2
시청 앞 서울광장 4,4 / 10,0
고궁(경복궁, 창경궁 등) 3,5 / 8,5
북촌한옥마을 2,6 / 5,5
서울성곽 2,2 / 4,7
기타 6,9 / 14,1

■1순위 ■2순위
(단위: %)

'서울의 도심부를 자주 방문하는 이유는 무엇입니까?

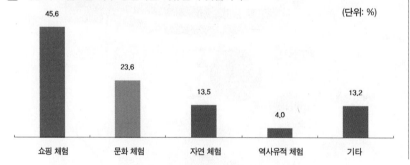

(단위: %)

쇼핑 체험 45,6
문화 체험 23,6
자연 체험 13,5
역사유적 체험 4,0
기타 13,2

도심부를 자주 방문하는 이유를 살펴보면 이러한 인식이 분명하게 드러난다. 쇼핑 목적의 방문이 가장 많았고, 문화체험 - 자연체험 - 역사체험 순서로 나타났다. 이것은 도심부에 대해서 역사성이 차지하는 비중을 보여주는 것으로 한성이 갖는 역사적 정체성을 회복하는 데 중요한 시사점을 주며, 정체성의 회복도 여기에서부터 출발해야 할 것이다. 우리에게 도심부는 역사적 공간이라는 상상적 공간으로서 존재할 뿐 도심부는 여느 신흥 대도시에서 볼 수 있는 중심 활동공간에 대한 이미지와 다를 바가 없는 것이다.

이러한 상황에서 전체로서 한성을 인지하도록 한다는 것은 개별적으로 산

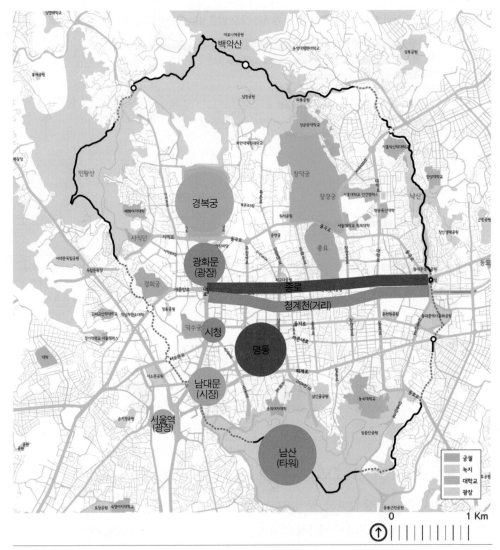

시민이 선정한 사대문 안 최초 상기장소들

재되어 있는 다양한 역사문화자원을 하나의 공간으로 인식시켜주는 통일된 이
미지를 제공하는 것으로 통일된 질서를 구축한다는 것을 의미한다. 왕의 도시
로서 갖는 이미지는 주요 상징시설인 궁궐과 제사공간을 서로 연결하여 왕의

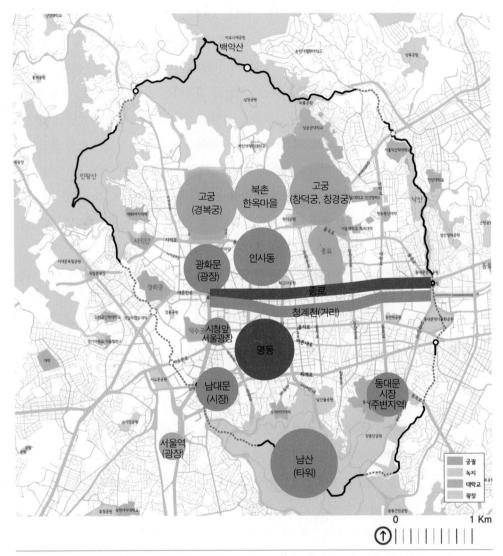

시민이 선정한 자주 방문하는 사대문 안 장소들

위엄과 권위를 표현했던 중심대로의 회복을 통해서 비로소 완성될 수 있다. 또
한 자연을 존중하는 우리의 세계관은 유기적으로 조직된 마을의 구성 원리이
자 구심점으로서 하천의 회복을 통해서 분명하게 드러날 수 있다. 즉 중심대로

와 하천의 회복은 한성이 갖는 가치를 보여주고, 공간의 질서를 바로잡아 한성이 통일된 이미지를 구축하여 궁극적으로 정체성을 높이는 것을 의미한다.

그리고 중심대로와 하천의 회복은 시민들의 다양한 활동과 이야기를 담아냈던 공공장소로서 갖는 가치와 역할을 회복하는 것을 의미한다. 중심대로는 왕의 권위를 상징하는 공간으로서 다양한 공적인 행사가 일어났던 공간이었고, 시민들의 경제적·사회적·문화적 활동을 담아냈던 시전이 있던 공간이었다. 또한 하천은 마을의 구심점으로서 다양한 마을행사가 일어났던 공공장소였다. 즉, 중심대로와 하천은 한성이 조선의 수도로서 500년간 일어났던 다양한 인문·사회적 활동으로서 조선의 문화와 문명을 간직한 중심공간인 것이다. 이들 공간에서 왕이 백성들을 만나는 공간으로서 제례 및 행궁행차, 출병, 사신의 영접 등 국가행사에서부터 다리 밟기, 연등행사 등 민속행사에 이르기까지 각종 행사의 흔적을 볼 수 있으며, 조선의 건국이념이었고 중기에 이르러 중국 본토와 일본에까지 그 명성이 자자했던 성리학, 중기 이후 번성했던 다양한 시가문학과 문인화, 그리고 진경산수의 흔적이 여기에 있다. 이러한 문화와 문명이 발생했던 공간이 사라질 때 그 이야기도 잊히게 된다. 이야기는 공간을 기반으로 할 때 의미를 갖고 살아 있게 된다. 결과적으로 중심대로와 하천의 회복은 한성에 담긴 인문적 요소의 회복을 의미하며, 자연요소와 통합되어 진정한 한성의 가치를 드러내는 것을 의미한다.

또한 왕의 도시에서 식민통치, 독재를 거쳐 시민의 도시로 그 주인공이 전환되는 시점에서, 이들 공공공간은 새로운 시대적 가치를 표현할 수 있는 중요한 상징공간으로서 새로운 가치를 담아내야 하는 공간이기도 하다. 따라서 이들 공간의 회복은 단순한 과거의 재생이 아니라 전승해야 할 과거의 문화와 문명을 담고 있으며, 과거를 현재와 미래의 가치 속에서 재생산해야 하는 공간인 것이다. 또한 중심대로와 하천의 회복을 통해서 도심부는 쇼핑체험공간에서 진정한 역사공간인 한성으로 거듭날 수 있게 될 것이다.

정체성이란 공간을 바탕으로 시간적 연속성 속에서 형성되고 인지되는 것으로서, 역사의식을 떠난 정체성이란 있을 수 없다. 즉 정체성을 회복한다는 것은 특정 공간에 대하여 주체의식 속에서 시간의 연속성을 확보한다는 것을 의미한다. 서로 다른 시간의 변화에 대하여 주체적 활동을 통한 자기통합 과정으로서 정체성의 회복은 정체성이 갖는 영속성과 단일성을 반영한다.[2] 따라서 정체성 회복이란, 주체의식 속에서 과거를 바탕으로 현재, 미래를 통합해간다는 것을 의미한다. 과거로서 조선시대 한성이 정체성의 기준이 되는 것은 문명의 주체로서 '참모습'을 만들어냈기 때문이며, 타자의식에 의해 만들어진 식민 통치기간과 경제성장기의 근대화과정이 자기 동일화 과정이라고 볼 수 없기 때문이다. 다만 1990년대 이후 주체의식 속에서 진행된 다양한 정체성 회복 정책과 사업은 진퇴는 있었으나 자기형성을 위한 회복과정으로 볼 수 있다. 즉 정체성을 회복하려는 대상 속에는 시간의 연속성을 확보하는 과정으로서 과거의 원형뿐 아니라, 현재의 기능과 미래의 시대적 가치를 담아내야 한다. 과거의 원형적 형태의 회복만을 고수할 때 과거의 복제품이 될 위험이 있으며, 현실을 외면할 때 무용지물이 될 수 있고, 미래를 담지 못할 때 계승되지 못하고 잊힐 수 있다.

하지만 회복 대상이 갖는 성격에 따라서 시간대별로 그 가치의 비중이 달라지며, 회복의 방식도 달라질 수 있다. 보통 정체성의 회복방식은 이러한 시간대별 가치의 비중에 따라 크게 세 가지 방식으로 구분된다.

가장 일반적인 것은 과거로서 원형적 형태를 그대로 복원하는 방법이다. 남겨진 흔적과 시설물을 따라 다양한 고증방법을 통하여 그대로 복구하는 방법

----

2   스트롤은 정체성이 갖는 성격을 "변화 속의 영속성Permanence, 다양성Diversity 속의 통일성Unity"이란 문구로 간단히 정리하였다. A. Stroll, "Identity," The Encyclopedia of Philosophy(New York: Macmillion).

인바, 대상이 갖는 상징성과 원형이 갖는 형태적 가치가 높을 경우 이러한 복원방법을 선택하게 된다. 비올레르뒤크[3]에 의한 프랑스 성곽도시인 카르카손 성벽 복원, 태평양전쟁 당시 잿더미로 변한 오키나와 류쿠 왕조의 슈리성首里城 복원 사례는 유네스코의 세계문화유산으로 등재되어 그 가치가 인정된 것들이다. 이집트 알렉산드리아의 파로스 등대, 시안西安의 대명궁 복원 등 다양한 복원사업이 진행되나 복원은 최대치 복원을 전제로 건축사 외에 회화, 조각, 문헌 등 종합적 검토를 통한 엄정한 접근이 요구된다.

최대치 복원이 어려울 경우에는 무리한 복원보다는 재건이나 중건의 방법을 선택하는 것이 바람직하다. 무리한 복원은 역사를 왜곡시키고 오히려 문화재를 훼손시키게 된다. 범어사·통도사·해인사 등 조선 중기의 사찰 중건이나, 홍선대원군의 경복궁 중건과 인조의 창덕궁·창경궁 중건, 도요토미 히데요시에 의한 15세기 중엽 오닌의 난[4]으로 불탄 교토의 재건이 그 예이다. 재건과 중건은 어느 정도 시간이 흐른 뒤에 문화유산으로서 그 가치를 인정받게 된다. 또 하나는 현실의 기능적 요구를 중심으로 대상이 가진 역사적 형태와 공간을 차용하는 방법이다. 역사적 형태와 공간을 구성하는 요소를 현대적으로 재구성하는 방식으로서 해당 지역의 역사적 요소를 디자인 기준에 반영하여 역사지구나 역사거리를 조성한 사례가 여기에 해당된다. 19세기 중엽 유럽 전역에 유행했던 다양한 양식의 장점을 절충했던 절충주의 건축도 이러한 차용 기법을 적용했다. 파리의 국립도서관과 오페라하우스, 런던의 웨스트민스터 사원, 파리와 런던의 주류 건축양식인 오스망 스타일과 빅토리안 스타일도 이들 절충주의 양식에 속하며, 1980년대를 풍미했던 포스트모더니즘 건축양식

3 비올레르뒤크Eugène-Emmanuel Viollet-le-Duc는 근대건축의 이론적 기반을 만들었던 건축 이론가이자 복원가로서, 1830년대 붕괴위기에 처한 파리의 노트르담 사원을 복구한 것으로 유명하다.

4 오닌應仁의 난(1467~1477)은 1467년 쇼군 집안의 후계자 문제에서 시작되어 11년간 계속된 격렬한 권력다툼이었다. 교토 전체가 황폐화하고, 많은 문화자산이 소실되었다.

도 여기에 속한다.

마지막은 대상이 가지고 있는 현재와 미래적 가치 속에서 역사적 가치를 회복해나가는 방법이다. 보통 현재와 미래의 눈을 통해 과거를 보기 때문에 역사의 재해석이라고도 하며, 보는 관점에 따라 다양한 해석이 가능하기 때문에 역사의 창조적 해석이라고도 한다. 하지만 재해석은 역사 왜곡의 경계선상에 늘 존재하기 때문에 재해석 대상의 형태와 공간이 가진 의미에서 벗어나는 것을 경계해야 한다. 재해석 방법으로는 형태적 가치를 재해석하는 방법과 공간적 가치를 재해석하는 방법으로 구분되며, 대체로 경제적 활동이 활발하게 일어나는 현대적 공간으로서 역사적 흔적을 찾기 어려운 지역에 적용하고 있다. 대부분 현대적인 양식으로 구현된 것이 많다. 그리스 양식의 단순하고 절제된 미에서 모더니즘이 시작된 것처럼 재해석의 범위는 넓다.

그럼 과연 중심대로와 하천은 어떠한 방식으로 회복되는 것이 타당한가? 중심대로는 인문적인 요소에 해당되는 역사문화유산인 반면에 하천은 자연요소를 근간으로 인문적인 요소가 가미된 자연유산인 동시에 인공적인 요소가 가미된 역사문화유산이다. 중심대로에 속한 문화재적 요소로는 중심대로 주변에 집합적으로 건축된 행랑이 있으며, 하천에 속한 문화재적 요소로는 다리와 개천 양안 석축이 있다. 또한 중심대로가 갖는 가치는 각종 궁궐과 성문 등 상징시설을 축으로 연결하여 창조한 장엄한 경관에 있으며, 하천의 가치는 도시하천으로서 원래 가지고 있던 생태적인 기능 외에도 유기적인 도시조직과 어우러져 만들어낸 천변의 풍경과 정취에 있다. 가능하다면 원형의 최대치 복원을 통해서 문화유산으로서 인정받는 것이 바람직하나, 그것이 현실적으로 어려울 경우 중건이나 재건방법 외에 차용이나 재해석기법도 가능하다.

시민들은 중심대로와 하천의 복원에 대해서 어떻게 생각하고, 어떠한 방법으로 복원되기를 기대하며, 이에 대해서 지불용의가 있는지 파악해보았다. 중심대로와 하천의 회복은 상당한 어려움이 예상된다. 궁궐과 제사공간은 대부분 그 터가 있고, 특정지역에 국한되어 있어 그 중요성에 비하여 추진하기가

🔲 서울 도심 사대문 안의 정체성을 형성하는 주요 원형적 요소의 회복은 어떠한 방향으로
이루어져야 한다고 생각하십니까?

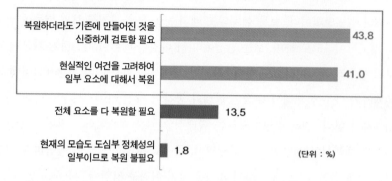

복원하더라도 기존에 만들어진 것을
신중하게 검토할 필요 — 43.8

현실적인 여건을 고려하여
일부 요소에 대해서 복원 — 41.0

전체 요소를 다 복원할 필요 — 13.5

현재의 모습도 도심부 정체성의
일부이므로 복원 불필요 — 1.8

(단위 : %)

🔲 이 원형적 요소의 회복이 이루어진다면 어떠한 방향으로 되어야 한다고 생각하십니까?

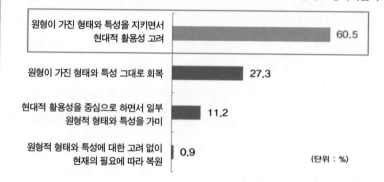

원형이 가진 형태와 특성을 지키면서
현대적 활용성 고려 — 60.5

원형이 가진 형태와 특성 그대로 회복 — 27.3

현대적 활용성을 중심으로 하면서 일부
원형적 형태와 특성을 가미 — 11.2

원형적 형태와 특성에 대한 고려 없이
현재의 필요에 따라 복원 — 0.9

(단위 : %)

다른 과제보다 용이한 측면이 있다. 하지만 이 공간은 대체로 도심부 전역에
걸쳐 있어 회복 과정이 상당히 복잡하고, 시민의 재산권과 생활에 제약을 주어
그들의 협조와 공감대 없이는 추진이 어렵다. 시민의 의견은 복원하더라도 기
존에 만들어진 것을 신중하게 검토하여 복원해야 하며, 현실적인 여건을 고려
하여 일부 요소에 대해서 복원하는 방안도 검토해야 한다는 쪽이 많았다. 회복
방법에 대해서도 원형이 갖고 있는 형태와 특성을 지키면서 현대적 활용성을
감안해야 한다는 의견이 월등하게 높았고, 전문가 심층 인터뷰에서도 역사성
의 회복과 함께 현실성이 동시에 고려되어야 한다는 의견이 많았다. 즉 원형

그대로의 복원보다는 교통과 상업 활성화, 그리고 활용성 등 현실성을 고려하여 회복방안을 마련해야 한다는 의견이다.

사안별로 시민들의 구체적인 의견을 파악하기 위하여 중심대로, 하천, 한옥으로 구분하여 회복방향에 대한 의향을 파악해보았다(다음 도표 참조).

먼저 중심대로의 회복방향에 대해서 물어보았다. 시민들에게 우선 중심대로의 회복은 도심부에서도 가장 활동이 많은 가로인 종로 - 남대문로 - 세종로 - 돈화문로 지역에 옛 육조장랑과 조방 및 시전행랑을 복원하는 것임을 숙지시켰다. 물론 당시보다 가로 폭이 확장되어서 도로의 확장부분을 활용하여 장랑과 행랑의 일부를 재현하는 것이 충분히 가능하다고 판단했다. 많은 시민이 역사성에 우선을 두고 복원하되, 교통여건과 상업 활성화 등을 고려하여 현실적으로 문제가 없도록 해야 한다는 응답을 했다. 또한 되도록 시전의 원형 그대로 복원해야 한다는 최대치 복원의 입장도 25%, 교통과 상업 활성화보다 역사성을 우선 고려해야 한다는 응답도 12.7%로 나타나 역사성에 우선을 두어야 한다는 의견도 37.7%로 비교적 높았다.

현재 하천은 도심부에서도 가장 복잡한 산업지대와 주택지를 가로지르고 있어 하천 회복은 중심대로 회복보다 더 어렵고 복잡하다. 대부분이 골목길 형태로 복개되어 있어, 하천을 복원할 경우 차량접근이 어려워 우회도로를 만들고 주차장을 별도로 확보해줘야 한다. 하천 복원은 가능한 구간만 하되 복원이 어려운 구간은 실개천이나 물길을 표시하는 수준에서 정비해야 한다는 의견이 46.7%로 가장 많았으나, 장기적으로 반드시 복원해야 한다는 의견도 33.1%나 되었다. 현실적으로 가능한 범위 내에서 복원하자는 의견이 13.3%로, 대체로 현실성을 고려해야 한다는 의견이 지배적이었다.

마지막으로 중심대로변 행랑과 천변 한옥의 회복을 고려한 한옥 스타일의 회복에 대해서도 시민의 의견을 들어보았다. 한옥 스타일의 회복방향에 대해서도 중심대로 및 하천 회복방향과 유사하게 나타났다. 상징성이 있는 일부 지역에 국한하여 회복을 고려해야 한다는 의견이 많았다. 또한 한옥 스타일을 고

중심대로의
회복방향에 대한
시민의식

📋 (종로 - 남대문로 - 육조거리 - 돈화문로의) 역사성을 회복하는 방안에 대해 어떻게 생각하
십니까?

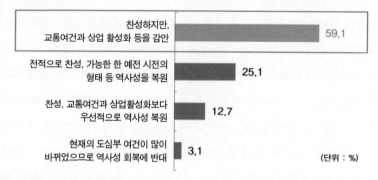

- 찬성하지만, 교통여건과 상업 활성화 등을 감안: 59.1
- 전적으로 찬성, 가능한 한 예전 시전의 형태 등 역사성을 복원: 25.1
- 찬성, 교통여건과 상업활성화보다 우선적으로 역사성 복원: 12.7
- 현재의 도심부 여건이 많이 바뀌었으므로 역사성 회복에 반대: 3.1

(단위 : %)

📋 (종로 - 남대문로 - 육조거리 - 돈화문로의) 역사성을 회복한다면, 어떠한 방향으로 이루어
져야 한다고 생각하십니까?

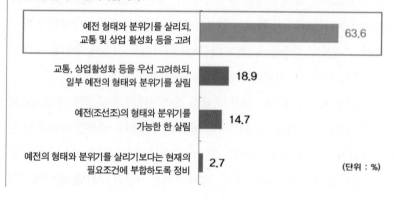

- 예전 형태와 분위기를 살리되, 교통 및 상업 활성화 등을 고려: 63.6
- 교통, 상업활성화 등을 우선 고려하되, 일부 예전의 형태와 분위기를 살림: 18.9
- 예전(조선조)의 형태와 분위기를 가능한 한 살림: 14.7
- 예전의 형태와 분위기를 살리기보다는 현재의 필요조건에 부합하도록 정비: 2.7

(단위 : %)

수하지 말고 창의성을 발휘할 수 있도록 유연한 기준을 두자는 의견도 32.1%
로 높게 나타났다. 도심부 전역에 적용해야 한다는 적극적인 의견도 15.9%로
다소 높았다.

복원사업에 대해 부정적인 입장인 전문가도 비교적 많다. 최대치로 복원한
다 하더라도 그것은 가짜라는 것이다. 그러면 중건된 경복궁·창덕궁·창경궁
이나 재건된 절은 무가치한 것인가 반문해보아야 한다. 이것도 시간이 지나면
서 터가 가진 의미에 더하여 문화유산으로서 가치를 인정받고 있다. 또한 복원

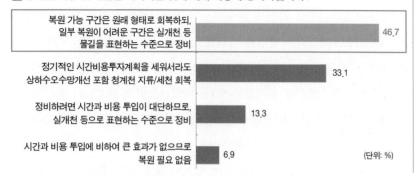

📋 청계천 지류 및 세천을 회복하는 것에 대해 어떻게 생각하십니까?

복원 가능 구간은 원래 형태로 회복하되, 일부 복원이 어려운 구간은 실개천 등 물길을 표현하는 수준으로 정비	46.7
정기적인 시간비용투자계획을 세워서라도 상하수오수망개선 포함 청계천 지류/세천 회복	33.1
정비하려면 시간과 비용 투입이 대단하므로, 실개천 등으로 표현하는 수준으로 정비	13.3
시간과 비용 투입에 비하여 큰 효과가 없으므로 복원 필요 없음	6.9

(단위: %)

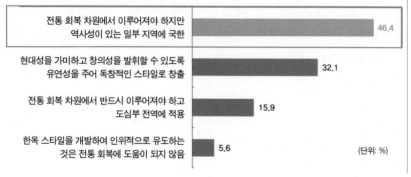

📋 서울의 도심부 분위기 재현을 위해 한옥 스타일을 현대적으로 구현하여 건축 시 적용하는 방안에 대해 어떻게 생각하십니까?

전통 회복 차원에서 이루어져야 하지만 역사성이 있는 일부 지역에 국한	46.4
현대성을 가미하고 창의성을 발휘할 수 있도록 유연성을 주어 독창적인 스타일로 창출	32.1
전통 회복 차원에서 반드시 이루어져야 하고 도심부 전역에 적용	15.9
한옥 스타일을 개발하여 인위적으로 유도하는 것은 전통 회복에 도움이 되지 않음	5.6

(단위: %)

의 가치를 인정받아 세계문화유산으로 등재된 경우도 많다. 오히려 철저한 고증과정을 거치지 않고 어설프게 진행되는 복원사업이나, 장소가 갖는 역사적 의미를 도외시한 채 진행되는 도시미화정책을 경계해야 한다. 모든 역사성을 배제한 채 창조성을 빌미로 현대적으로 건축하는 행위는 더욱 경계해야 한다. 그것은 역사를 왜곡하고, 역사를 지워버리는 결과를 초래한다. 특히 공간적으로나 형태적으로 중요한 의미를 갖고 있는 역사적 지역이나 대상에 대해서는 기회가 되면 철저한 고증을 거쳐 복원을 추진해야 한다. 불가피할 경우 차용 방법이나 재해석 방법을 적용하되, 재건이나 중건의 방법도 고려되어야 한다.

우리가 누구인가를 잊지 않기 위해서는 밝혀야 할 것을 드러내야 한다.

제2차 세계대전으로 폐허가 된 폴란드의 바르샤바와 독일의 드레스덴은 예전 모습 그대로 재건하는 방법을 선택했고, 동베를린 지역도 예전 모습 그대로 재건하는 방식을 선택했다.[5] 세계대전 이후 역사적 재건 방식 대신에 근대 모더니즘 양식으로 재건한 도시들도 있다. 네덜란드의 로테르담과 함부르크는 근대 모더니즘을 수용하여 꾸불꾸불한 골목길과 옛 양식건물 대신에 고층건물과 고속화도로를 건설했으며, 동베를린과 달리 서베를린도 모더니즘을 선택했다. 근대 모더니즘을 선택한 도시는 그 도시가 갖고 있던 정체성과 함께 도시의 활력과 매력도 사라져버렸다. 최근 산업도시 재생수단으로 기존 건물을 그대로 보존하면서 재활용하거나 역사적 재현수법을 사용한다. 이것은 그 도시가 가진 역사성이 도시의 매력을 증진시키며, 풍부한 이야깃거리를 제공하여 해당지역에 활력을 불어넣기 때문이다. 정체성 회복은 지역 내 새로운 부가가치를 발생시키는 요인인 것이다.

---

3 · 중심대로의 회복

중심대로의 조영 원리

왕도의 중심에는 어김없이 주작대로가 있다. 왕이 거처하는 궁을 향해 대로 양옆에 도열한 관아는 왕의 도시를 상징했다. 경복궁 앞에 도열한 육조관아 거리는 넓은 곳이 60m에 달했고, 종로도 20m에 이르렀다. 중국의 황도를 비롯한 인근 조공국의 왕도 건설 시 참고가 되었던 『주례 고공기』[6]에 의하면, 황제의

---

5 재건된 바르샤바가 유네스코 세계문화유산으로 등재된 것은 그것이 지닌 진정성 때문이 아니라 문화적 가치 때문이다.

6 『주례』는 중국에서 가장 이상적인 시대로 생각했던 주周나라의 예제를 담은 것으로서,

도읍은 아홉 대의 수레가 동시에 다닐 수 있는 구궤(20m), 제후인 왕의 도읍은 칠궤(17.5m)의 규모로 제후도시로서 그것과 달랐다. 가로의 구성도 동서남북으로 9개의 도로를 격자형으로 배열하도록 정한 기준과 같지 않았다. 이것은 한성이 중국의 조영원리를 상징하는 이 기준과 관계없이 고려 개경을 참조하여 우리의 독자적인 조영원리와 기준에 따라 지어졌다는 것을 반증한다. 물론 왕을 중심으로 한 중앙집권적 관료체제를 공고히 하기 위해 받아들였던 건국 당시의 성리학은 점차 자리를 잡으면서 윤리와 예를 중시하는 교조적 성격으로 변해가면서 이러한 기준도 다소 엄격하게 적용되었다. 태종 때 개경에서 한양으로 환도하면서 지어진 돈화문로는 이 기준의 노폭에 맞춰 건설되었다.[7] 하지만 한성을 상징하는 중심대로의 기본적인 조영방식은 태조 때 만들어진 것으로서 중국의 조영원리와 기준에 관계없이 우리의 독자적인 조영방식에 따라 만들어진 것이다.

중심대로의 조영방식에서 이러한 독자성은 더 뚜렷하게 나타난다. 보통 왕도는 도시를 지배하는 왕의 거처를 잡고, 이들 거처를 중심으로 가로와 광장을 배치하고 남는 곳에 주거지를 만든다. 왕의 거처인 궁을 중심으로 도시를 만들어나가는 것이 일반적인 방법이다. 하지만 한성은 산으로 둘러싸인 분지에 도시를 정하고, 도시를 지켜주는 진산인 북한산과 조산인 관악산을 잇는 축선상에 궁궐을 배치하고, 이에 따라 제사공간과 관아거리를 배치했다. 돈화문로도 북한산과 청계산을 잇는 축선상에 배치하여 만들어진 것을 확인할 수 있다.[8]

....

주나라와 그 제후국의 도성건설기준을 담는 것이나, 한 왕조 이후 중국을 비롯한 인근 나라의 왕도 건설 시 참고가 되었던 중요한 자료였다.

[7] 태종은 개경에서 한양으로 이어移御하면서 만든 돈화문로는 제후의 도시로 칠궤(1궤의 넓이는 약 8척, 56척)의 넓이를 적용하여 만들었으며, 이후 성종 시기에 이르러 완성된 『경국대전』에서도 주례의 제후도시 기준에 맞춰 대로는 56척(7궤, 17.5m), 중로 16척(5m), 소로 11척(3,4m)으로 적고 있다.

[8] 이들 산을 중심으로 한 축의 연결과 틀어진 각도에 따른 대로 배치는 문헌에 의한 것이라기보다는 풍수에 의한 해석과 실측에 의한 것이다. 그래서 주산인 백악산은 경복궁의 축

그래서 현재 축이 틀어져 있는 광화문광장에서는 경복궁의 축을 볼 수 없으며, 북한산도 그 축에서 벗어나 있다. 이것은 예로부터 산을 신성시하는 우리의 고유한 신선사상에서 비롯되었으며,[9] 오행사상과 결합하여 구체화된 풍수사상에서 드러난다. 보통은 안에서 밖으로 설계하나 한성은 밖에서 안으로 설계된 독특한 도시인 것이다. 이것은 최근에 맥락을 중시하는 현대도시 설계에서 적용되고 있는 기법이기도 하다. 이러한 다중 축의 중심을 잡고 균형을 유지하는 역할을 하는 것이 바로 종로이다. 그래서 국중대로國中大路이다. 종로만은 수직으로 평형을 유지하고, 절묘하게 한성의 중심을 가로지르는 청계천에 맞춰 그 균형의 힘을 더하고 있다. 중심대로의 축에 산을 존중하는 고유한 신선사상을 담아내며, 그것을 조화시키는 계획원리를 담고 있다.

또한, 중심대로는 왕의 위엄과 권위를 우리의 독특한 조영기법을 통해 표현한다. 동일한 스타일의 건축물을 일정한 간격으로 반복하여 통일된 경관을 연출하고, 이들을 동일한 높이로 질서 있게 정렬하여 세움으로써 우리는 고스란히 왕을 아버지로 섬기고 받들어야 하는 신하와 백성의 마음가짐과 책임감을 느낄 수 있다. 동일한 옷을 입고 일정한 높이로 도열한 행랑은 왕의 힘과 권위, 그리고 도시의 질서를 표현한다. 이 엄격한 공간은 왕의 행차, 출병 등 국가와 왕실의 각종 행사를 담는 공간이다.

이렇듯 중심대로는 기본적으로 산을 숭상하는 계획원리를 바탕으로 우리의

....

선상에 있지 않고 경복궁의 좌측에서 확인할 수 있다.

[9] 우리의 건국신화인 단군사상은 산악신앙과 신선사상으로 설명할 수 있다. 천제 환인의 아들인 환웅이 천하를 다스릴 뜻을 품고 태백산 신단수 아래에 내려왔고, 단군이 수도를 신시에서 아사달로 옮겨 오랜 기간 살다가 다시 신선이 되어 돌아갔다는 이야기에서 나타난다. 산악신앙은 신선사상 속에서 설명된다. 산악은 상제가 있는 천계와 가깝다는 측면에서 신선이 사는 곳이 산에 있었다고 전해진다. 중국에서도 선인이 사는 지역으로 자주 동방을 지칭하기 때문에 우리나라 고유의 선도는 중국 도교가 성립되기 이전에 이미 신선사상의 본고장으로 지칭되기도 했다. 이러한 신선사상은 풍류도로서 신라시대에 화랑도로 자리 잡았고, 고려·조선에 와서도 지속적으로 영향을 미쳤던 것으로 언급된다.

독자성과 나라의 자존감, 그리고 왕의 권위를 담아 계획하였다. 중심대로가 나타내는 축, 가로가 만나는 형태, 가로변의 행랑에서 우리는 왕의 도시, 신선사상, 나라의 자존감을 알아챌 수 있다. 중심대로의 조영원리를 통해서 드러나는 가치로서 정체성은 이러한 축, 형태, 행랑을 통해서 분명하게 드러난다.

중심대로의 역할과 기능

경복궁 전면의 육조거리와 창덕궁 전면의 돈화문로, 관문인 남대문을 연결하는 남대문로, 그리고 중심에서 이들 모두를 연결하는 종로. 이들 중심대로는 주요시설을 연결하는 단순한 길 이상의 의미를 갖는다. 한성의 주요시설인 궁궐과 종묘·사직단, 경계부인 성곽에서 외부와 연결되는 관문시설로서 성문을 연결하여 한성을 하나로 통합하는 역할을 한다. 그것은 태조 때 이미 완성된 대로 주변으로 오랜 기간에 걸쳐 지어진 행랑行廊을 통하여 이들 상징시설을 입체적으로 잇는 독립된 기능을 수행하는 건축군에 의하여 완성되었다.

태조 때 지어진 육조거리의 행랑과 함께, 종로 등 기타 대로에 지어진 행랑은 개경의 중심인 광화문에서 부급관에 이르는 가로 양측에 설치된 장랑의 모습을 본떠 태종 때 지어졌다. 태종이 다시 한성으로 환도하면서 무질서했던 장시의 질서를 바로잡고자 송도의 시전과 같은 상설 시전 설치를 추진하면서 비롯되었다. 장마 때마다 홍수로 피해가 막심했던 도성 내 개천을 정비하자마자, 개천정비를 맡았던 개천도감을 그대로 행랑조성도감으로 바꾸어 행랑 공역을 시작하게 되었다.

판문하부사 권중화權仲和·판삼사사 정도전·청성백 심덕부·참찬 문하부사 김주·좌복야 남은·중추원 학사 이직 등을 한양에 보내서 종묘·사직·궁궐·시장·도로의 터를 정하게 하였다.

—『태조실록』, 태조 3년 9월 9일

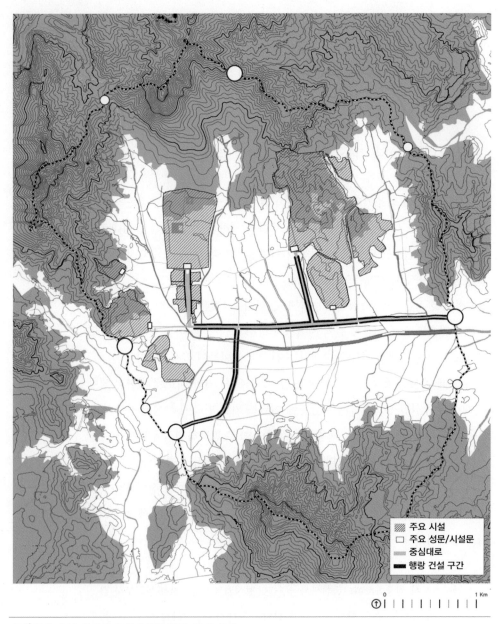

조선시대 초기 한성의 도시구조와 행랑 건설 구간

주요 시설
주요 성문/시설문
중심대로
행랑 건설 구간

0   1 Km

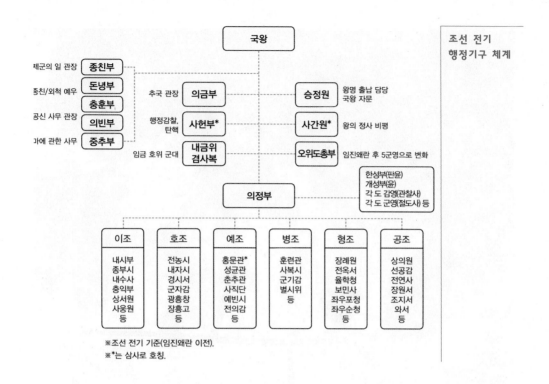

국왕

테군의 일 관장 **종친부**	
종친/외척 예우 **돈녕부**	추국 관장 **의금부**
공신 사무 관장 **충훈부**	행정감찰, 탄핵 **사헌부***
의빈부	임금 호위 군대 **내금위 겸사복**
가에 관한 사무 **중추부**	

승정원 왕명 출납 담당 / 국왕 자문
사간원* 왕의 정사 비평
오위도총부 임진왜란 후 5군영으로 변화

한성부(판윤)
개성부(윤)
각 도 감영(관찰사)
각 도 군영(절도사) 등

의정부

이조	호조	예조	병조	형조	공조
내시부 종부시 내수사 충익부 상서원 사옹원 등	전농시 내자시 경시서 군자감 광흥창 장흥고 등	홍문관* 성균관 춘추관 사직단 예빈시 전의감 등	훈련관 사복시 군기감 별시위 등	장례원 전옥서 율학청 보민사 좌우포청 좌우순청 등	상의원 선공감 전연사 장원서 조지서 와서 등

※조선 전기 기준(임진왜란 이전).
※*는 삼사로 호칭.

개경 도성의 중심지인 광화문에서 부급관에 이르기까지의 가로 양측에 장랑長廊을 설치하여 주민들이 사는 모습을 가리고, 각기 방문에는 영통, 광억, 홍선… 등의 간판을 붙여 수도의 일대미관을 이루도록 하였다.

—『고려도경』 2권 3, 도읍방시조

송도는 시장이 잘 정비되어 물건 종류에 따라 대시가 나누어져 있었으나, 개경 천도 이후에는 아무데나 위치하여 남녀 구별 없이 장사치들이 뒤섞여 서로 도둑질하니 경시서로 하여금 옛 송도의 제도를 따르도록 해주시기를 원합니다.

—『태조실록』, 태종 원년 1월

이렇게 중심대로 주변에 장랑을 건축하면서 완성된 중심대로는 한성의 정

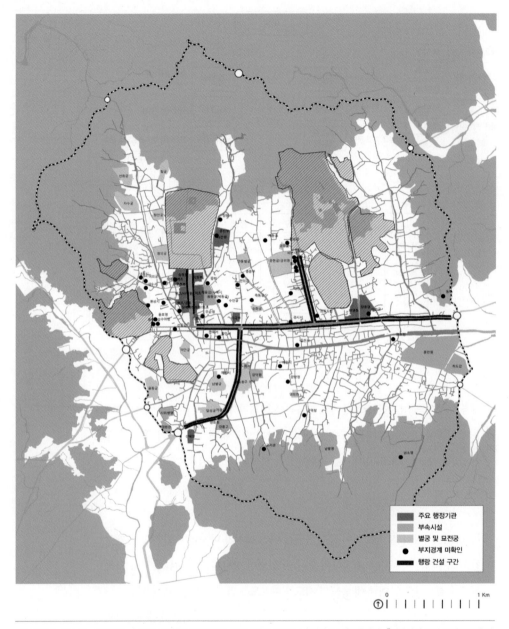

주요 행정기관
부속시설
별궁 및 묘전궁
● 부지경계 미확인
■ 행랑 건설 구간

0   1 Km

조선시대 주요시 지도제작_ 도성도 / 도성대지도(18세기 중반) / 한양 도성도 / 수선전도 / 서울특별시, 『세종시대 도성 공간구조에 관
설의 입지 분포 한 학술연구,』(2010) / 서울시정개발연구원, 『옛길의 가치규명 및 옛길가꾸기 기본방향 연구』(2009).

치·경제·사회적 중심공간으로서 각각 서로 다른 기능을 수행해왔다. 육조거리와 돈화문로는 궁궐의 전면에 위치한 대로이다. 권력의 중심이었던 궁궐을 출입하는 의례공간으로서 이들 광화문과 돈화문의 전면대로는 관청가가 조성된 정치·행정의 중심지였다. 육조거리는 이미 아는 바와 같이 중앙 정무기관인 각사各司와 이를 관장하는 최고 행정기관인 의정부가 입지한 계획적으로 만들어진 관아거리이며, 돈화문로는 태종이 개성에서 환도하면서 건립된 창덕궁이 들어서고 행랑을 만들면서 새로 조성된 관아거리이다. 따라서 궁궐 주변과 함께 이들 가로 주변에는 많은 관아시설이 위치하고 있다. 또한, 종로는 태종 때 대로 주변에 행랑이 건설되면서 상설시장인 시전이 들어섰고, 남대문로로 확대되어 이 일대는 조선 최대의 상업지로 자리 잡았다. 당시 건설된 2,000여 칸의 행랑 중에서 각사의 대기공간으로 사용되었던 조방과 기타 활용공간을 제외하고 1,000여 칸이 시전 용도로 사용되었던 것으로 추정된다. 또한 도성의 실질적인 중심공간이었던 종로와 남대문로 주변에는 다양한 관아들이 입지했다. 시전을 관장하는 경시서, 장악원과 도화서, 선혜청, 의금부와 전옥서 등이 위치했다. 명실 공히 이들 중심대로는 서로 다른 기능을 수행하면서 하나로 엮여 한성의 중심공간으로서 역할을 수행해왔던 것이다.

현재도 도심부에서 중심대로가 갖는 정치·경제·사회적 중심공간의 역할은 변함없이 계속되고 있다. 옛 육조거리가 들어섰던 세종대로는 여전히 행정청사가 밀집해 있는 정치적 중심공간이며, 남측에는 언론·금융·대기업 본사 사옥 등 다양한 중추관리기관이 밀집해 있다. 종로와 남대문로변은 남대문시장과 동대문시장 외 명동, 북창동, 관철동 등이 위치한 중심 상업공간의 역할을 계속 수행하고 있다.

또한 서울이 내사산으로 둘러싸인 한성부를 기점으로 해서 확장을 거듭하여 외사산으로 둘러싸인 현재의 모습으로 성장하는 과정에서도 이러한 역할과 기능을 그대로 수행하고 있다. 여전히 중심대로는 도로확장의 시작점으로서 서울의 구심적 역할을 수행한다.

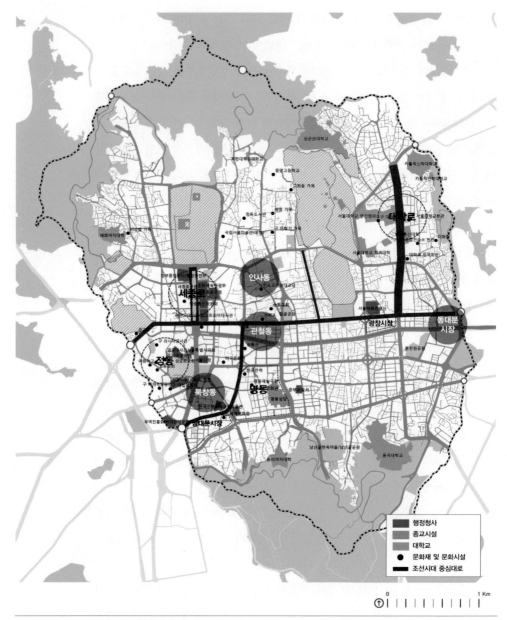

| 행정청사 |
| 종교시설 |
| 대학교 |
| 문화재 및 문화시설 |
| 조선시대 중심대로 |

0   1 Km

현재 주요 공간 및 시설들의 입지 분포

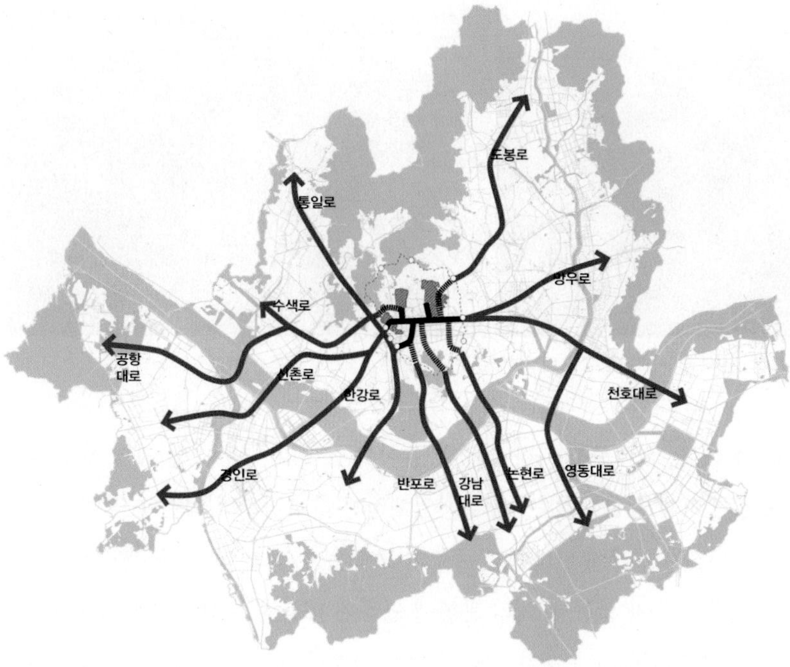

중심대로로부터 서울주요대로로의 도로 확장

위 그림에서 보듯이 강북의 주요 간선도로인 도봉로와 통일로, 한강로가 이들 중심대로에서 확장되었으며, 신촌로, 반포로, 강남대로가 터널을 통해 이들 중심대로와 연결되어 있다. 또한, 공항대로, 경인로, 천호대로가 이들 주요 간선가로에서 분기하는 것을 볼 수 있다. 이들 중심대로는 현재의 거대도시 서울에서도 상징적인 위치뿐 아니라 기능적인 역할을 수행하고 있는 것이다.

해외에서도 이러한 중심대로는 도시의 중심으로서 다양한 행사가 벌어지는 상징적 공공장소로서 국가를 대표하는 공간으로 자리 잡고 있다.

많은 사람들은 파리의 대표적인 상징으로 샹젤리제(가로수길)를 꼽는다. 그것은 가로 자체가 아름답기도 하지만 파리의 상징물인 개선문과 콩코드 광장을 따라 오스망 스타일의 건물이 일정한 높이로 늘어선 가로경관을 통해서 파리가 가진 절대왕정과 파리 대혁명의 정신을 가장 잘 표현했기 때문일 것이다.

한성의 상징인 궁의 정문 광화문, 돈화문, 홍화문, 그리고 성곽의 정문인 남

한양의 중심대로였던   자료_ 왼쪽: 문화콘텐츠진흥원 디지털한양'운종가 전경' / 오른쪽: Google 이미지
     종로와
파리의 샹젤리제 거리

대문, 동대문, 서대문을 따라 일정한 높이로 한옥의 행랑이 열 지어 선 중심대
로는 샹젤리제가 갖고 있는 이러한 입체적인 가로경관의 가치와 맞먹을 것이
다. 현재 조선 초기에 만들어진 종로의 모습은 여러 번에 걸쳐 일어난 화재와
전란으로 알 수가 없는데 여러 문헌에 언급된 내용을 통하여 짐작만 할 수 있
다. 한양 시전행랑의 모태가 되었던 개성 시전의 장랑에 대하여 8랑의 장옥이
장관을 형성하였다고 하며,[10] 당시 행랑의 건설을 명했던 태종은 완성된 돈화
문로 행랑을 보고 국가의 모양이 볼 만하다며 종루 동서로 확장을 독려했다고
전해진다.[11] 짐작하건대 행랑이 열 지어 선 중심대로는 국가행사 등 다양한 활
동을 담았던 상징공간으로서 장엄한 경관을 형성하였을 것으로 짐작된다. 공
간적 연출방법도 바로크의 도시구성기법과 유사하다. 대로 양변에 위치한 행
랑이 시각적 연속성을 보여주고, 대로의 끝에는 성문, 궐문, 누문, 종루 등 랜드
마크를 배치하여 터미널 뷰를 형성하고 있다. 도성 내 모든 랜드마크가 행랑에
의해 하나의 시각적인 구조체로 연결되어 있는 것이다. 이것은 우리나라에서
찾아볼 수 있는 고유한 도시구성 측면의 계획기법으로서 바로크 기법에 비견될
도시경관 형성기법이라 할 수 있을 것이다. 조성기법에 대해서는 앞으로도 지속

10 유원동, 「고대~고려시대의 시장형성사」, ≪도시문제≫, 제2권 8호(1967).
11 『태종실록』, 태종 12년 4월 3일.

장랑으로 연결된
중심대로
해외사례

일본 아사쿠사 사원
앞의 장랑식 상점

북경의 전문대가前門大街

명·청 시대부터 형성된
상업거리를 2008년 베이
징 올림픽에 맞춰 복원
및 재개장

적인 연구가 필요할 것이다.

동북아의 고도인 베이징과 도쿄에서도 이러한 형태의 가로계획기법을 찾아볼 수 있다. 비록 근대에 와서 건축되었지만, 도쿄 아사쿠사 사원 앞의 장랑식 상점이 중심대로변 행랑의 경관과 유사한 모습이었을 것으로 짐작되며, 베이징의 중축선상에 있는 전문대가 또한 그러할 것으로 짐작된다. 전문대가는 명·청 시대에 형성된 상업거리로서 대부분이 파괴되었으나, 2008년 베이징 올림픽에 맞춰 복원하여 재개장한 곳이다.

중심대로의 구조와 형태

중심대로는 한성의 상징시설인 궁궐의 정문과 한양 도성의 주요 출입구인 서대문과 남대문, 동대문을 연결하는 주요 통로이면서 가로변으로 열 지어 선 행랑 건축을 통하여 장엄한 경관을 창출하는 상징대로의 성격을 갖는다. 중심대로는 한성의 얼굴이었던 것이다. 이들 중심대로는 종로를 중심으로 경복궁 정문인 광화문과 연결하는 육조거리, 창덕궁 정문과 연결하는 돈화문로, 남대문과 연결하는 남대문로로 구성되며, 독립된 기능을 갖는 장행랑이라 부르는 긴 건축물이 대로변에 열을 지어 서서 이면의 주거지를 가리거나 상업지와 분리하는 역할을 수행했다.

행랑의 역할을 세부적으로 살펴보면, 육조거리는 관아의 외벽 역할을 하면서 방이나 저장창고로 사용되었고, 기관들이 연담하여 길게 연결된 장행랑 구조로 만들어졌다. 종로는 남대문로와 만나는 구간을 중심으로 상설시장인 시전이 자리를 잡았으며, 동대문 주변은 창고 등의 용도로 사용되었다. 돈화문로는 조신들이 궁궐 앞에서 조회를 기다리는 조방 용도로 사용되었고, 남대문로는 종로 십자가로 중심으로 시전이 들어섰으며, 나머지는 기타 용도로 사용되었다.

조선 초 처음 설치된 행랑의 형태는 고려 개경의 장랑에서 유래한 것으로 알

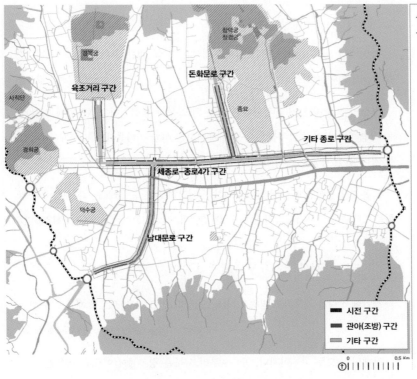

육조거리 구간

돈화문로 구간

기타 종로 구간

세종로-종로4가 구간

남대문로 구간

경복궁

창덕궁 창경궁

사직단

종묘

경희궁

덕수궁

시전 구간

관아(조방) 구간

기타 구간

0   0.5 Km

려져 있으며, 고려 개경의 중심부에 설치된 시전은 1,008개 영楹(기둥) 규모의 8
개 장랑으로 축조되었다는 기록이 『고려도경』에 있다. 이러한 장랑형 시전 건
축은 중국 송대에 정착된 가로형 상가의 형태에서 유래되었을 것으로 추정되
며, 태종실록에서 보이는 긴 형태의 건물이라는 의미를 갖는 장랑이라는 단어
를 그대로 사용한 데에서도 그 형태적 특성을 짐작할 수 있다.[12] 최초의 행랑은
시전기능을 담기 위한 원래 의도 외에 궁궐을 중심으로 도열한 건축군을 통해
새로 출범한 왕조의 권위를 보여주기 위한 의도도 있었을 것으로 추측된다. 이
러한 측면에서 최초의 행랑은 일정 단위(10칸)로 분절된 긴 형태의 건물로 이
루어졌을 것으로 추정된다. 또한 실록에 '행랑 매 10칸마다 띄어서 방화담이나

---

[12] 『태종실록』, 태종 11년, 15년.

개경의 장랑에 대한 기록

왕성에는 본래 방시가 없고, 광화문에서 관부 및 객관에 이르기까지, 모두 긴 행랑을 만들어 백성들의 주거를 가렸다. ―『고려도경』 중

왕성의 장랑에는 매 10칸마다 장막을 치고 불상을 설치하고, 큰 독에 멀건 죽을 저장해두고 다시 국자를 놓아두어 왕래하는 사람이 마음대로 마시게 하되, 귀한 자나 천한 자를 가리지 않는다. ―『고려도경』 중

가을 7월 정미일에 대시장을 개건하기 시작하였다. 그 규모는 좌우 장랑이 광화문으로부터 십자거리까지 모두 1,008영이다. ―『고려사』, 희종4년(1208년)

한양의 행랑(장랑)에 대한 기록

성안에 장랑을 지으라고 명하고, 강원도 군정 1만 3,000명으로써 재목을 베었다. ―『태종실록』, 태종11년 12월 13일

장행랑이 모두 이루어지니, 종루로부터 서북은 경복궁에 이르고, 동북은 창덕궁과 종묘 앞 누문에 이르며, 남쪽은 숭례문 전후에 이르니, 이루어진 좌우의 행랑이 합계하여 1,360칸이다. ―『태종실록』, 태종13년 5월 16일

돈화문敦化門 서쪽 경상도慶尙道 군영軍營에 불이 나서 행랑 27칸이 연소延燒되고, 불길이 장차 돈화문에 미치려 하매 힘껏 구제하여 방지하였다. 화염이 바람을 따라 동쪽 행랑을 넘어서 호군방護軍房을 연소시켰다. 이제부터 전곡錢穀이 있는 각 사各司에는 불을 삼가라고 명하고, 또 행랑을 10칸을 격隔하여 화방장火防墻(3517)을 쌓아서 화재를 방비하라고 명하고, 행랑 도감行廊都監에게 화재를 입은 행랑을 고쳐 지으라고 명하였다. ―『태종실록』, 태종 15년 9월 19일

명령을 내리기를, "서울의 행랑行廊에 방화장防火墻을 쌓고, 성내의 도로를 넓게 사방으로 통하게 만들고, 궁성이나 전곡錢穀이 있는 각 관청과 가까이 붙어 있는 가옥은 적당히 철거하며, 행랑은 10칸마다, 개인 집은 5칸마다 우물 하나씩을 파

고, 각 관청 안에는 우물 두 개씩을 파서 물을 저장하여 두고, 종묘와 대궐 안과 종루의 누문樓門에는 불을 끄는 기계를 만들어서 비치하였다가, 화재가 발생하는 것을 보면 곧 쫓아가서 끄게 하며, 군인과 노비가 있는 각 관청에도 불을 끄는 모든 시설을 갖추었다가, 화재가 발생했다는 소식을 들으면 곧 각각 그 소속 부하를 거느리고 가서 끄게 하라" 하였다.　　　　　　　　　　—『세종실록』, 세종 8년 2월 20일

방화수를 축수하라'는 기록이 있고, 입전완의문서에서도 입전(선전)의 각 전은 1방에서 7방으로 구성되어 있으며 각 방은 10칸으로 구성되어 있다는 기록에서도 이러한 형태를 짐작할 수 있다. 따라서 행랑은 기다란 형태의 건축물이 어느 정도 규칙성을 가지고 도로, 하천 등을 감안하여 배치되었을 것으로 짐작된다.[13] 이것은 우리가 조선 말 사진을 통해 일반적으로 보아왔던 도로를 따라 무질서하게 배치된 한옥들의 모습과는 사뭇 다른 것이다.

종로 시전의 발굴조사 결과를 보면, 시대별로 배치와 형태가 상이하다. 조선 초기 최초 행랑이 갖는 기다란 형태는 건물 길이가 확인이 되지 않기 때문에 확언할 수는 없으나, 행랑 1칸의 규모는 청진 6지구 발굴작업을 통하여 전면 약 3.8m~4.1m, 측면 5.1m로 추정된다. 아마도 조선 초에 가졌던 규칙적인 모습은 수차례의 화재와 전란으로 훼손된 후 개별적이고 점진적인 복구과정에서 우리가 일반적으로 보아왔던 조선 말의 불규칙한 종로의 모습으로 변형된 것이 아닌가 추측된다. 아래 발굴조사 도면을 보면, 시간이 갈수록 시전 폭이 넓어지는 것을 확인할 수 있다.[14] 이것은 필요로 하는 공간을 점차 확대하면서 이에 적합한 구조로 변형되어갔을 것으로 짐작한다. 조선 초에는 5.1m였던 폭이

....

13　선말 사진에서 보이는 종로변 불규칙한 시전 모습은 빈번한 화재와 양난으로 인한 개보수 원인으로 추측된다.
14　실록에서 화재가 났다는 기록이 여러 번 언급되나, 복구되었다는 기록은 없다.

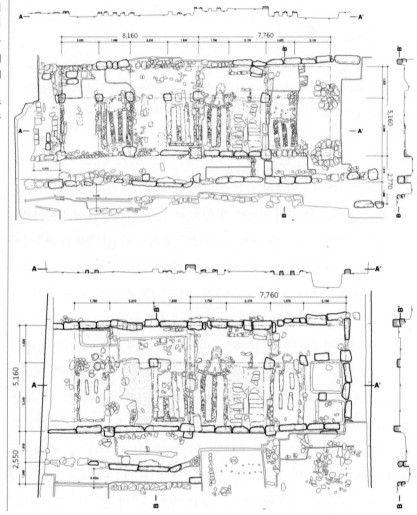

조선시대
시전행랑의
평면 구조

위: 태종 시기
아래: 세종 시기

자료_ 한국건축문화연구
소, 「서울 청진6지구 유
적」 1,2(2007).

조선 말에는 7.2m로 더 넓어진다. 우리가 유형원의 『반계수록』을 통하여 알고
있는 행랑 1좌(간)의 크기 ─ 동서 12m, 남북 7.2m ─ 는 조선 중기 이후의 규모
(양난 후 저술)인 것으로 추정된다. 좀 더 구체적인 행랑의 형태와 규모는 이후
발굴이 이루어져야 좀 더 명확해질 것이다.

중심대로별 행랑의 형태와 용도

행랑은 태종이 한성으로 환도하면서 운종가 일대에 시장이 난립하여 여러 가지 문제가 발생하자 우선 시급했던 개천을 정비한 이후, 개천도감을 행랑조성도감으로 변경하면서 그 공역이 시작된 것으로 알려져 있다.

행랑 건설은 1412년(태종 12년) 2월 종로구간에 시전을 건설하기 위한 터를 닦으면서 시작되었으며, 전체 4차에 걸쳐 이루어졌다. 태종실록을 보면, 1차에는 혜정교에서 창덕궁 동구까지 800여 칸이 조성되고 2차는 돈화문로 구간으로 창덕궁 돈화문에서 정선방 동구까지 472칸이 조성된 것으로 나타난다. 그리고 3차에는 기존 구간에서 확장되어 경복궁 남쪽에 881칸이 조성되고, 4차에는 남대문 구간과 종묘 앞~동대문 구간이 조성된 것으로 기록되어 있다.

이때 건설된 행랑 중에서 종로1가~종묘 앞 구간과 종각~광교 구간의 행랑이 시전 전용으로 사용되었고, 1472년 이후 일영대~연지동석교 구간(현 종묘 앞~종로5가)에 위치한 행랑이 시전용으로 확대 사용되었다는 기록이 있다.

이들 시전행랑 중에서 가장 핵심적인 기능을 수행했던 것이 육의전이다. 육의전은 양난 이후 국역부담에 따라 난전상인을 관리하는 금난전권이라는 독점적 상업권을 부여받은 여섯 종류의 큰 상점을 말한다. 이들 육의전은 종루앞 사거리를 중심으로 형성되었으며, 육의전이 위치한 지역이 바로 한성의 중심부였다. 육의전은 물품조달능력 등의 여건에 따라 7의전, 8의전 등으로 통용되기도 했다.[15]

육의전을 구성하는 한 시전의 총상인수는 약 600명에서 1,200명 사이로 그 규모가 매우 컸던 것으로 짐작된다. 또한 육조거리의 행랑은 대궐 문이나 집 대문의 안쪽 좌우에 줄지어 붙어 있는 행랑을 의미하는데, 군사들이 입직하거

---

15 저포전(모시, 베), 입전(선전: 비단), 어물전(생선), 청포전, 포전, 지전(종이), 백목전(면포전: 무명).

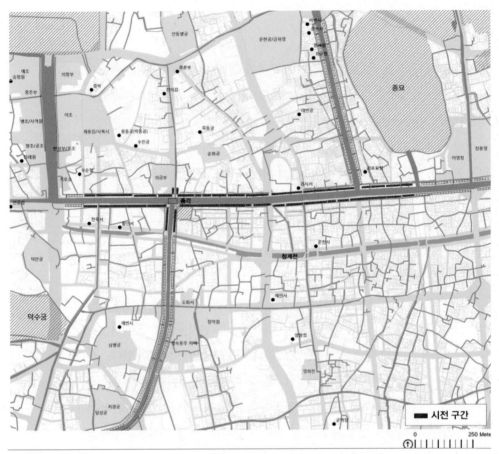

종로의 행랑 배치

나 하인들이 거처했던 공간으로 사용되었고, 물건을 보관하는 용도로로도 쓰였다. 이러한 육조거리의 행랑은 대로 정면에 문이 나 있지 않고 담으로 이루어져 시전행랑의 구조와는 차이가 있는 것으로 파악된다.

그리고 돈화문로 주변에 건설된 행랑은 주로 조방의 기능으로 사용되었다. 조방은 조신들이 조회 때를 기다리기 위하여 아침에 각사별로 모이던 방으로 대궐 문밖에 있었는데, 당시 태종이 사용하던 궁궐이 창덕궁이었기 때문에 육조거리까지가 멀어 의정부의 요청에 따라 돈화문로 앞의 행랑이 조방으로 사

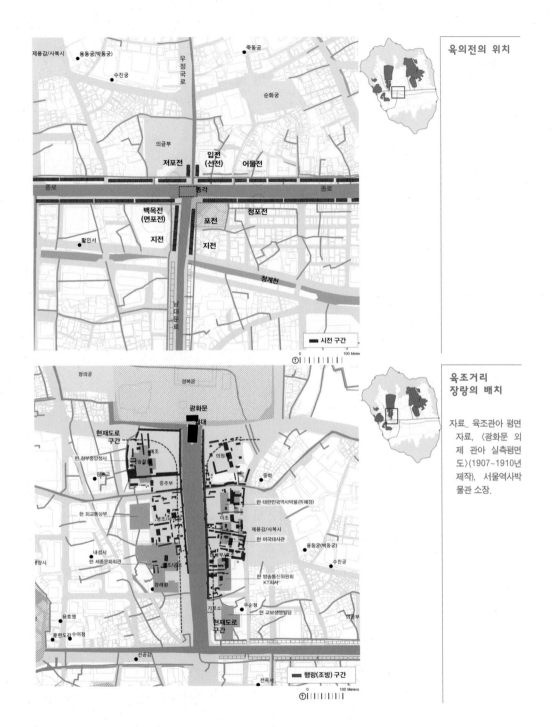

제용감/사복시   용동궁(박동궁)   죽동궁
우정국로
수진궁   순화궁

의금부   입전   어물전
저포전   (선전)

종로   종각   종로

백목전   정포전
(면포전)   포전
활인서   지전   지전
청계천

남대문로

■ 시전 구간
0   100 Meters

육조거리
장랑의 배치

자료_ 육조관아 평면
자료, 〈광화문 외
제 관아 실측평면
도〉(1907~1910년
제작), 서울역사박
물관 소장.

장의궁   경복궁
광화문

현재도로   순종실록
구간   별조
현 정부중앙청사   의정부
정선고   중주부   중학
현 대한민국역사박물관(예정)
현 외교통상부   이조
봉조/사복시   제용감/사복시
현 세종문화회관   현 미국대사관
내섬시   호조/광주   용동궁(박동궁)
상시   수진궁
장례원   현 방송통신위원회
KT지사
기로소   현 교보생명빌딩
용호영   우순청
훈련도감수어청
의금부
선공감   현재도로
구간

전옥서   ■ 행랑(조방) 구간
0   100 Meters

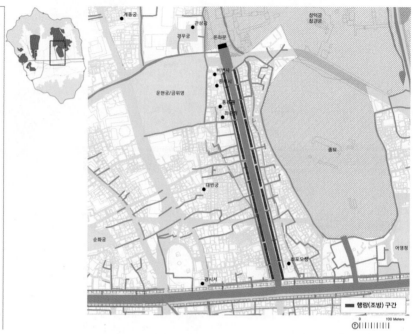

용되었다고 기록되어 있다.

　도성都城 좌우의 행랑行廊이 완성되었다. 의정부에서 창덕궁昌德宮 문 밖의 행랑
行廊을 각사各司에 나누어주어 조방朝房으로 만들 것을 청하고 또 아뢰었다. "금년
가을에 행랑을 수리하고 장식하는 일과 창고倉庫를 조성造成하는 등의 일에 유수遊
手·승도僧徒와 대장隊長·대부隊副로 하여금 역사에 나오게 하소서." 그대로 따랐
다.
　　　　　　　　　　　　　　　　　　　　—『태종실록』, 제23권 12/05/22(을사)

　궐 안에 입직하는 군사가 너무 많아서 매우 어지럽다. 내금위內禁衛·선전관宣傳
官 따위는 밖에 나갈 수 없으나, 충찬위忠贊衛·충순위忠順衛·별시위別侍衛 따위는
돈화문敦化門 밖 좌우편 장랑長廊에 입직하도록 하라.
　　　　　　　　　　　　　　　　　　　　—『연산군실록』, 연산군 11년 5월 13일

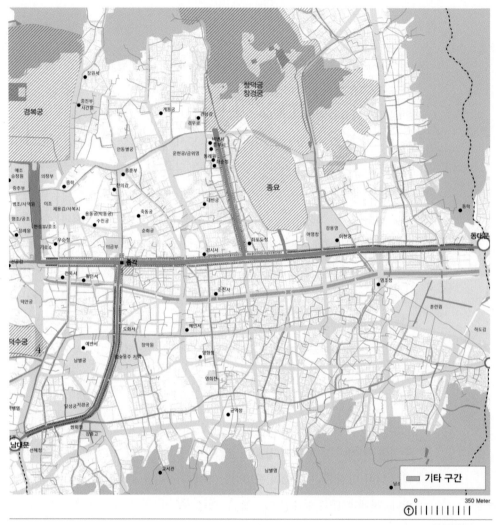

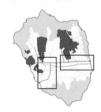

남대문로 및
기타 종로구간 행랑 배치

　기타 남대문로와 기타 종로구간의 행랑은 다른 구간의 행랑과 달리 시전이나 조방으로 사용되지 않았다. 주로 일반 백성이 곡물저장 등을 할 수 있도록 창고 역할을 한 것으로 알려져 있다.

중심대로 및 행랑의 회복방향

정체성을 회복한다는 것은 정신적으로는 그 대상에 담긴 가치를 토대로 현재와 미래의 가치를 담아내 전승하는 것이며, 물리적으로는 예전의 물리적인 형태와 공간을 복원하거나 차용 또는 재해석하여 그 의미를 재구축하는 일련의 행위이다. 중심대로는 조성 당시에도 도시의 중요한 상징공간으로서 국가적 행사와 함께 시민의 다양한 삶과 활동을 담아냈던 공공공간이었고, 시민의 시대가 도래하는 현재에 도시공간에 대한 이러한 시민의 요구는 더욱더 높아지고 있다. 이들 중심대로는 시대적 변화에 따라 오히려 각종 궁궐과 제사공간을 보조하는 시설에서 도시의 중심적 공간으로 등장하였다. 파리의 튈르리 궁 전면 샹젤리제와 연결되는 콩코드 광장(루이 15세 광장)은 과거 다양한 국가행사를 개최했던 왕의 상징공간에서 프랑스혁명의 중심공간으로 시민의 상징이 되었다. 궁에서 샹젤리제로 파리의 상징이 변했던 것처럼. 서구의 모든 광장과 불바르boulevard(대로)가 이러한 왕의 공간에서 시민을 위한 도시의 중심공간으로 변화를 거쳐 왔다. 한성의 중심대로도 이러한 역사와 그 가치의 변화를 담아내야 한다.

또한, 물리적으로는 중심대로가 갖는 도로의 선형 및 형태와 함께 중심대로 주변에 열 지어 선 행랑의 형태와 공간을 회복해야 한다. 하지만 현재 거의 흔적이 남아 있지 않은 행랑의 물리적인 형태와 공간을 회복한다는 것은 매우 어렵다. 현재 이들의 형태를 알아볼 수 있는 사진이 별로 없고 발굴자료도 많지 않아 고증이 쉽지 않기 때문이다. 지하에 매몰된 행랑의 흔적을 찾는다는 것도 현재로서는 보장하기 어렵다. 이러한 경우 보통은 재건·중건의 방법이나 차용·재해석 방법을 쓰게 된다. 하지만 해당 가로마다 물리적인 여건이 서로 다르기 때문에 동일한 기준을 적용하기보다는 가로별로 물리적인 여건을 파악하여 개별적으로 회복방법을 검토해야 한다.

현행 도로를 기준으로 국가기록원의 1912년 지적 원도와 비교하여 중심대

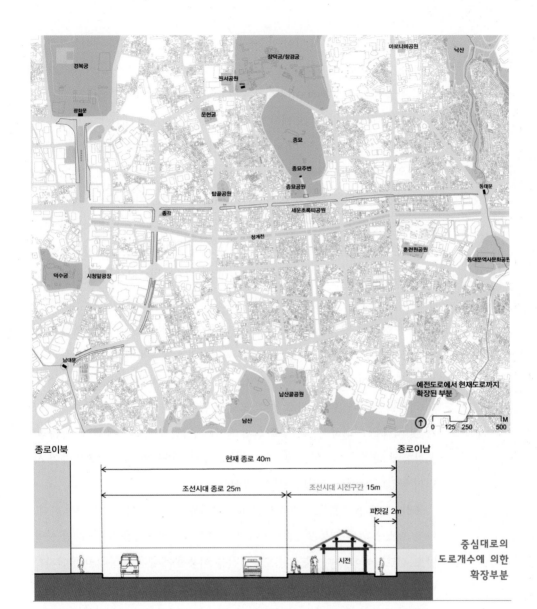

로의 선형과 형태, 그리고 행랑의 구조와 형태를 파악하여 회복방향을 가늠해

보았다. 현행 도로 위에 그려진 붉은 선이 확장된 부분에 해당된다(위 그림 참

조). 우선 시전이 위치했던 종로를 살펴보면, 북측은 옛 도시조직을 토대로 현

대적인 건축물이 들어서 있어 건축유도기준을 통하여 차용이나 재해석 방법을 적용하는 것이 타당할 것이다. 남측은 도로를 확장하면서 도시조직 자체가 사라져 발굴과 고증을 통한 최대치 복원을 검토하되, 복원이 어려울 경우에는 차용이나 재해석 방법을 검토해야 한다. 물론, 종로 전체에 대한 경관형성을 고려하여 북측지역과 남측지역의 회복방향이 결정되어야 할 것이다. 남대문로의 경우도 종로의 상황과 유사하다. 육조거리는 양방향으로 확장되어 고증을 통한 최대치 복원을 검토하되 복원이 어려울 경우에는 차용이나 가치만을 담는 재해석 방법을 검토할 필요가 있으며, 돈화문로는 대부분 그대로 남아 있는 옛 도시조직을 바탕으로 차용이나 재해석 기법을 적용하는 것이 바람직할 것이다. 즉 행랑 복원이 가능한 지역은 최대치 복원을 검토하고, 복원이 어려울 경우에 차용이나 가치를 담을 수 있는 재해석 기법을 적용해야 한다. 발굴조사를 통해 행랑의 흔적은 보존되어야 하며, 복원이 결정되면 역사고증을 통하여 엄정하게 진행해야 한다. 가로 한 면이 복원기법으로 회복되었다면, 가로의 연속적 경관 형성을 위해서 다른 한 면은 재해석보다는 차용 기법을 적용하는 것이 적절할 것이다. 반면, 가로 두 면 모두 복원이 어려운 경우에는 주변 토지이용 및 맥락을 고려하여 역사성을 살릴 수 있는 방안을 마련해야 한다. 물론 회복방향에 대해서는 시민을 포함한 여러 분야 전문가들의 의견을 반영하여 시민의 공감대 속에서 추진되어야 할 것이다.

또한, 회복 전에 도로 축소에 따른 교통대책과 상인대책이 마련되어야 한다. 차로 축소에 따른 교통수요관리방안과 함께 대중교통이용을 높일 수 있는 방안도 검토되어야 한다. 축소된 도로공간을 이용하여 행랑 회복이 이루어지기 때문에 큰 어려움은 없겠지만, 주변 상가들의 상행위에 지장이 없도록 각종 조치를 취해야 한다. 그리고 복원비용 및 유지관리 차원에서 복원공간의 쇼핑·문화공간 임대 등 활용방안도 염두에 두어야 한다.

중심대로 회복을 위한 주요 과제

① 종로·남대문로·돈화문로의 형태와 경관 회복

옛 가로의 형태는 1912년 지적원도를 토대로 발굴조사를 진행하면서 그 흔적을 찾아 복원하도록 한다. 종로와 남대문로의 도로확장 부분은 행랑에 대해서도 발굴조사를 진행하여 그 흔적을 찾아 복원 가능성을 검토하도록 한다. 복원이 어려운 지역에 대해서는 행랑의 건축적 특징을 차용하거나 재해석하여 건축물 유도지침을 만들고, 이들 지침을 적용하여 저층부를 전통적 분위기의 경관으로 조성한다.

행랑의 조성취지에 따라 열 지어 선 장엄한 경관을 만들어낼 수 있도록 행랑은 개별적으로 보수된 조선 후기 형태보다는 조선 초기의 형태를 따르도록 한다. 형태를 추정할 수 있는 사료가 없기 때문에 발굴조사 자료를 바탕으로 최초의 행랑인 태종대의 흔적과 전기의 완성 형태인 세종대의 흔적을 감안하여 형태를 추정하였다. 물론 복원형태에 대해서는 향후 면밀한 고증과 논의과정을 거쳐 결정되어야 할 것이다. 복원된 공간은 상가점포, 안내소, 가로시설물, 회랑 등으로 활용하는 방안을 검토하도록 한다.

② 육조거리의 형태와 경관 회복

육조거리는 경복궁 축과 관악산의 화기를 막기 위해 틀었던 각도에 맞춰 조성하여 그 의미를 살리되, 그 주변으로 행랑을 만들어냈던 육조관아는 대상지별 여건을 감안하여 다양한 회복방법을 검토한다. 현재 빈 공간으로 있는 광화문 열린시민마당(의정부터), 세종로공원(사헌부·병조터), 정부종합청사(삼군부터) 주차장부지 등에 대해서는 전면부에 행랑과 관아 일부를 복원해가도록 한다. 특히 삼선공원과 육사경내에 있는 삼군부의 총무당과 청헌당은 원위치로 옮겨 복원하되 삼군부의 복원이 어려울 경우 재건이나 차용 및 재해석 등 그 의미를 되살릴 수 있는 방법을 검토하도록 한다. 회복된 육조관아 건물은 문화

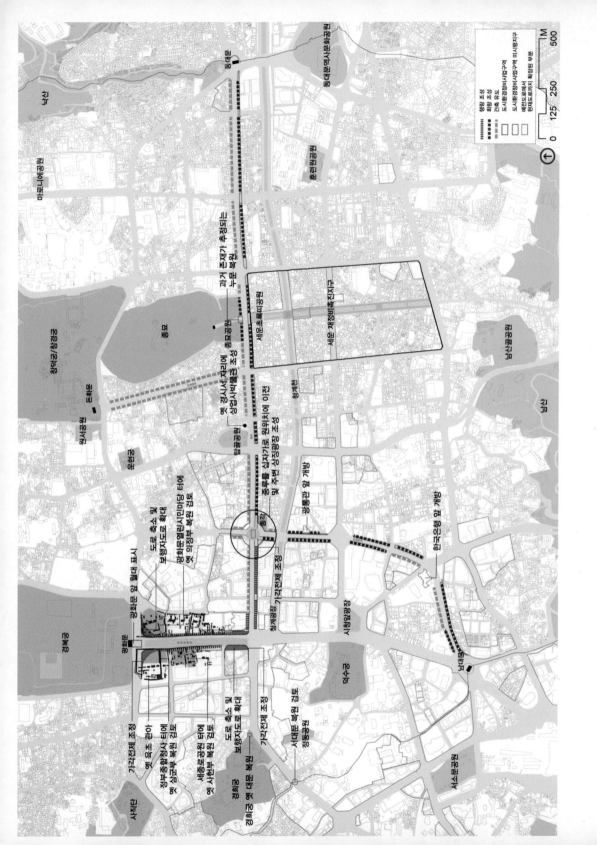

광화문 앞 월대 표시

도로 축소 및
보행자도로 확대

광화문앞열린시민마당 터에
옛 의정부 복원부 검토

과거 존재가 추정되는
누문 복원

종묘공원

세운초록띠공원

옛 경시서 자리에
상설시박물관 조성

종로를 심자가로 조성
및 주변 상징광장 조성

세운 재정비촉진지구

청계천

동대문

동대문역사문화공원

훈련원공원

마로니에공원

낙산

창덕궁/창경궁

도화문

원서공원

운현궁

탑골공원

광통관 앞 개방

한국은행 앞 개방

사직단

옛 육조 관아

정부종합청사 터에
옛 상군부 복원부 검토

세종문화공원 터에
옛 사헌부 복원부 검토

도로 축소 및
보행자도로 복원 검토

가구전체 조정

종각

청계광장 가구전체 조정

시청앞광장

남산위공원

남산

남산골공원

경복궁

광화문

경희궁

경희궁 옛 대문 복원

가구전체 조정

서대문 복원 검토
정동공원

덕수궁

숭례문

서소문공원

N
0   125   250   500   1M

조성 방향
조성 방향
건축 유도

현재도로에서
예정도로까지 확장된 부분
현재도로와청정원청사와건물사이도

시설 등 시민에게 개방하는 시설로 활용하는 방안을 마련하도록 한다.

③ 종루와 종묘누문 등 주요 상징시설 회복

종로의 상징인 종루를 십자가로 원위치로 이전하고, 주변을 상징광장으로 조성하는 방안을 검토하도록 한다. 그리고 종묘 전면부도 예전의 모습대로 광장 전면부에는 행랑을 재현하고, 종묘 진입부에는 누문을 복원하도록 한다. 또한, 종묘 옆 옛 경시서 자리에는 옛 시전행랑에 대한 역사적 자료 등을 전시하는 조선조 상업사 박물관을 조성하는 방안을 마련한다.

시설 회복을 위한 형태 고증

① 육조관아 및 행랑

현재 광화문광장은 북한산을 향한 경복궁 축과 관악산의 화기를 막기 위한 도로형태를 살리고 있지 못하며, 중앙에 배치되어 보행접근성과 소음·먼지·안전 등에 문제가 발생하고 있다. 하지만 조성된 지 얼마 되지 않아 광장을 전면 개선하는 것은 어려우므로 지속적인 모니터링을 통해 장기적인 접근을 해나간다. 또한 남측 도로폭이 협소해지는 도로형태, 현재 도로에 의해 잘려나간 육조관아 등 복원 시 현실적으로 해결해야 할 과제도 있다. 현행 도로형태를 고려하되 경복궁의 축과 화기를 막는 배치형태를 최대한 살리면서 보행접근성을 높일 수 있는 편측배치를 토대로 현재 빈 공간인 광화문 열린 시민광장, 세종공원, 정부종합청사 주차장 부지에 해당 관아를 재현하고, 기타 지역에는 행랑을 재현하여 경관을 회복하는 방향으로 검토하였다(다음 배치도 및 조감도 참조). 물론 해당 관아 및 행랑 복원은 추후 면밀한 고증을 거쳐야 할 것이다.[16]

....

16 육조관아 평면자료. 〈광화문외 제관아 실측평면도〉(1907~1910년 제작), 서울역사박물관 소장.

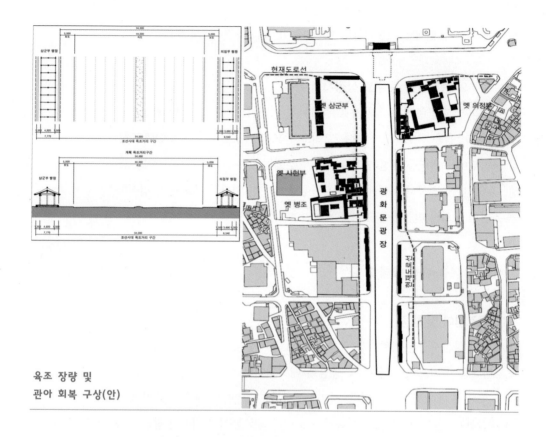

육조 장랑 및
관아 회복 구상(안)

② 시전행랑과 종각 · 종묘누문

종로는 대로중의 대로로서 많은 가로가 종로와 연결되어 있다. 행랑이 집합
적으로 어떻게 조합되었고 가로의 연결부분을 어떻게 처리했는지는 분명하지
않지만, 고려 개경의 장행랑과 한양도 및 각종 실록을 통해서 행랑의 형태는
일정단위로 분절된 긴 형태의 건물로 파악되며, 가로 연결부분에는 문을 두어
가로의 연속성을 확보했을 것으로 추정된다(부록 참조). 여기에서는 이러한 행
랑의 배치형태를 토대로, 남대문로와 만나는 십자가로 중앙에 종각이 있고 종
묘의 출입구에 누문이 있는 것으로 추정하였다(다음 조감도 참조). 또한 시전행
랑은 청진6지구 발굴자료를 토대로 태종 시기(맞거리 3량구조)를 거쳐 재축된
세종 시기(2구조 5량구조)의 것을 적용하였다. 종각은 세종 시대의 원형을 태종

회복방법에 대해서는 각계각층의 의견을 수렴하여 공론화를 통하여 결정되어야 한다. 그것이 발굴과 고증을 통한 복원이든 재현의 방법이든 재창조든 중심대로가 갖는 의미와 가치를 살려나가는 것이 중요할 것이다. 여기에서는 발굴과 고증을 통한 복원과 재현방법을 적용한 것이다. 아마도 중심대로변의 행랑이 남아 있었다면 이러한 분위기와 경관이었을 것으로 짐작된다.

종로 등 중심대로변 행랑 및 상징시설 회복 구상(안)

실록을 근거로 추정하였고, 종묘 앞 누문은 태종실록에 언급된 종각의 규모를 추정하여 제작하였다.[17] 이에 대한 세부 형태는 추후 엄정한 검토가 있어야 할 것이다.

....

17 육조대로 행랑의 배치와 형태, 시전행랑의 배치와 형태, 종각의 건축형태와 구조에 대한 사료검토는 부록 3에 수록되어 있으며, (주)금성종합건축사사무소와 (재)역사전통기술연구소가 공동 협력하여 수행하였다.

육조거리 회복 조감도

종로 십자가로 회복 조감도

종로 종묘 주변 회복 조감도

하천에 의한 도시조직의 조영원리

청계천은 한성의 중심부를 관통하며, 청계천의 지천과 세천은 산의 계곡에서 시작하여 도성 내에 실핏줄처럼 연결되어 있다. 동양의 모든 황도가 그랬던 것처럼 계획도시였던 한성을 격자형으로 계획하지 못한 이유가 여기에 있다. 다른 지역에서 물을 끌어올 필요가 없이 자연에서 나오는 물을 바로 상수원으로 사용할 수 있고, 자연적으로 배수가 되며, 홍수기에는 쌓인 오물을 한꺼번에 치우고 정화시키는 천혜의 인프라 기능을 하천이 담당했다. 또한 하천을 따라 만들어진 가로는 도시의 주요 이동통로였으며, 천변의 풍광 또한 아름다워 여기에 맞춰 도시를 만들어가는 것은 당연한 이치였다. 그래서 교토와 베이징, 장안뿐 아니라 경주와 평양에서도 볼 수 있는 왕도의 특징인 격자형 가로를 한성에서는 볼 수 없다. 이것이 국내외 다른 도시에서도 볼 수 없는 한성만이 갖는 독특성이며, 한성이 갖는 정체성의 정수는 여기에서 나오게 된다.

하천의 제방을 따라 자연스럽게 만들어진 이동통로와 평행하게 이면에 도로가 생겨나는가 하면, 이들 통로를 따라 수직으로 도로들이 뻗어 나와 자라나고 종국에는 막다른 도로로 끝이 난다. 이것은 우리가 자연발생적으로 형성된 도시에서 흔히 볼 수 있는 전형적인 나뭇가지형 도시조직이다. 구릉지에서 발달하고, 하천이 발달한 도시에서 흔히 볼 수 있는 도시조직이다. 이렇듯 자연지형과 하천을 따라 발달한 유기적인 도시조직에서 우리는 자연과 인간적인 분위기, 그리고 활기차고 풍요로운 정취와 풍광을 느낄 수 있다. 이것이 하천을 끼고 있는 도시에서만 볼 수 있는 다채롭고 아기자기하며 활동적인 도시정취인 것이다.

또한 하천을 따라 달라지는 주변의 경관과 물의 탁도는 신분사회였던 조선에서 도시를 만들어가는 질서로 작용하였다. 주변 풍광이 아름답고 맑은 물을 구하기 손쉬운 하천 상류 세천 지역은 한성의 주요 마을이 형성될 수 있는 좋은 조건을 갖춘 지역으로서 하천의 계곡은 조선의 지배계층이었던 양반의 차지였고, 이들을 중심으로 마을이 형성되었다. 하류로 갈수록 물이 더러워졌고, 하류는 홍수기에는 물이 넘쳐 주거지로 맞지 않는 지역이었다. 지천이 만나는 청계천 상류부는 경아전, 아전, 군교, 서얼 등 중인들의 세거지世居地였고, 청계천 하류부는 무속들이 살았다. 하천은 이러한 신분의 위계구조를 반영했으며, 마을을 형성하는 질서로서 도시를 만들어가는 틀인 것이다.

하천의 역할과 기능

한성의 자연적 독특성이 내사산으로 둘러싸인 입지에서 시작된다고 한다면, 한성의 인문적 독특성은 한성의 깊은 곳까지 뻗어 흐르는 하천에서부터 시작된다.[18] 한성에는 청계천을 중심으로 14개의 지천이 발달했으며, 도성 안에 76개의 다리가 있던 것으로 파악된다. 다음 지도에서 보는 것처럼 청계천을 중심으로 북악산 기슭에는 삼청동천, 원동천, 계생동천, 만리뢰, 북영천, 옥류천이 있었고, 남산 기슭에는 남산동천, 쌍리동천, 주자동천, 묵사동천, 필동천, 남소문동천, 창동천이 위치했다. 또한 인왕산 기슭에는 백운동천과 옥류동천이 위치했으며, 낙산 기슭에는 홍덕동천이 있었던 것으로 파악된다.

청계천과 그 지류들은 자연하천이면서 동시에 도시하천으로서 인공적 성격을 갖는다.[19] 계곡은 도시의 명승지로서 각종 사상·문학·예술의 발원지이자

---

18 산세에 비해 물이 불충분했던 개경에 비해, 한성은 내사산으로 둘러싸인 산간분지 특성을 가지면서 내사산에서 발원한 계곡물이 중심부를 관통하는 청계천으로 흘러 들어가 수리가 발달한 수향도시의 성격이 강했다. 북악산 기슭 삼청동천, 계생동천, 원동천 주변에는 북촌이 형성되었으며, 남산 기슭 남산동천, 묵사동천, 쌍리동천, 주자동천, 필동천 주변에는 남촌이 형성되었다. 또한 인왕산 기슭 백운동천, 옥류동천, 만리뢰 주변에는 현 서촌(우대)가 형성되었으며, 북악산 응봉 홍덕동천 주변에는 반촌이 형성되었다.

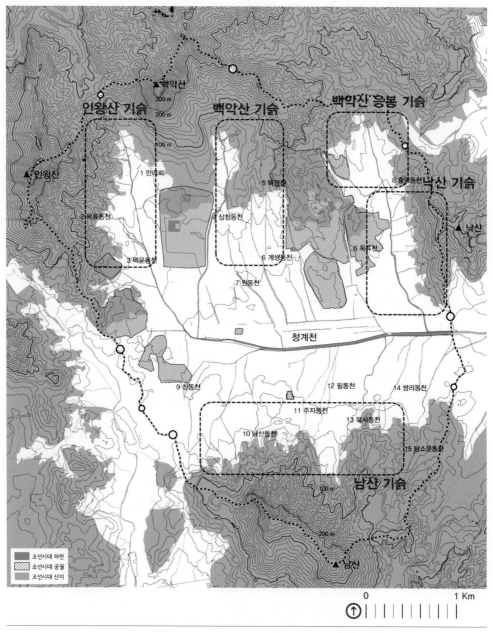

조선시대 한양의 주요하천과 산기슭

19 태종이 한성으로 환도하면서 개천도감을 설치하고, 하천범람을 막기 위하여 청계천 하

상수원이었으며, 하천은 주요시설이 들어선 마을의 중심공간이었고 하수구인 동시에 빨래터였다. 내사산 산록에 위치한 계곡 주변은 풍수상 이상적인 주거 지로서 바람을 갈무리하고 물을 얻을 수 있는 곳으로 마을의 발원지였다.[20] 즉 한성 내 마을은 하천을 중심으로 물의 사용 범위와 장소에 따라 마을 영역과 구조가 결정되었던 수연水緣마을의 성격이 강했고, 이것은 한성의 정취와 분위 기를 결정했다. 이렇게 하천을 따라 자연스럽게 형성된 유기적인 도시조직은 한성을 하천과 어우러져 신비스럽고 인간적이며 활력이 넘치는 아름다운 도시 공간으로 만들어냈다. 하지만 조선 후기에 들어 인구가 급증하여 하수로로서 하천의 부정적 기능이 부각되면서 하천은 가려야 할 것으로 인식되었다. 하천 의 복개로 하천이 시야에서 사라지면서 한성의 꾸불꾸불한 도시조직은 존재 이유를 잃어버렸고, 천변에 형성된 마을의 정취와 문화도 같이 사라져갔다. 한 성의 문화를 드러내는 중요한 요소가 사라진 것이다.

따라서 하천을 회복한다는 것은 물리적으로는 한성의 명승지를 회복하는 것이며, 마을의 중심공간을 회복하는 것을 의미한다. 하천의 회복을 통해 우리 는 유기적으로 형성된 도시조직의 존재이유를 드러내 한성의 정취와 분위기, 그리고 하천에서 발원했던 사상·문학·예술 등 문화를 되살릴 수 있게 된다.

또한 하천은 주거지를 형성하는 발원지의 역할 외에도 신분사회로서 주거 지를 분화시키고 성격을 규정하는 질서를 제공했다. 물론 주거지의 입지는 궁 궐 및 관아의 위치와도 깊은 관계가 있다.

양질의 식수와 땔감 확보가 용이하고 수석水石이 뛰어나며 홍수에도 비교적

상을 파내고 폭을 넓혀 제방을 쌓고 다리를 놓는 개천공사를 추진하였으며, 세종 때에도 일부 준천사업이 계속되었고, 영조에 와서 청계천과 일부 지류의 하상을 파내고 석축을 쌓는 대규모 준천사업이 추진되었다.

[20] 『택리지』에서도 계거溪居를 가장 이상적인 주거지로 뽑았다. 계거는 양질의 식수와 땔 감 확보가 용이하고, 일조가 좋으며, 산을 등지고 있기 때문에 겨울에는 찬바람이 막혀 덜 춥고 여름에는 시원한 입지적 장점을 가질 수 있었다.

안전한 상류지역에는 양반들이 자리를 잡았다.[21] 백악산, 인왕산, 낙산, 남산 기슭 등 상류지역에는 북촌, 남촌, 우대(상촌), 동촌 등 양반의 주거지가 주로 형성되었다. 이들 내사산 기슭 계곡에 위치한 마을들은 한성의 전형적인 전통 주거지로서 성리학을 기반으로 한 조선의 건국 주체세력인 사대부들의 정치, 사상과 학문적 이야기가 깃든 공간이면서, 중인과 가랍집 등 서민들과 섞여 살면서 만들어진 이야기가 스며 있는 생활공간이기도 했다.

또한 이들 상류 지천이 모이는 청계천변 중촌과 아래대 지역에는 아래 인용문에서 보듯이 중인(경아전층, 기술직 중인, 시전상인, 군교)의 주요 거주지가 형성되었다. 성균관 주변의 반촌은 문묘가 자리 잡고 있었던 까닭에 성내 치외법권 지역으로 유생들의 음식과 하숙을 제공하는 특수계급인 반촌인(천민)이 거주하였다.

> …동촌에는 소북, 중촌에는 중인, 우대는 육조 이하 각사에 소속한 이배吏輩, 고직庫直 족속들이 살되 특히 다동, 상사동 등지에 상고商賈가 살았고, 아래대는 각종의 군속軍屬이 살았으며, 특히 궁가를 중심으로 하여 경복궁 서편 누하동 근처는 서위 대전별감大殿別監(궁가의 경아전과 같은 신분)파들이 많이 살고, 창덕궁 동편의 원남동, 연지동 근처는 무감武監 족속이 살았으며, 동소문 안 성균관 근처는 관인이 살고, 왕십리에는 군총軍銃들이 살고….
> ―「옛날 경성 각급인의 분포상황」, ≪별건곤≫, 1929년 9월호

> 옛날의 반촌은 하마비 남쪽에 길 하나 가로로 뚫렸으니, 반촌의 경계는 여기서 분명해지네. 지금 돌을 세워 표시한 곳 어디메뇨? 경모궁 연지의 연꽃이 핀 곳이라네. ―윤기, 『반중잡영泮中雜詠』

<hr>

[21] 단, 서촌에서는 양반과 중인계급이 섞여 살았다.

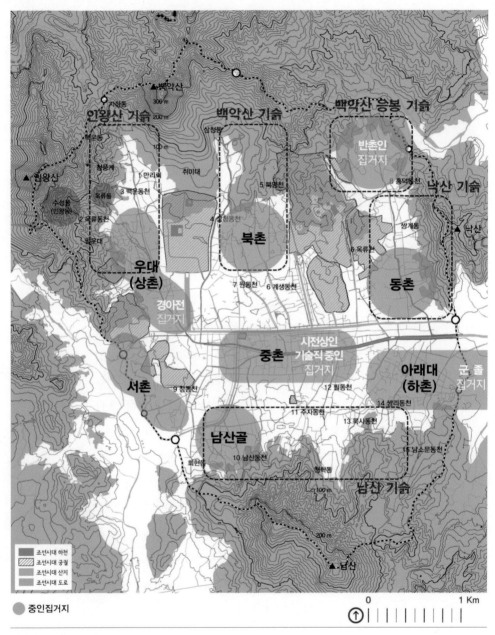

인왕산 기슭

백악산 기슭

백악산 응봉 기슭

▲백악산
309 m

자하동

200 m

삼청동

백운동

취미대

반촌인
집거지

흥덕동천

만리뢰

100 m

5 북영천

▲인왕산

청풍계

낙산 기슭

3 백운동천

옥류동

4 삼청동천

쌍계동

▲낙산

수성동
(인왕동)

옥류동천

북촌

6 옥류천

필운대

우대
(상촌)

7 원동천

6 계생동천

동촌

경아전
집거지

시전상인
기술직중인
집거지

중촌

아래대
(하촌)

군졸
집거지

서촌

9 청동천

12 필동천

14 쌍리동천

11 주자동천

13 묵사동천

남산골

10 남산동천

15 남소문동천

회현동

청학동

100 m

남산 기슭

200 m

▲남산

조선시대 하천
조선시대 궁궐
조선시대 산지
조선시대 도로

중인집거지

0   1 Km

조선시대 한양의 주거지 분화

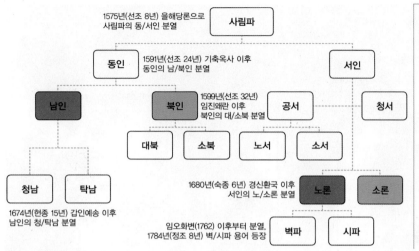

1575년(선조 8년) 을해당론으로
사림파의 동/서인 분열

사림파

1591년(선조 24년) 기축옥사 이후
동인의 남/북인 분열

동인

서인

1599년(선조 32년)
임진왜란 이후
북인의 대/소북 분열

남인

북인

공서

청서

대북

소북

노서

소서

청남

탁남

1680년(숙종 6년) 경신환국 이후
서인의 노/소론 분열

노론

소론

1674년(현종 15년) 갑인예송 이후
남인의 청/탁남 분열

임오화변(1762) 이후부터 분열.
1784년(정조 8년) 벽/시파 용어 등장

벽파

시파

특히 마을은 권문세가들의 집터를 중심으로 분화되고 발전되었다. 이들 마을은 권문세가들이 대대로 살아오면서 자리를 잡은 집거지의 성격을 가졌으며, 조선 중기 이후 붕당정치가 시작되면서 학문적으로 뜻을 같이했던 동일 학통의 붕당 세거지를 형성하여 학연적 속성도 갖게 되었다. 아래 인용문에서 보듯이, 북촌은 궁에 가까운 지역으로서 주로 집권세력이 기거하였으며, 중기 이후에는 노론 세력이 기거하였다. 우대(현 서촌)도 서인들의 세거지로서 이후 노론들이 많이 기거했으며, 서인들이 처음 기거했던 서촌(현 서촌과 다르며 서대문 부근을 가리킴)에는 이후 소론들이 기거하였다. 동인이 처음 기거했던 동촌에는 소북이 주로 거주하였으며, 남촌에는 동인에서 갈라진 남인과 무반들이 거주하였다. 이들 마을은 학문·사상적으로 명확하게 구분되는 것은 아니나, 학풍의 발원지이자 붕당의 세거지로서 학문과 사상 등 많은 이야기가 이곳을 중심으로 집적되어 있다.

동·서·남·북의 네 촌에는 양반이 살되, 북촌에는 문반, 남촌에는 무반이 살고 또 같은 문반의 양반이로되 서촌에는 '서인'이 살았으며, 그 후 서인이 다시 노

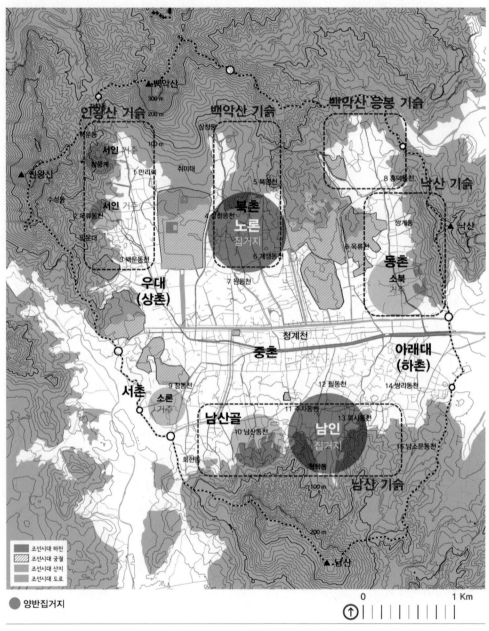

조선시대 한양의
양반 집거지

론·소론으로 나뉘고 동인이 다시 남인·북인 또 대북·소북으로 나뉨에 미쳐서는 서촌[22]은 소론, 부촌은 노론, 남촌은 남인이 살았다고 할 수 있으나, 사실은 소론까지 잡거하되 주로 무반이 살았다.

　　　　　　　—「옛날 경성 각급인의 분포상황」, ≪별건곤≫ 1929년 9월호

　　처음에 나는 서울 북쪽의 옥류동에 살았다. 서울의 북쪽은 사대부로 세거하는 자들이 많은데, 청풍의 김씨와 자하의 남씨와 옥류의 유씨가 가장 오래되었으므로, 세 성씨들은 선대로부터 대대로 소목을 밝히며 사이좋게 지낸다.

　　　　　　　　　　　　　　　　　　— 18세기 유한준(노론)[23]

　　또한, 도성 안 명승지들은 모두 하천이 시작되는 내사산 산록 계곡부에 위치하고 있으며, 이곳에서 사람들은 자연을 즐기고 모여서 시를 읊었고 학문을 논했다. 특히 북악산 자락의 삼청동과 취미대, 남산 자락의 청학동, 낙산의 쌍계동이 유명했으며, 인왕산 자락에서는 필운대와 수성동, 청풍계, 자하동이 유명했다.

　　이와 같이 하천은 한성의 유기적인 도시조직 특성을 형성하는 질서를 제공하였으며, 마을을 형성하는 발원지였고, 주거지를 분화시키는 역할을 하였다. 또한, 한성의 정취와 분위기를 형성하는 주요 요인이었으며, 명승지이자 다양한 사상·문학·예술 등 문화의 근거지로서 의미와 가치를 갖는다.

....
22　이 글에서 서촌은 서소문 일대를 칭한다.
23　유한준, 『자저自著』, 권 17.

한양 5동

서울 성안에 경치 좋은 곳이 비록 적으나 그런 중에 놀 만한 곳으로 삼청동이 제일이고 다음이 인왕동이며 쌍계동, 백운동이 그다음이다. 청학동은 남학의 남쪽 동네로 골이 깊고 물이 맑아 찾을 만하다.

— 성현成俔,『용재총화』, 10권 중 제1권(1525/중종 20)

정선의 〈장동팔경첩壯洞八景帖〉 중 명승지

백운동白雲洞, 청풍계淸楓溪, 수성동水聲洞, 자하동紫霞洞, 취미대翠微臺

삼청동 일대(백악산 기슭)

삼청동 골짜기는 바위와 비탈이 깎아지른 듯 나무도 그윽이 우거진 속으로 높은 데서 흐르는 물이 깊은 연못을 짓고 다시 물은 돌바닥 위로 졸졸 흘러 이곳저곳에서 가느다란 폭포를 이루며 물구슬마저 튀기곤 하여 여름철에도 서늘한 기운이 감돌아서 해마다 한여름이면 서울 장안의 놀이꾼 글선비는 말할 것 없고 아낙네들까지도 꾸역꾸역 모여들어서 서로 어깨를 비빌 만큼 발소리도 요란하였다.

— 장지연,『유삼청동기遊三淸梂記』(1900)

청학동 일대(남산 기슭)

매화꽃 이미 지고 살구꽃 피니 / 이곳 경치 이렇듯 천연스럽네 / 미투리에 대지팡이 어울린 것이 / 산골짝 맑은 물에 저 물고기 혼자 노네.

— 이행,『용재집容齋集』(1589)

필운대弼雲臺, 청풍계 일대(인왕산 기슭)

필운대의 살구꽃, 북둔(성북동 일대)의 봉숭아꽃, 홍인문 밖의 버들, 천연정(서대문 밖)의 연꽃, 삼청동과 탕춘대(세검정 일대)의 수석水石을 찾아 시인·묵객들이 많이 모여들었다. — 유득공(1749~?),『경도잡지』(정조 때로 추정)

백악산이 청풍계 북쪽에 웅장하게 솟아 있고 인왕산이 그 서쪽을 에워싸고 있는데, 개울 하나가 우레처럼 흘러내리고, 세군데 못이 거울같이 펼쳐져 있다. 서남쪽 여러 봉우리의 숲과 골짜기가 더욱 아름답다.

— 동야 김양근(1734~1799),『풍계집승기』(정조 때로 추정)

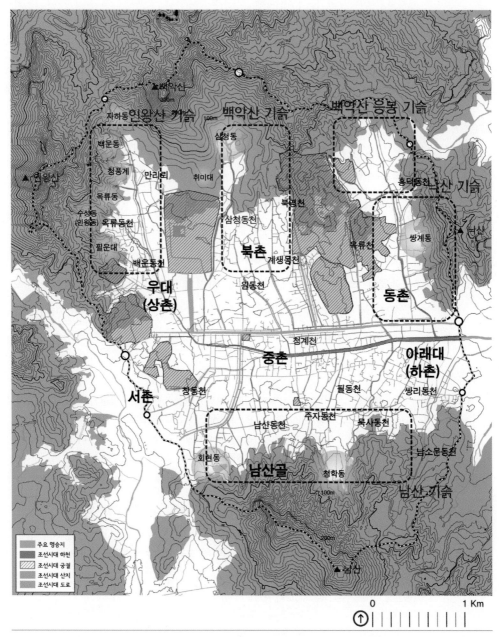

인왕산 기슭

백악산 기슭

백악산 응봉 기슭

자하동

백운동

청풍계

만리리

취미대

삼청동

인왕산

옥류동

수성동
(인왕동) 옥류동천

필운대

백운동천

삼청동천

북영천

계생동천

옥류천

쌍계동

낙산 기슭

홍덕동천

낙산

우대
(상촌)

북촌

원동천

동촌

청계천

중촌

아래대
(하촌)

서촌

창동천

남산동천

주자동천

목사동천

쌍리동천

회현동

남산골

청학동

남소문동천

남산 기슭

남산

100m

200m

주요 명승지
조선시대 하천
조선시대 궁궐
조선시대 산지
조선시대 도로

0   1 Km

조선시대 한양의 주요명승지

천변 마을의 주요 공간구성요소

한성 내 마을은 물길을 중심으로 발달했다. 물길은 마을의 주요 이동통로이자 식수원이며 하수로로서 마을을 구성하는 중심축이며, 마을의 주요 행사나 활동을 담는 주요 공공장소의 역할을 수행했다. 또한 하천의 지점에 따라 서로 다른 기능과 역할을 했다. 산록 계곡은 마을의 상수원으로서 여가휴식공간의 역할을 수행했으며, 시가지와 만나는 마을 초입부는 시가지와 만나는 공간으로서 여러 관공서가 입지했다.

그리고 하천을 가로질러 주요 가로들을 연결하는 교각은 한성 지역 내에만 약 80여 개가 산재되어 있던 것으로 파악된다. 이들 교각은 교통의 결절지로서 사람들이 모이는 활동공간이었으며, 하천의 정취와 야간풍광을 즐기는 주요 공공장소로서 다리밟기, 연날리기 등 다양한 행사가 열리던 곳이다. 따라서 물길과 교각 주변에는 서민의 삶과 풍속을 파악할 수 있는 수많은 이야기가 스며

주요 물길과 그 역할	물길	마을의 중심축로 및 도시하수로	백운동천(우대), 삼청동천/원동천/계생동천(북촌), 흥덕동천(동촌), 남산동천/창동천/묵사동천(남촌)
	산록 계곡	여가휴식공간 및 식수확보	삼청동, 백운계(청풍계), 수성동, 필운계곡, 옥류동, 서반수계곡, 쌍계동계곡, 청학동
	마을 초입 결절지	주요 관공서 입지	장악원, 혜민서, 염초청, 장생전, 주자소, 전도감, 도화서, 장흥고 등
주요 마을과 청계천에 위치한 교각	북촌		장생전교 터, 북창교 터, 금천교 터, 칠교 터, 십자각교 터, 중학교 터
	남촌		유상무침교 터, 하무침교 터, 석교 터, 필동교 터, 주자교 터, 주각교 터
	동촌		토교 터, 지낙교 터, 광혜교 터, 옥천교 터, 장경교 터, 황교 터, 이교 터
	우대(현 서촌)		신교 터, 자수궁교 터, 기린교 터, 서영교 터, 금청교 터, 종침교 터, 북어교 터, 승전색교 터
	중촌 및 아래대(하촌)		(상) 소기교 터, 혜정교 터, 파자교 터, 철물교 터 (하) 군기시교 터, 마장통교 터, 소광통교 터, 통현교 터, 부동교 터, 염초교 터, 어청교 터, 정녕교 터, 전도감교 터 (청계천) 묵전교 터, 광통교 터, 광교 터, 수표교 터, 관수교 터, 하량교 터, 효경교 터, 배오개다리 터, 마전교 터, 오간수교 터

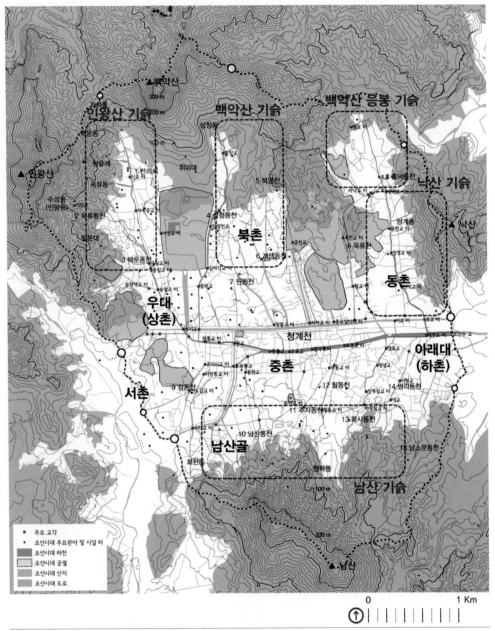

백악산 <!-- labels on the map -->
300 m
인왕산 기슭
백악산 기슭
백악산 응봉 기슭
개운동
100 m
백운동
삼청동
삼청교
5 북영천
취미대
낙산 기슭
인왕산
청풍계
1 만리뢰
성시교 터
옥류동
황토교 터 흥덕동천
사재감 터
2 옥류동천
낙산
쌍계동
송석원 터
쌍계천 터
북촌
6 옥류천
백운대
4 삼청동천
쌍청교 터
금위영 터
3 백운동천 백록교 터
6 계생동천
7 원동천
동촌
자교 터
동영교 터
송첨백교 터 영수교 터
종각 터
영교 터
우대
(상촌)
청계천
아래대
(하촌)
관수교 터
어교 터
송기교 터 철물교 터 영풍교 터 오간수 2
중촌
서촌
구리개시교 터 장통교 터 청녕교
이장동교 터 동현교
9 정동천 효경교 터
장교
12 필동천
14 생리동천
11 주자동천
13 묵사동천
남산골
옥교 터
10 남산동천
15 남소문동천
수각교 터
회현동
청학동
남산 기슭
100 m
200 m
남산

주요 교각 <!-- legend -->
조선시대 주요관아 및 시설 터
조선시대 하천
조선시대 궁궐
조선시대 산지
조선시대 도로

0   1 Km

조선시대 한양의 물길과 교각

지도제작_ 도성도(1788) / 도성대지도(18세기 중반) / 한양 도성도(19세기 초).

마을별 권문세가의 가옥	북촌	성삼문 집터, 맹사성 집터, 조광조 집터, 율곡이이 집터
	남촌	유성룡 집터, 이안눌 집터, 충무공 집터, 박팽년 집터, 임경업 집터, 이행 집터, 정광필 집터, 이항복 (옛)집터, 윤선도 집터
	우대 (현 서촌)	김상용 집터, 정철 집터, 성수침 집터, 김상헌 집터, 안평대군 집터 겸재정선 집터, 김정희 집터, 이항복 집터
	기타	퇴계이황 집터(서소문동 일대), 송시열 집터(흥덕동천 상류 일대)

있는 생활공간으로서 의미를 갖는다.

하천을 중심으로 마을의 구심 역할을 수행했던 것은 지역에 수대를 거쳐 기거하면서 자리 잡았던 권문세가이다. 이들 저명한 성리학자, 문장가, 재상, 장군 등 권문세가들은 지배계급으로서뿐만 아니라 정신적인 지주로서, 이들 집터는 마을의 상징적인 공간으로서 마을의 공간구조를 지배했다. 이들은 조선의 건국을 주도했던 세력으로서 조선의 정치·사회·문화를 창조했던 주류 세력이다. 특히 현실참여적인 성향이 강했던 성리학자들은 정치참여뿐 아니라 철학과 시가문학, 문인화 등 문학·예술 등 다방면에서 많은 기여를 한바, 이들의 사상과 학문·예술은 이들이 모여 살았던 세거지를 중심으로 형성되고 발전하였다. 우대(현 서촌) 청풍계·장의동 일대에 자리 잡고 수대에 걸쳐 살았던 김상헌·김상용·김수항 등 장동 김씨 세거지와 회현동 일대에 자리 잡았던 정광필 등 회동 정씨 세거지는 많이 알려져 있다. 특히 조식·서경덕·유형원 등 평생 학문에만 정진했던 일부 학자를 제외하고는 우리나라 유학계보를 형성하는 학자 대부분이 서울에 근거지를 두고京居 활동했다.

이들 지역에는 권문세가 외에 조선조 이후 일제강점기와 해방 이후에 활동했던 위인들의 집터도 많은바, 역사적 장소로서 풍부한 이야깃거리를 제공한다. 일제강점기를 거치고 해방 이후에도 활동했던 독립운동가, 문학가, 예술가들의 집터는 서로 다른 역사의 켜 속에서 의미를 갖는 중요한 공간이다. 현재 북촌과 우대(현 서촌) 지역에는 신익희·윤보선·한용운 등 독립운동가에서부터 고희동·이상범·박노수 등 화가와 이상·노천명·윤동주·박인환 등 시인·

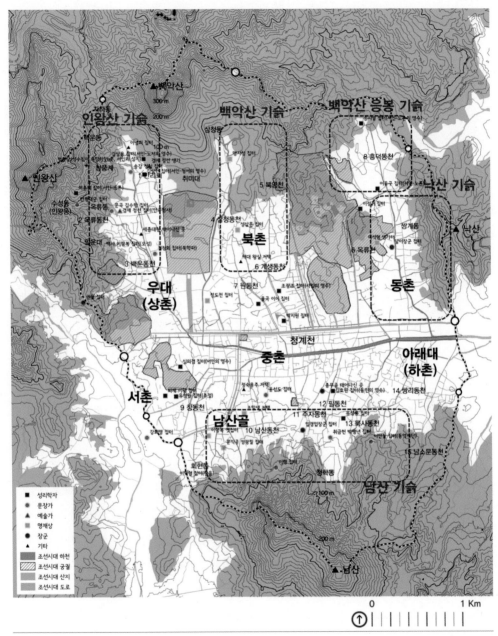

인왕산 기슭

백악산 기슭

백악산 응봉 기슭

낙산 기슭

8 흥덕동천

북촌

5 북영천

4 삼청동천

6 옥류천

3 백운동천

우대
(상촌)

6 계생동천

동촌

7 원동천

청계천

중촌

아래대
(하촌)

서촌

14 쌍리동천

9 창동천

12 필동천

남산골

11 주자동천

13 묵사동천

10 남산동천

15 남소문동천

회현동

남산 기슭

■ 성리학자
● 문장가
▲ 예술가
◆ 명재상
● 장군
▲ 기타
■ 조선시대 하천
▨ 조선시대 궁궐
▨ 조선시대 산지
▨ 조선시대 도로

0   1 Km

조선시대 한양의 권문세가 가옥

지도제작_ 김영상, 『서울六百年』 1, 「북악·인왕·무악기슭」/2, 「남산·남산기슭」/3, 「창덕궁·창경궁·응봉기슭」(대학당, 1994).

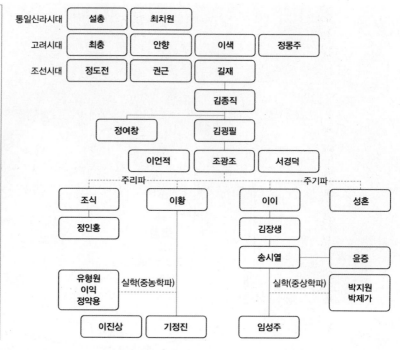

저명한 유학자들의 사상 계보

소설가 등이 거주했던 공간이 아직도 남아 새로운 시대를 열고자 했던 근대 지식인의 아픔과 고뇌를 읽을 수 있다.

> 이상과 18세 동갑내기로서 통동 154번지 그의 백부 집에서 처음 만났을 때 그는 이미 시작에 열을 올리고 있었다. … 이렇게 2년을 보낸 뒤 스무 살에 접어들자 상은 입버릇처럼 말하기 시작했다. '난 문학을 해야 할까 봐.' 이 말은 화가를 꿈꾸던 그의 내부에 결정적 변화가 생긴 것을 의미했다. 그는 화구를 돌보지 않게 되었고 문학 쪽으로 완전히 기울어진 것 같았다.
>
> ─ 문종혁,[24] 「몇 가지 이의」, ≪문학사상≫(1974.4)

----

[24] 문종혁은 문인 이상李箱의 벗으로서, 학창시절 5년을 그와 함께 보낸 바 있다.

북촌	고희동(서양화가) 가옥, 배렴(한국화가) 가옥, 한용운(독립운동가/시인) 가옥, 박인환(시인) 가옥, 윤보선(독립운동가/정치가) 생가, 지석영(의사/국문학자) 집터 등	해방 전후 문학·예술인 가옥
우대 (현 서촌)	이상범(한국화가) 가옥, 박노수(한국화가) 가옥, 신익희(독립운동가) 가옥, 이상(소설가) 집터, 노천명(소설가) 가옥, 윤동주(시인) 하숙집	
기타	이승만 이화장(독립운동가), 장면(정치가) 가옥	

북촌	옥호정, 취운정(일가정 포함), 백록동 정자, 운룡정	마을별 명문세가의 누정
남촌	쌍회정, 화수루, 칠송정, 홍엽루, 녹천정, 율정, 귀록정, 노인정, 백운루,* 비파정,* 송송정*	
동촌	백림정, 이화정, 일옹정, 석양루, 조양루	* 다음 누정은 위치확인이 되지 않은 것으로 지도상 표시에서 제외되었음.
우대 (현 서촌)	독락정, 낙송루, 태고정, 등룡정, 삼승정, 백호정(풍소정), 청휘각, 송석원(일양정), 대송정(태극정), 등과정, 황학정, 동락정,* 칠송정*	

그 무렵 우리의 일과는 대충 다음과 같다. 아침 식사 전에는 누상동 뒷산인 인왕산 중턱까지 산책을 할 수 있었다. 세수는 산골짜기 아무데서나 할 수 있었다. 방으로 돌아와 청소를 끝내고 조반을 마친 다음 학교로 나갔다. 하학 후에는 기차편을 이용했었고 한국은행 앞 전차로 들어와 충무로 책방들을 순방하였다. … 누상동 9번지로 돌아가면 조여사가 손수 마련한 저녁 밥상이 기다리고 있었고, 저녁 식사가 끝나면 김 선생의 청으로 대청마루에 올라가 한 시간 남짓한 환담 시간을 갖고 방을 돌아와 자정 가까이까지 책을 보다가 자리에 드는 것이었다. 이렇게 보면 매우 단조로운 것 같지만 지금 생각하면 참으로 알찬 나날이었다고 생각된다.

— 정병욱, 「잊지 못할 윤동주의 일들」, ≪나라사랑≫ 23집, 외솔회

그리고 하천 상류부 계곡 풍광이 뛰어난 곳에는 누정樓亭을 지어 사대부들의 학문도야, 휴식, 정사의 논쟁공간으로 활용하였고, 일반인은 꽃놀이나 풍류를 즐기는 여가휴식공간으로 이용하였다. 특히 이곳에는 바위에 글자를 새긴 각자刻字가 있어 의미를 더하며, 이들 공간은 조선 후기에 발달하기 시작한 진경산수의 대상이 되어 그림으로도 남아 있다. 정선이 그린 〈수성동〉, 〈청송당〉, 〈백운동〉 등 장동팔경과 〈청풍계〉, 그리고 이인문의 〈송석원시회도松石園詩會

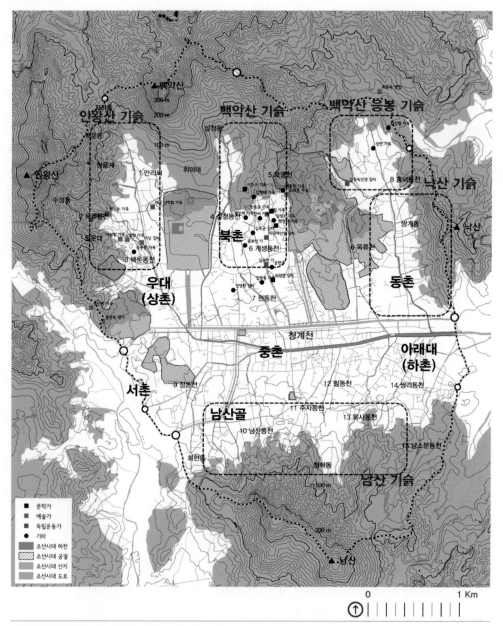

조선시대 한양의 권문세가외 문학·예술인 가옥

지도제작_ 김영상, 『서울六百年』 1, 「북악·인왕·무악기슭」/2, 「남산·남산기슭」/3, 「창덕궁·창경궁·응봉기슭」(대학당, 1994).

圖〉, 김홍도의 〈송석원시사야연도松石園詩社夜宴圖〉 등은 한성의 풍광을 생생하게 전달하고 있다. 또한 이들 계곡은 시단의 중심공간으로서, 옥류동천은 조선 후기에 들어 중인이 주축이 되어 발달한 옥계시사玉溪詩社(송석원시사)[25]의 무대가 되었으며, 쌍리동천은 조선 중기 당대 문인들이 모여 풍악을 즐기면서 시를 지었던 동악시단[26]의 무대가 되기도 했다. 옥류동천이 시작되는 곳에 소나무와 바위로 둘러쳐진 곳에 옥계시사의 중심인물인 천수경의 거처인 송석원이 있었고, 송석원을 중심으로 활동하였다. 송석원시사의 모습은 이인문의 〈송석원시회도〉와 김홍도의 〈송석원시사야연도〉를 통해 그 모습을 간접적으로 파악할 수 있다. 즉 산수가 뛰어난 계곡은 한성의 여가문화를 담당했던 주요 공공장소로서 당대 문학과 예술의 발원지 역할을 수행하였다.

맑고 얕은 옥계수 / 아늑한 청풍계 산기슭. 천 년 전 왕희지와 사안의 놀이가 / 지금은 벌써 옛일이 되었네. 아름다워라 우리 시사의 글벗들이여 / 예전엔 우리 함께 대빗자루를 타고 놀았지. 산이 높으면 물도 더욱 길어지니 / 우리 늙을 때까지 서로 좇아 노니세. — 천수경, 『옥계십이승첩玉溪十二勝帖』(1786)

이안눌(1571~1637)의 옛 집이 낙선방 묵사동에 있는데 그곳 금파정 위에 시단이 있다. —『동국여지비고』

....

25 천수경千壽慶(?~1818)을 중심으로 서울의 중인계층이 옥류천변의 송석원에서 1786년 7월 16일에 결성하여 1818년까지 활동한 문인단체. 전국 규모의 시회를 1년에 두 차례 개최했다. 장혼, 김낙서, 왕해, 조수삼, 차좌일, 박윤묵 등이 참여했으며 주로 자신들의 신분과 경제적 불평등에 대한 불만을 담은 작품을 남겼다. 이들 작품은『풍요속전』,『소대풍요』등 간행물로 남아 있다.
26 동악 이안눌東岳 李安訥(1571~1637)이 주축이 된 문인단체로서 크게 이름을 떨쳤다. 주요 활동 공간은 현재의 동국대학교 자리였다. 당시 시루詩樓 주변 바위에 새겨진 각자가 동국대학교 박물관에 보관되어 있다. 주요 문사로는 정철의 제자였던 권필을 비롯하여 이호인, 홍서보, 이정구 등이 있다.

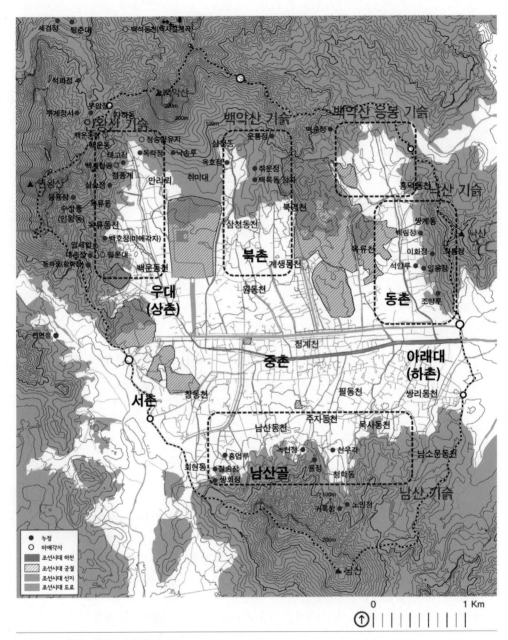

세검정　탕춘대　　　　　백석동천(백사실계곡)

석파정

북계청사　　부암정　차하동　백악산
　　　　　　　　　　　　　　　300m
　　　　　　　　　인왕산 기슭　　　200m　　백악산 기슭　　백악산 응봉 기슭
백운동문　청송당유지　　　삼청동　운룡정　　벽송정
태고정　　독락정　낙송루　　　　100m
백련봉동　정풍계　　옥호정　　취운정
인왕산　삼유정　　만리뢰　취미대　　백록동 정자　　　홍덕동천　남산 기슭
청휘정
　수성동　옥류동　　　　　북영천　　옥류천　　　쌍계동
　(인왕동)　　　　　삼청동천　　　　　　백림정　　　　낙락정
　　옥류동천　백호정(미애각자)　　　　　　　　이화정　　일홍정
　　　임세빈　필운대　　백운　　　계생동천　　석양루
대송장　　　　　원동천　　　　　　　조양루
동파헌환취정　백운동천　　　　　　
　　　　우대　　　　　　　북촌　　　　　　동촌
　　　　(상촌)　　　　　　　　　　　아래대
　　　　　　　　　　정계천　　　　　　(하촌)
천연정　　　　　　　중촌
　　　　　서촌　　　　　　필동천　　쌍리동천
　　　　　창동천　　남산동천　주자동천　목사동천
　　　　　회현동　　홍엽루　녹천정　천우각　닉소문동천
　　　　철숭장　　　　　율정　청학동
　　　쌍회정　　남산골　　　
　　　　　　　　　　100m　　　　남산 기슭
　　　　　귀록정　노인정
　　　　　　　　200m

● 누정
○ 마애각자
　조선시대 하천
　조선시대 궁궐
　조선시대 산지
　조선시대 도로

0　　　　　　　　1 Km

조선시대 한양 명문세가의 누정

지도제작_ 임의제, 「조선시대 서울 누정의 조영특성에 관한 연구」, ≪서울학연구≫(1995).

하천 및 천변 정취와 이야기 회복방향

하천을 회복한다는 것은 내사산 기슭 마을을 형성했던 지천과 세천을 회복하여 청계천과 연결하는 것을 말한다. 현재 복개되어 하수로로 쓰이는 공간을 열어 양안에 석축을 쌓아 개천공사 내지는 준천공사를 했던 당시의 모습으로 회복하고, 마을의 중심공간이었던 계곡과 물길 주변의 주요 공공공간을 회복하여 천변의 정취와 풍광을 회복하는 것이다. 이러한 도시하천의 회복에서 더 나아가 하천이 가진 생태적 기능과 함께 하천을 중심으로 발원했던 사상과 학문, 문학, 예술 등을 아우르는 이야기의 회복을 포함한다.

하천은 다양한 생물의 서식공간으로서 도시의 온도와 습도를 조절하고 공기를 정화하여 도시를 쾌적하게 만든다. 또한 천변은 다양한 생물종이 하천과 어우러져 시간과 장소에 따라 다양한 볼거리를 제공하고, 사람들의 여가활동을 유도하여 도시의 활력을 높이는 역할도 한다. 이러한 하천의 생태적·위락적 기능은 도시 내에서 시민들이 모이는 중요한 공공공간의 역할을 하도록 하며, 환경이 강조되는 미래에 이러한 하천의 역할은 더욱 중시될 것으로 예상된다. 따라서 하천정비와 연계한 도시재생사업은 도시활력을 살리는 수단으로서 지속적으로 활용되어왔다. 우리는 청계천 복원사업을 통해서 이러한 효과를 확인했으며, 미국 샌안토니오의 리버워크River Walk와 일본 오사카의 도톤보리道頓堀 등 많은 사례를 보아왔다.

하천 회복의 필요성에 대해서는 모두 인정하지만, 하천의 회복 형태에 대해서는 논란이 예상된다. 청계천을 복원하면서도 자연형 하천과 인공하천을 놓고 많은 찬반논란이 있어왔고, 물을 끌어와서 흘리는 인공적인 방법에 대해서도 비판이 많았다. 청계천에서 불가피하게 물을 끌어오는 방법을 선택했던 것이 상류의 수원 확보의 어려움에서 온 것이라면, 지천과 세천의 복원을 통해서 이러한 문제는 대체로 해소될 수 있을 것이다. 따라서 하천은 수차례의 개천사업과 준천사업을 통하여 물길을 가지런히 하고 양안에 석축을 쌓았던 인공하천으로서의 역사와 함께 이곳에 담겨 있는 서민의 삶과 이야기를 회복하면서, 하천의 생태적 기능을 살려 도시의 쾌적성을 높이고, 친수공간을 만들어 시민의 다양한 여가·위락활동도 담아내야 한다. 교토와 도쿄의 많은 하천도 이러한 생태·역사·여가·위락의 역할을 담아 새롭게 정비되고 있다. 역사도시 속에서 하천은 자연을 바탕으로 역사와 생활 모두를 담아낼 것을 요구한다.

특히 내사산 기슭에 위치한 지천과 세천은 주변 자연과 서로 연결된 생태적인 공간이며, 마을이 발원했던 중심공간이자 공공장소로서 인문적인 사상과 학문, 문학, 예술 등 이야기가 담긴 역사적인 공간이다. 따라서 현재 하수로와 하천기능이 통합된 수로를 하수로와 분리하여 물길을 회복하고, 하천 부분은 역사성과 생태적인 기능을 살리면서 친수 공간으로 만들어가야 한다. 우선 하천부분에 대해서는 태종·세종을 거쳐 영조에 이르러 완성된 석축과 다리의 흔적을 살피고 보존하면서 자연성을 회복해나가야 한다. 산과 연결되어 있는 계곡부는 주변의 누정, 조망대 등을 살펴 장소성을 해치지 않으면서 자연성을 회복하는데 역점을 두어야 한다. 하천 주변의 정취와 이야기 회복은 오랜 시간이 걸리는 일이므로, 하천 회복 이후에 시간을 두고 점진적으로 진행해야 한다. 중요한 것은 권문세가들의 집터를 중심으로 만들어졌던 다양한 이야기가 사라지지 않도록 지켜나가는 일이다. 이미 시가지가 형성된 곳에서 집터를 회복한다는 것은 어려우므로, 현재 남아 있는 흔적을 중심으로 이야기를 담을 방안을 검토해야 할 것이다.

하천을 회복하려면, 현재 복개되어 사용되는 마을의 중심도로 기능을 바꿔주어야 한다. 우선 마을 진입부에 주차공간을 확보하여 차량진입을 줄이고, 차도공간을 축소하거나 없앴을 경우에 대비하여 우회도로도 마련해야 한다. 물론 중심도로변에 위치한 상업점포에 대해서도 상업행위에 무리가 없도록 보행공간이 확보되어야 한다.

계곡의 회복은, 현재 대부분 주택이 해당 지역을 점유하고 있기 때문에 무리하게 주택을 철거하기보다는 점유된 주택을 존치하면서 회복이 필요한 지역을 중심으로 공공이 확보하여 추진하는 점진적인 방법을 적용해야 한다.

마지막으로 이야기 회복은 이야기와 관련된 시설이나 장소의 일부를 매입한 다음 공간을 마련하여 이야기를 담아주는 방법을 고민해야 한다. 이들에 대해서는 원형에 대한 고증이 어렵기 때문에 재건이나 중건의 방식 등을 검토하여 적용하도록 한다.

하천 및 천변 정취와 이야기 회복을 위한 주요 과제

① 하천 회복

모든 지천·세천을 복원한다는 것은 현실적으로 어렵다. 지역의 여건을 감안하여 복원 가능성을 판단하되, 생태적·역사적으로 중요한 지천은 복원하도록 해야 한다. 특히 청계천의 발원지로서 인왕산 백운동천과 백악산의 중학천은 서촌·북촌의 형성에 영향을 미친 하천이다. 그리고 남산에서 발원하는 남산동천, 필운동천, 묵사동천, 주자동천, 남소문동천도 중요한 의미를 가지며, 백악산과 낙산자락에서 발원하여 청계천 하류로 들어가는 흥덕동천(현 대학로)도 중요한 하천이다. 이들 하천을 중심으로 복원을 검토하였다. 물론 북촌과 인사동 지역에 퍼져 있는 하천도 중요한 의미가 있으나, 이들은 하천보다는 이미 가로에 맞춰 토지이용이 형성되어 하천을 회복하는 것도 어렵거니와 가로형태를 유지하는 것이 더 의미가 있기 때문에 복원대상에서는 제외하였다.

하천은 가능하다면 지류 전체가 한 번에 복원되는 것이 가장 바람직하나, 현실적으로는 단계적인 방법을 선택할 수밖에 없다. 우선 청계천과 연결되는 지천 하류부의 회복방법을 검토하였다. 백운동천과 삼각천은 도시환경정비사업이 추진되는 지역이므로, 이들 사업과 연계하여 회복이 가능한 것으로 판단했다. 그리고 도로가 비교적 넓고 교통량이 적은 흥덕동천, 삼청동천, 남소문동천도 도로폭을 조정하여 복원이 가능하다고 판단했다. 지천 상류부와 일부 지천은 여건상 도로의 하천변경에 따른 주택지의 차량진입 및 주차문제를 해결하면서 복원을 추진할 수밖에 없다. 백운동천, 삼청동천, 흥덕동천, 남산동천, 남소문동천 상류부, 그리고 묵사동천 전체가 여기에 해당되며, 이들은 중장기적으로 추진되어야 한다. 그리고 기타 지천은 실개천 등 물길만 표시하고, 장기적으로 회복방안을 모색해야 한다. 마지막으로 보행이 많거나 보행 접근이 어려워 회복이 어려운 구간은 도로형태를 유지하도록 했다.

② 계곡부 회복

계곡부는 각종 문헌에서 언급되었거나, 각자와 전망대 등 문화재가 위치되어 있는 명승지를 중심으로 회복방안을 검토하였다. 인왕산 기슭의 백운동, 청풍계와 백악산 기슭의 삼청동, 낙산 기슭의 쌍계동, 남산 기슭의 청학동 등 명승지를 우선으로 회복하도록 한다. 각자와 전망대 등 역사적으로 의미를 갖는 장소들은 주변을 보호하면서 방문객이 쉽게 접근할 수 있는 방안을 마련하고, 주택 점유지역은 기존 주택을 유지하면서 주요 지역을 회복해나가는 마을 만들기 프로그램으로 추진하는 것이 바람직할 것이다.

③ 이야기의 회복

한 시대를 대표하는 여러 사상과 예술·문학 등 그 문화는 공간과 연결될 때 그 의미를 발현하며 지속되고 재생될 수 있다. 이것이 역사보존 및 회복정책이 갖는 중요한 의미이다. 즉, 한성에서 만들어지고 꽃피웠던 다양한 인문·사회적 문화유산을 공간과 연결시켜 그 의미를 전달하는 것이 이야기 회복의 중점 과제가 된다. 이것은 조선시대의 정치·사회·문화의 주류 계층이었던 사대부들의 문화를 회복하는 것으로서 사대부들의 주요 활동거점이었던 집과 계곡의 누정 공간 회복을 의미한다. 조선시대의 저명했던 성리학자, 문장가, 예술가, 명재상과 장군들의 집터와 계곡의 누정 등을 파악하고, 이 장소에 담아야 할 그들의 정치·사상·문학·예술 활동과 그 이야기를 담을 수 있는 방안을 검토하였다. 우선은 여러 분야를 고루 담아가되, 분야별로 한성을 대표할 수 있는

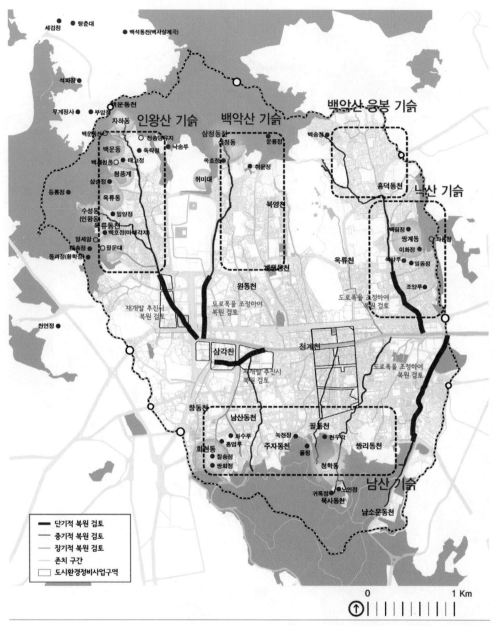

세검정 ● 탕춘대

● 백석동천(백사실계곡)

석파정 ●

무계정사 ● 부암정
백운동천
자하동
백운동천
백운동
백세청풍
삼승정
등룡정 ●
옥류동
수성동
(인왕동)
옥류동천
일세암
해송정
동과정(황학정)

인왕산 기슭

● 청송당유지
독락정 ● 낙송루
태고정
청풍계
일양정
백호정(아래각자)
필운대

백악산 기슭

삼청동천
삼청동
옥호정
취미대

운룡정
취운정

북영천

계생동천

백악산 응봉 기슭

벽수정 ●
홍덕동천

낙산 기슭

백림정 ● 쌍계동
이화정
석양루
조양루
일흥정
좌룡정

천연정 ●

원동천

재개발 추진시
복원 검토

도로폭을 조정하여
복원 검토

옥류천

도로폭을 조정하여
복원 검토

삼각천
청계천

도로폭을 조정하여
복원 검토

재개발 추진시
복원 검토

창동천
회현동
홍엽루
좌수루
칠송정
쌍회정

남산동천
녹천정
주자동천
율정
청학동
필동천
천우각
청학동
쌍리동천

남산 기슭

귀독정 ● 노인정
묵사동천
남소문동천

범례:
━━ 단기적 복원 검토
── 중기적 복원 검토
─── 장기적 복원 검토
┄┄ 존치 구간
▢ 도시환경정비사업구역

0   1 Km

하천 및 계곡부 회복 구상

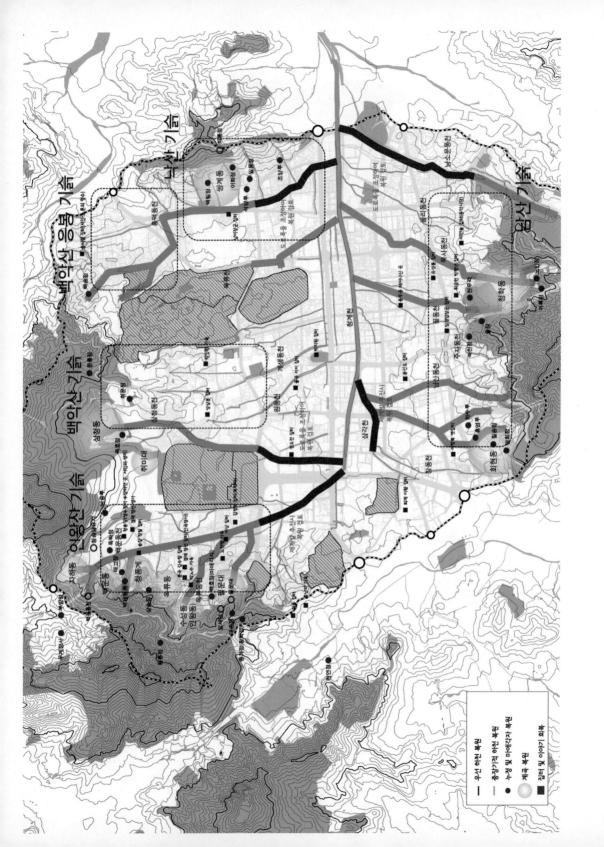

인물과 그들의 이야기를 중심으로 문화적 거점을 만들고, 이들을 중심으로 이야기를 담아갈 수 있는 체계를 만드는 것이 중요하다고 판단했다.

첫째, 성리학자로 우리나라 성리학의 주요 계보인 주리론과 주기론의 대표적인 인물인 퇴계 이황과 율곡 이이의 집터 일부를 회복하여 조선의 성리학을 소개하는 전시공간을 마련하도록 했다. 그리고 북학파의 주요인물인 박지원과 그 외 성혼, 송시열 등 집터의 일부를 활용하여 계파별 사상도 점차 담아가야 할 것이다.

둘째, 문장가로 조선조 시가문학에서 쌍벽을 이루었던 가사문학과 시조문학의 대표적 인물인 송강 정철과 고산 윤선도의 집터 일부를 회복하여 우리나라 시가문학의 소개공간을 마련하도록 했다. 그리고 중인계층인 위항인들의 대표적 시단이자 활동공간이었던 옥계시사의 송석원과 당대문사들의 시모임이었던 동악시단의 주축이었던 이안눌의 시단 공간 일부를 활용하여 조선 중·후기 문학을 소개하는 방안도 검토하였다. 또한, 근대문학을 대표하는 노천명, 박인환, 이상 등의 집터도 점차 회복해나가도록 하였다.

셋째, 예술가로 진경산수를 열었던 겸재 정선의 집터 일부를 회복하여 진경산수에 대한 소개 및 전시공간 마련을 검토했다. 그리고 시서화 등 문인화의 경지를 한 단계 올린 김정희의 집터 일부를 회복하여 김정희의 사상과 문인화 등의 전시공간을 꾸미도록 하고, 강희맹·이상범·박노수 등의 집터도 점차 회복해나가야 할 것이다.

넷째, 정도전, 성삼문, 이항복, 박팽년, 유성룡 등 명재상들과 이순신, 임경업, 남이, 권율 등 장군들의 집터 일부를 활용하여 조선의 정치사를 이해할 수 있는 관련 사료를 전시할 수 있도록 해야 한다.

그리고 이들 전시공간을 엮어 성리학의 길, 문학의 길, 예술의 길 등을 조성하고, 이들 보행로를 교육·관광 프로그램과 연계하여 '서울 역사체험길'로 조성해나가도록 해야 한다.

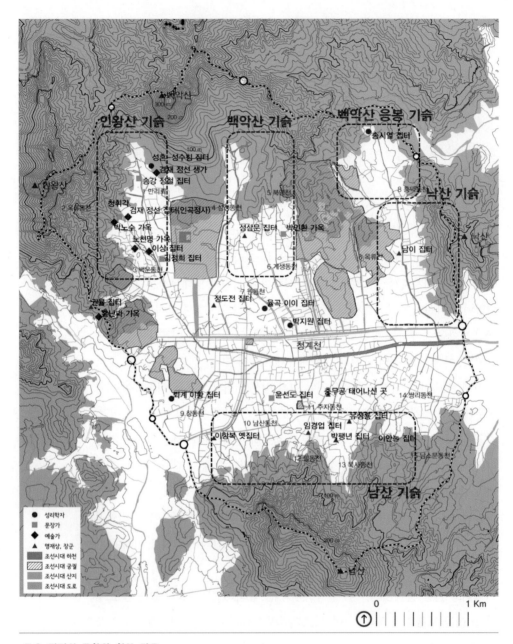

인왕산 기슭
백악산 기슭
백악산 응봉 기슭
남산 기슭

성현·성수침 집터
겸재 정선 생가
송강 정철 집터
청휘각
겸재 정선 집터(인곡정사)
박노수 가옥
노천명 가옥
이상 집터
김정희 집터

권율 집터
홍난파 가옥

성삼문 집터 박인환 가옥

송시열 집터
8 흥덕동천

정도전 집터
율곡 이이 집터
박지원 집터

퇴계 이황 집터
9 창동천

윤선도 집터
충무공 태어나신 곳
1 주자동천
14 쌍리동천

임경업 집터
이황복 옛집터
10 남산동천
박팽년 집터 이완용 집터
12 필동천
13 묵사동천
유정룡 집터
11 남소문동천

청계천

남산 기슭

범례:
● 성리학자
■ 문장가
◆ 예술가
▲ 명재상, 장군
조선시대 하천
조선시대 궁궐
조선시대 산지
조선시대 도로

0   1 Km

주요 집터와 문화의 회복 검토

지도제작_ 김영상, 『서울六百年』 1, 「북악·인왕·무악기슭」/2, 「남산·남산기슭」/3, 「창덕궁·창경궁·응봉기슭」(대학당, 1994).

제6장

정체성의 전승으로서
전통*의 구현

* 고유한 가치가 특정 대상(도시에서는 공간을 가리킴)에 구현되었을 때 정체성으로 드러
  나며, 이러한 정체성을 바탕으로 시대적 가치가 자기 동일화 과정을 통하여 통합되어 역
  사적 과정을 통하여 축적된 것을 전통성이라 정의한다.

한성은 거대도시 서울이 시작된 유서 깊은 곳이며, 서울의 정체성을 형성하는 근간이 되는 지역이다. 한성 지역은 절대왕정 시대를 열었던 조선왕조의 수도로서 갖는 상징적인 공간구성과 한국민들의 독특한 자연관과 세계관에 의하여 형성된 조영원리 속에서 만들어진 강한 특성을 갖는다. 한성은 아름다운 산과 물 사이에 유기적으로 조직된 도시공간 속에 궁묘를 중심으로 광장·가로가 일체적으로 표현된 매우 경이로운 도시인 것이다. 산의 도시이고, 물의 도시이면서, 왕의 도시인 것이다. 그래서 파리, 베를린, 상트페테르부르크, 마드리드에서부터 베이징, 교토에 이르는 군주의 도시가 표현하는 가치는 유사하되, 이들 도시의 분위기가 서로 다른 것은 자연을 다루는 독특한 조영방식으로 만든 한민족의 자연관과 세계관에서 나오는 것이다. 도시마다 서로 다른 조영방식에 의해서 왕의 권위를 구현하면서도 시가지를 서로 다르게 구성하고 표현하였다. 그래서 느끼는 분위기는 유사할지 모르나, 그 질이 매우 다르게 느껴지는 것은 바로 이러한 이유 때문이다. 서구 도시에서는 궁을 중심으로 직선대로를 모으고 교차했던 일반적으로 잘 알려진 기하학적인 바로크의 역동적인 도시조영방식에 따라 만들어졌다. 서구문화의 뿌리와도 같은 로마 문명 속에서 창조해낸 기법이다. 베이징도 기하학적인 도시조영방법으로 만들어졌으나, 격자형을 기반으로 한 축과 위계적 구성방법에 의하여 전혀 다른 정적인 도시를 만들어냈다. 교토도 한성과 같이 도시 속에 산과 물을 끌어들였지만, 시가지는 유기적인 도시조직의 한성과 달리 기하학적인 도시조영방법을 구사하여 일본의 것에서만 느낄 수 있는 정제되고 단정한 분위기를 연출하고 있다. 다른 도시 사이에서 차별되는 한성만의 독특성이 우리가 지속적으로 지켜나가야 하는 가치의 한줄기이자 가장 중요한 요소이다.

이 책에서 드러낸 정체성 요소를 지켜나가는 방법에 대하여 우리는 다음과 같은 세 가지 방안을 사이에 두고 논의가 계속되고 있다. 첫 번째는 훼손된 것도 하나의 역사적 과정으로 보는 입장으로 훼손된 상태 그대로 두면서 매장된 문화재 자체를 보호해나가야 한다는 의견이다. 현재 만들어지는 것도 역사이니 남아 있는 것을 중심으로 보호하는 보존정책 중심으로 가야 한다는 논리이다. 두 번째는 정체성 요소는 도시를 구성하는 중요한 원형요소이므로, 원형에 대한 고증을 통하여 기회가 될 때마다 복원하여 그 의미를 되살려야 한다는 논리이다. 이렇게 재현된 것에 대한 진위가 논란의 쟁점이 되고 있다. 그리고 세 번째는 똑같이 재현하는 것보다는 정체성이 담고 있는 가치를 담아 현대에 맞게 재창조해야 한다는 것이다. 이러한 입장 차이는 원형으로서의 과거, 근대화로서의 현재, 그리고 미래에 대한 가치 정리가 되지 않은 데에서 온다. 이것은 또한 지금까지 이 책에서 한성이 거쳐왔던 변화과정을 살펴본 이유이기도 하다. 지향점을 잃은 현재, 불투명한 미래에 대한 대답은 항상 우리가 걸어왔던 과거와 현재 속에서 찾을 수 있다.

한성의 변화도 시대마다 도시를 지배했던 주인공들이 공유했던 생각과 가치에 의하여 이끌려 왔다. 변화를 시도했지만 구체제를 유지하고 싶어 했던 대한제국기의 황제에 의해서, 식민지의 효율적인 지배구조를 구축하려 했던 일본 식민통치시대의 통감과 총독에 의해서, 해방 이후 걷잡을 수 없이 번진 자유주의의 혼란과 위기 속에서 자양분을 얻은 강력한 통제기재로서 등장한 군부의 독재자에 의해서, 그리고 축적된 부 속에 다져진 사회질서와 민주화를 통해 드러나기 시작한 시민사회의 일원에 의해서 한성 지역은 그들이 공유하는 가치를 공간상에 표현해왔다. 개항 이후 시작된 이러한 급격한 변화와 혼란 속에서도 지속적으로 지향해왔던 가치는 바로 근대화였다. 근대화는 선말 개항 이후부터 현재까지 우리 사회와 문화를 이끌어왔던 원동력이었고 지배적인 가치였다. 사회적 근대화로서 평등에 기반을 둔 자유, 경제적 근대화로서 과학기술기반의 구축과 산업화, 정치적 근대화로서 민주공화체제의 구축은 우리가 현재까지도 추구하는 목표이다. 서구사회는 500여 년에 걸쳐 신에서 인간으로 관심을 돌렸고, 축적된 부를 기반으로 군주에서 신흥부호를 거쳐 시민에게로 그 권한을 확대시켜 나갔으며, 이성의 합리적인 사고를 통한 자연법칙의 발견과 공학의 발달이 이러한 변화를 뒷받침했다. 진보는 내재적인 원동력에 의하여 점진적으로 성취해나갔다. 조정은 있었으되, 파괴는 없었다. 대화재와 혁명, 그리고 전쟁이 있었어도 대체로 기존의 가치에 따라 복구되거나 개선되었다. 그러나 우리의 근대화는 100여 년이라는 짧은 기간에 일어났고, 외세에 의하여 시작되었다. 이러한 압축된 성장과 외세에 의한 왜곡된 근대화는 많은 오해와 갈등을 양산했다. 최근에 와서야 경제성장을 바탕으로 다양한 계층 간의 평등과 개인의 자유가 사회적으로 보장되고, 지방자치를 통한 분산된 권력 속에서 형성된 시민계층의 자유스러운 토론과 참여활동이 도시를 변화시키고 있다. 하지만 서구의 정신을 지탱하고 변화를 이끌어냈던 내재적인 힘인 신과 이성, 자연에 대한 탐구는 일어나지 않았다. 이것이 만들어낸 결과만을 우리는 추구하고 있다. 이것은 영원히 우리의 내재적 발전의 원동력이 될 수는 없을 것이다. 우리의 마음과 정신이 이러한 사고체계를 받아들이지 못하기 때문이다. 이것은 우리가 오랜 기간 경험하면서 고민하고 쌓았던 대상이 아닌 이질적인 것이기 때문이다. 다양한 사상이 세상의 진보를 위해서 나왔고, 이것을 토대로 문명을 만들어냈던 것처럼 우리에게도 더 나은 세계를 위해 고민했던 우리에게 익숙한 사상적 토대가 있다. 우리의 고유한 사상을 토대로 동아시아 공동체 속에서 공유되었던 개인의 해탈을 중시했던 불교사상, 자연의 법칙을 애기하는 노장사상, 사람과 사회를 탐구하는 유교사상과 끊임없이 교호하면서 자기화과정을 통하여 진화된 전통적 사상체계 속에서 우리만의 진보를 이끌어낼 수 있는 원동력이 될 수 있는 가치를 찾아나가야 할 것이다. 이러한 역사의 주체의식이 우리를 포함한 세계를 발전시킬 문명을 이끌어낼 수 있을 것이다.

그러기 위해서는 문명개화를 위한 근대화과정 속에서 충돌하는 가치를 그대로 안고 오면서 현재까지도 지속되는 잘못된 오해를 끄집어내어 풀어주는 것에서부터 시작해야 한다.

가장 첫 번째 오해는 진화하는 가치의 출발점으로서 전통에 대해 우리가 갖는 잘못된 인식이다. 항상 역사의 진보와 발전은 살아 있는 자의식에서 비롯된다. 한성개잔 이후에 끊임없이 지속되었던 개혁과 변화를 위한 노력이 좌절되면서 수천 년에 걸쳐 쌓아온 전통에 내재된 진보적 가치는 힘을 잃었고, 식민지배를 거치면서 사라지거나 서구적 가치로 대체되었다. 서양인들이 중세의 돌파구로서 로마와 그리스 문명을 존중하고 끊임없이 탐구하고 모방하면서 그 가치를 재창조했던 그와 같은 열정이 생겨날 리 없었다. 그래서 우리가 갖고 있던 역사와 전통은 외세보다 우리 자신 스스로가 파괴한 것이 더 많았다. 하지만 우리 역사와 전통은 과연 내재적인 변화의 힘이 없는 것인가? 우리는 고유한 언어와 사상을 바탕으로 끊임없이 외부로부터 다양한 사상과 문화의 자양분을 얻으면서도 독자성을 유지하면서 지속적으로 발전시켜왔다. 이러한 저력이 있음에도 우리는 전통을 무시하는 의식 속에서, 그리고 서구의 가치를 무조건적으로 지향하는 사대주의 의식 속에 갇혀 있는 것은 아닌지 스스로에게 물어보아야 한다. 자의식의 적은 항상 이러한 사대주의에서 시작된다. 서구가 르네상스 시기 로마와 그리스시대를 탐구하고 재창조했던 것처럼 동양을 포함한 전통문화 속에서 미래방향에 대한 지혜를 찾을 수 있는 길을 열어주어야 한다.

두 번째 오해는 일본의 식민지배를 거치면서, 그 후 군부에 의하여, 그리고 현재에도 지속적으로 정체성을 훼손시켜나가는 상황 속에서 근대화에 대해 우리가 품고 있는 잘못된 인식이다. 근대화라는 것과 효율에 의해서 추진되는 부분은 구분되어야 하며, 그것은 진보나 개선과는 다르다는 것을 인식해야 한다. 식민통치기간과 경제성장기는 전반적으로는 근대화를 위한 흐름 속에서 진행되었던 것은 사실이다. 이 기간의 공통점은 식민통치와 경제성장을 위해서 배려나 포용보다는 효율성을 우선시했다는 것이다. 효율성에 우선한 정책은 서구가 500여 년에 걸쳐 만들어냈던 것을 100여 년으로 압축하여 만들어내면서 생략하거나 무시했던 데에서 만들어낸 허술함을 상징한다. 효율적인 정책 추진과정에서 새로운 문제를 더 많이 양산했다는 것이다. 최근 시민의식이 성장함에 따라 다양성을 배려하는 목소리가 높아지면서 점차 사라지고는 있으나, 효율에 치우친 정책과 사업의 잔재는 사회 저변에 여전히 남아 있다.

마지막 세 번째 오해는 근대에서 시작된 초자연적이고 사차원적인 공간배치개념이 현재에도 지속되는 가치인가 하는 세계적 변화 흐름 속에 던지는 미래 가치에 대한 재인식이다. 인간이라는 주체가 사라지고, 기능주의와 국제주의 양식에 의해서 전개되는 도시변화의 흐름 속에서 우리는 미래의 방향을 잡지 못하고 있다. 서구에서는 언제나 그랬듯이 다시 복고주의가 유행하고 있다. 마치 언제나 방황할 때 고향을 찾는 것처럼, 고전주의에서 그 해답을 찾고 있는 것이다. 인간과 커뮤니티가 우선하는 가치로 선회하고 있다. 하지만 여전히 과학과 공학의 발전은 계속되고, 진보에 지속적으로 자양분을 공급하고 있다. 포스트모더니즘에서 보이는 복고주의, 상업화, 커뮤니티, 지방화 경향은 인간에게 다시 도시를 돌려주기 위하여 서구에서 재생이라는 이름하에 진행되는 가치들이다. 뉴어바니즘, 어반빌리지운동 등 최근 영미사회에서 미래를 향해 던지고 있는 도시사회운동도 이와 유사하며, 새롭게 친환경을 기반으로 한 지속가능한 성장, 기후변화에 따른 저탄소도시 등 환경에 대한 관심이 부상하고 있다. 즉 환경, 커뮤니티, 역사, 지역문화가 떠오르는 미래의 주요한 가치들이다. 아직도 국제주의 양식과 근대주의자들이 떠받든 사차원적 공간개념을 그대로 고수할 것인지 고민해야 한다. 여전히 이러한 가치는 유효하지만, 지배적이거나 주도적인 가치는 아닌 것이다. 답은 있지만, 우리는 여전히 주저하고 있다. 형태에 기반을 둔 고전스타일이나 지역스타일의 건축과 도시구성원리로 돌아가는 것이 두려워서일지도 모른다. 아니면 스스로 과거와 담을 쌓고 있기 때문에, 돌아갈 곳이 우리에게는 없는 것인지도 모른다. 부여의 한국전통문화대학교에도 국제주의 양식의 건물이 지배하는 그러한 비상식적인 일이 비일비재한 것이 현실이다. 형태적 모방을 저급한 것으로 치부했던 모더니즘의 사고체계에서 벗어나지 못하고 있는 것이다. 유럽과 라틴아메리카의 작은 소도시에 오밀조밀하게 들어선 풍토건축이 만들어내는 분위기에는 감탄하고 놀라워하면서 말이다. 왜 유독 형태와 스타일에 대한 모방에는 몸서리를 치는 것일까? 서구에서는 르네상스, 절충주의, 신고전주의, 바로크, 로코코, 매너리즘 등필요할 때 언제든지 답을 찾고 필요에 맞게 변용하고 자유자재로 재해석하는것이 역사인 것이다.

이제는 우리가 처음에 했던 미래에 대한 질문에 대하여 대답할 수 있다. 과거의 전통은 독립된 영역으로서 계속적으로 탐구되어야 하고, 진화되어야 하며, 재창조되어야 한다. 언제라도 우리는 전통을 끄집어내고 재활용하고 재창조할 수 있어야 한다. 전통성이란 고유한 가치체계로서 정체성과 시대적 요구로서 새로운 사상체계가 결합되어 만들어진 가치체계로서 변화에 대한 유연성을 갖는다. 이렇게 수천 년 동안 우리의 사고체계 속에서 만들어지고 쌓인 노하우인 것이다. 과거는 단순히 지나간 과거가 아니라 하나의 맥을 가지고 지속되는 것이다. 그리고 지금까지 발전이라는 말과 동일시되었던 근대화에서 효율이라는 오류는 제거되어야 한다. 효율 중심의 사고에서 다양성은 고려되지못했고, 허술함을 양산했다. 이제는 모든 것을 배려하면서 만들어나가야 한다. 마지막으로 자연과 우주에서 멀어져 버린 인간을 다시 불러들여야 하고, 도시를 공간과 기능에서 형태와 장소로 관심을 되돌려야 한다. 도시 속에서 커뮤니티, 환경, 역사, 지역문화를 중시해야 한다. 두려움이 미래 발전의 원동력이지만, 우리는 가치를 구현하고 만들어가는 것을 두려워해서는 안 된다. 역사성과 정체성의 보호문제에 있어서 재현과 모방, 재창조의 문제는 단지 소심증에 걸린 우리의 자화상인 것이다. 이제 과거는 화해를 넘어 존중되어야 하며, 근대화라는 단어보다는 미래의 가치를 만들어나가는 측면에서 외재적 추구의 수단인 효율보다는 전통과 역사 속에서 본질적인 추구의 원동력을 만들어나가야 한다.

참고문헌

서구인의 한성기행 관련 문헌

젠테, 지그프리트Siegfried Genthe. 2007. 『(독일인 젠테가 본) 신선한 나라 조선, 1901』. 권영경 옮
      김. 책과함께.
김영자. 1994. 『서울, 제2의 고향: 유럽인의 눈에 비친 100년 전 서울』. 서울시립대학교 서울학연구소.
로제티, 까를로Carlo Rossetti. 1996. 『꼬레아 꼬레아니』. 서울학연구소 옮김. 숲과 나무.
무스, 제이콥 로버트. 2008. 『1900 조선에 살다: 구한말 미국 선교사의 시골 체험기』. 문무홍 외 옮
      김. 푸른역사.
비숍, 이사벨라 버드Isabella Bird Bishop. 1994. 『한국과 그 이웃 나라들』. 이인화 옮김. 살림.
헤세 바르텍, 에른스트 폰Ernst von Hesse-Wartegg. 2012. 『조선, 1894년 여름: 오스트리아인 헤세-
      바르텍의 여행기』. 정현규 옮김. 책과함께.

서울 도시역사 관련 문헌

가와무라 미나토. 2004. 『한양·경성·서울을 걷다』. 요시카와 나기 옮김. 도서출판 다인아트.
강명관. 1996. 「조선 후기 서울 성안의 신분별 거주지」. ≪역사비평≫, 계간33호 통권 35호. 한국
      역사연구회.
고동환. 1994. 「조선 후기 시장과 상인」. ≪역사비평≫, 계간24호 통권 26호. 한국역사연구회.
_____. 1998. 『조선 후기 서울상업발달사 연구』. 지식산업사.
_____. 2002. 「조선 후기 시전의 구조와 기능」. ≪역사와 현실≫, 통권 44호. 한국역사연구회.
_____. 2006. 「조선 후기 서울의 공간구성과 공간인식」. ≪서울학연구≫, 제26호.
_____. 2008. 「조선 후기 왕실과 시전상인」. ≪서울학연구≫, 제30호.
_____. 2007. 『조선시대 서울도시사』. 태학사.
권영상. 2003. 「조선 후기 한성부 도시공간의 구조」. 서울대학교 박사학위논문.

권오만 외. 2001. 『종로: 시간, 장소, 사람』. 서울시립대학교 서울학연구소.

김기빈, 1993. 『600년 서울 땅이름 이야기』, 살림터.

김기호 외. 2003. 『서울 남촌: 시간·장소·사람』. 서울시립대학교 서울학연구소.

김동욱. 2011. 「태종의 개천·장랑 건설과 박자청: 한양건설에서 송도의 영향」, 한국건축역사학회 9월 월례학술대회.

김영근. 2003. 「일제하 경성 지역의 사회·공간구조의 변화와 도시경험」. ≪서울학연구≫, 제20호.

김유성. 1987. 「조선시대 한양시가의 행랑건축에 관한 연구」. 연세대학교 석사학위논문.

김창석·남진. 1998. 「서울시 도심부 공간구조의 변천에 관한 연구」. ≪서울학연구≫, 제10호.

김추윤·송호열. 2005. 「대한제국기의 대축척 실측도에 관한 사례연구」. ≪대한지도학회지≫, 제5권 1호.

김홍식. 2009. 「600년 전 서울의 지적을 찾다」. ≪건축역사연구≫, 통권 67호.

_____. 2007. 「청진 6지구 시전행랑 유구에 대한 고찰, ≪건축역사연구≫, 통권 52호(제16권 3호).

김홍순. 2007, 「일제강점기 도시계획에서 나타난 근대성」. ≪서울도시연구≫, 제8권 제4호.

박은숙. 2008. 『시장의 역사』. 역사비평사.

박호승. 2006. 「조선시대 한양시가의 시전행랑 평면형태에 관한 연구」. 명지대 석사학위논문.

서울역사박물관. 2010. 『서촌, 역사경관, 도시조직의 변화 1』.

서울연구원. 2001. 『서울 20세기 공간 변천사』.

서울특별시. 2010. 『역사문화유산의 변화기록 및 시민인식 조사를 통한 서울도심의 정체성 연구』.

_____. 2010. 『세종시대 도성 공간구조에 관한 학술연구』.

서울특별시사편찬위원회. 1977. 『서울六百年史』.

_____. 1978. 『서울六百年史』 2.

_____. 1979. 『서울六百年史』 3.

_____. 1981. 『서울六百年史』 4.

_____. 1983. 『서울六百年史』 5.

_____. 1996. 『서울六百年史』 6.

_____. 1987. 『서울六百年史』 文化史蹟篇.

_____. 1999. 『서울建築史』.

_____. 2000. 『시민을 위한 서울역사 2000년』.

_____. 2000. 『서울의 하천』.

_____. 2007. 『서울의 시장』.

_____. 2009. 『서울의 길』.

_____. 2010. 『서울토박이의 사대문 안 기억』.

손정목. 2003. 『서울도시계획 이야기』 1, 4, 5권. 도서출판 한울.

송지선. 2007. 「청계천 상류지천 유역의 역사탐방로 계획 연구」. 서울시립대 석사학위논문.

심경미·김기호. 2009.12. 시전행랑의 건설로 형성된 종로변 도시조직의 특성」. ≪한국도시설계학회지≫, 제10권 제4호.

심경미, 2010. 「20세기 종로의 도시계획과 도시조직 변화」. 서울시립대 박사학위논문.

안대회. 2009. 「조선 후기 서울지역 문학과 도시문화사; 성시전도시와 18세기 서울풍경」. ≪고전
　　　문학연구≫, 35권.

안정연. 2008. 「서울 종로2가 도시조직 변화과정 연구」. 서울시립대 석사학위논문.

안창모·남용협. 2010. 「서울 명동 도시조직 변화에 관한 연구」. 한국건축역사학회 춘계학술발표
　　　대회.

염복규. 2005. 『서울은 어떻게 계획되었는가』. 살림.

유길상. 2007. 『세종로의 비밀』. 중앙북스.

이중화. 1918. 『경성기략』. 신문관.

이태진 외. 1998. 『서울상업사 연구』. 서울시립대 서울학연구소.

임의제. 1995. 「조선시대 서울 누정의 조영특성에 관한 연구」. ≪서울학연구≫. 제3호(1994.3).

전우용. 2012. 『서울은 깊다』. 돌베개.

정인하. 2011. 「1394년에 작성된 한성부 도시계획도에 관한 연구」. ≪향토서울≫.

최종현·김창희. 2013. 『오래된 서울』. 동하.

최종현. 2012. 『남경에서 서울까지』. 현실문화.

한강문화재연구원. 2011. 『서울 육조대로 유적』.

한국역사연구회. 2009. 『고려의 황도 개경』. 창비.

한울문화재연구원. 2010. 「종로2가 40번지 시전행랑 유적 발굴 보고서」.

_____. 2011. 「종로 청진8지구 발굴조사 약보고서」.

_____. 2011. 「종로 청진 12-16지구 발굴조사 약보고서」.

허영록. 1996. 「조선시대 도시계획의 기본요소로서 시전에 대한 연구」. ≪서울학연구≫, 제6호.

혼마 규스케. 2008. 『조선잡기』. 최혜주 옮김. 김영사.

홍성구. 1988. 「조선시대 한양의 육조거리에 관한 연구」. 연세대 석사학위논문.

한국사상사 관련 문헌

남영우. 2012. 『한국인의 두모사상: 한국인의 사상적 정체성 탐구』. 푸른길.

양승태. 2010. 『대한민국이란 무엇인가: 국가 정체성 문제에 대한 정치철학적 접근』. 이화여자대
　　　학교 출판부.

최영진 외. 2009. 『한국철학사: 16개의 주제로 읽는 한국철학』. 새문사.

한상윤. 2010. 『조선유학사』. 심산.

한일문화교류기금·동북아역사재단. 2011. 『한국과 일본의 서양문명수용』. 경인문화사.

한자경. 2008. 『한국철학의 맥』. 이화여대출판부.

세계 도시역사 관련 문헌

리더, 존John Reader. 2006. 『도시, 인류 최후의 고향』. 김명남 옮김. 지호.

코스토프, 스피로Spiro Kostof. 2009. 『역사로 본 도시의 모습』. 양윤재 옮김. 공간사.

_____. 2011. 『역사로 본 도시의 형태』. 양윤재 옮김. 공간사.

멈포드, 루이스Lewis Mumford. 1990. 『역사 속의 도시:그 기원, 변형과 전망』. 김영기 역. 명보문화사.

기로워드, 마크Mark Girouard. 2009. 『도시와 인간: 중세부터 현대까지 서양도시문화사』. 민유기 옮김. 책과함께.

거자오광. 2012. 『이 중국에 거하라宅茲中國: '중국은 무엇인가'에 대한 새로운 탐구』. 이원석 옮김. 글항아리.

고시자와 아키라 2006. 『도쿄 도시계획 담론』. 장준호 역. 구미서관.

린위탕·임어당. 2001. 『베이징 이야기』. 김정희 역. 이산.

이희철. 2005. 『이스탄불: 세계사의 축소판, 인류문명의 박물관』. 리수.

자크바전. 2006.. 『새벽에서 황혼까지 1500~2000: 서양문화사 500년』. 이희재 옮김. 민음사.

코트킨, 조엘Joel Kotkin. 2005. 『도시의 역사』. 윤철희 옮김. 을유문화사.

히버트, 크리스토퍼. 2002. 『도시로 읽는 세계사』. 한윤경 옮김. 미래아이.

자입트, 페르디난트. 2013. 『중세, 천년의 빛과 그림자: 근대 유럽을 만든 중세의 모든 순간들』. 차용구 옮김. 현실문화.

페어뱅크·라이샤워·크레이그. 1991. 『동양문화사(개정판)』. 김한규·전용만·윤병만 옮김. 을유문화사.

서울 도심부 정책 및 사업 관련 문헌

서울연구원. 2001. 「걷고 싶은 거리 만들기 시범가로 시행평가 및 향후 추진방향 연구」.

_____. 2009. 「서울시 근대문화유산의 스토리텔링을 통한 관광활성화 방안」.

_____. 2009. 「서울의 도시형태 연구」.

_____. 2009. 「옛길의 가치규명 및 옛길 가꾸기 기본방향 연구: 서울 도심 사대문 안을 중심으로」.

서울특별시. 1984. 「서울토지구획정리연혁지 1984」.

_____. 2000. 「도심부 관리 기본계획」.

_____. 2000. 「도심재개발사업연혁지 1973~1998」.

_____. 2001. 「서울도시계획연혁 2001」.

_____. 2004. 「청계천 복원에 따른 도심부 발전계획」.

_____. 2007. 「도심재창조 종합계획」.

_____. 2010. 「서울특별시 도시환경정비기본계획」.

_____. 2010. 「서울특별시 역사문화경관계획」.

지도 관련 문헌

문화지도편찬위원회. 1992. 『서울의 문화지도』. 신구문화사.

서울역사박물관. 2006. 『서울지도』.

서울학연구소. 1995. 『서울의 옛지도』.

이찬. 1995. 『서울의 옛 지도』. 서울학연구소.

허영환. 1994. 『정도 600년 서울지도』. 범우사.

사진 및 그림 관련 문헌

김영상. 1994. 『서울六百年 1: 북악·인왕·무악기슭』. 대학당.

_____. 1994. 『서울六百年 2 -남산·남산기슭』. 대학당.

김원모·정성길. 1986. 『사진으로 본 백년전의 한국』. 가톨릭출판사.

동아일보사 편. 1991. 『사진으로 보는 한국백년』.

박정애. 2006. 『아름다운 옛 서울: 진경산수화 3』. 보림.

서울연구원. 2000. 『서울, 20세기: 100년의 사진기록』.

서울역사박물관. 1998. 『서울의 옛모습: 개항 이후 1960년대까지』.

_____. 2009. 『옛 그림을 만나다: 조선의 회화』.

_____. 2009. 『세 이방인의 서울 구상: 딜쿠샤에서 청계천까지』.

_____. 2010. 『서울·북경·동경: 세 수도의 원형과 보존』.

_____. 2010. 『종로엘레지』.

_____. 2012. 『명동이야기』.

서울청계문화관. 2011. 『이방인의 순간포착 경성』.

서울특별시. 1994. 『서울: 1994 Seoul』.

서울특별시사편찬위원회. 2001. 『사진으로 보는 서울 1: 개항 이후 서울의 근대화와 그 시련』.

_____. 2001. 『사진으로 보는 서울 2: 일제 침략 아래서의 서울』.

_____. 2004. 『사진으로 보는 서울 4: 다시 일어서는 서울』.

_____. 2008. 『사진으로 보는 서울 5: 팽창을 거듭하는 서울』.

최완수. 1994. 『겸재정선 진경산수화』. 범우사.

웹사이트

http://map.naver.com(네이버 지도)

http://newslibrary.naver.com(네이버뉴스 라이브러리 홈페이지)

http://digitalhanyang.culturecontent.com(디지털 한양)

http://www.cha.go.kr(문화재청 홈페이지)

http://www.seoul.go.kr(서울특별시청 홈페이지)

http://square.seoul.go.kr(서울특별시 광장 홈페이지)

http://ko.wikipedia.org(위키백과사전)

http://sillok.history.go.kr(조선왕조실록)

http://yoksa.ac.kr(한국사기초사전)

찾아보기

부록

1. 한성개잔 이후 정체성 요소 연표

2. 도심부 정체성에 대한 시민설문조사 설문지

3. 둥심대로변 두요시설에 대한 사료 검토

한성개잔 이후 정체성요소 연표

1 · 중심대로의 변화

대한제국기 (1882~1904)	1896	가가신축을 금지하고(1895) 가가철거 및 도로 개수
	1898	전차궤도 부설
일제 식민통치기 (1905~1945)	1910	남대문로 개수
	1911	을지로 개수
	1912	태평로 개수, 창경궁로/돈화문로 연장, 배오개길 신설
	1920	대학로 개수
	1928	훈련원로 신설
	1936	장충단길/흥인문로/남산순환로 신설, 태평로/세종로 확장
	1939	마른내길/사직로 신설
전후 혼란기 (1946~1960)	1952	태평로/의주로 확장
		종로/신문로/을지로 등 확장계획 결정
경제성장기 (1961~1994)	1962	퇴계로 확장
	1966	세종로 확장
	1967	사직터널 완공

1969	청계고가/삼일고가 건설
1970	율곡로 확장, 남산 1·2호터널 완공
1971	청계고가 확장
1974	종로 확장
1976	소공로/남대문로/우정국로 확장 발표, 청계천로/을지로 확장
1977	새문안길/남대문로 확장
1978	추사로 확장, 남산 3호터널 완공

2 · 성곽 및 성문 훼손

대한제국기 (1882~1904)	1899	전차궤도 부설로 동대문·서대문 부근 성곽 일부 철거
일제 식민통치기 (1905~1945)	1905	경인·경부·경의선 완공에 따른 교통량 증가로 남대문 양측 우회도로와 대로 신설을 위한 남대문 북쪽 성곽 철거(일 황태자 방문 계기로 실행)
	1907	교통요충지변 성곽 철거 계획 수립 및 착수
	1908	동대문 북쪽/오간수문/남대문 남쪽 성곽 철거 착수
	1914	서소문과 주변성곽 철거
	1915	돈의문과 주변성곽 철거
	1926	광희문과 주변성곽 철거(1975년 일부 복원)
	1928	혜화문과 주변성곽 철거(1992년 일부 복원)

3 · 하천의 변화

일제 식민통치기 (1905~1945)	1918	일인 거주지 청계천 지류 및 세천 개거 및 암거 개수 (1937년 완료)
	1926	한·일 자본가들이 모여 대광교~주교정 복개 복합상가 조성 구상
	1935	청계천 전면 복개 및 고가도로 조성 구상: 재정문제로 좌절
	1937	청계천 대광교~광교 사이 암거 복개(천변 12m 도로 및 하수관거 설치,

		1942년 완료)
	1940	청계천 전면 복개 및 전차·지하철 건설 계획: 군수이동 및 방공 목적
전후 혼란기 (1946~1960)	1958	광교~동대문 오간수다리 복개(1961년 완료)
		청계천 복개 공사
경제성장기 (1961~1994)	1961	청계 고가도로 공사(1971년 완료)
	1965	오간수다리~제2청계교 복개(1966년 완료)
	1978	마장철교까지 복개

4 · 신통치공간의 형성

대한제국기 (1882~1904)	1883	청국공사관 건립(임오군란(1882) 이후 남별궁 청국군 주둔에 따라 청상 거주)
	1884	미국공사관 건립
	1885	러시아공사관/러시아교회 건립
	1885	일본공사관 건립
	1886	육영공원/이화학당/배재학당 건립
	1889	독일영사관 건립
	1890	영국공사관/영국성공회 건립
	1896	중국사대외교의 상징인 영은문을 헐고 독립문 건립, 프랑스공사관/정동교회 건립
	1897	남별궁 터에 하늘에 제사를 지내는 원구단 건립, 모화관 독립관 개조
	1898	명동성당 건립
	1901	벨기에영사관 건립
	1902	이탈리아영사관/일본영사관/벨기에공사관/독일공사관 건립

5 · 육조거리의 변화

조선 후기	1392	예조/이조/호조/병조/형조/공조/사헌부/중추부 건립

(1392~1881)	1393	태평관 건립
	1394	기로소 건립
	1395	한성부/광화문 건립
	1400	의정부 건립
	1608	선혜청 건립
	1868	삼군부 건립
		선혜신창 건립
대한제국기 (1882~1904)	1894	시위대청사(황제근병) 건립
	1895	학부/탁지부/농상공부/군부 건립
		법부/기로소(1884년 폐지) → 한성부 → 숙영소 건립
	1896	내부/외부 건립
	1897	육조거리에서 경운궁을 연결하는 도로 개설
	1900	경부/통신원 건립
	1904	러일전쟁 후 통감정치: 관아부지 무상접수 불하
		헌병부 건립, 선혜청 → 보병부대 건립, 선혜신창 → 보병부대/태평관 건립
일제 식민통치기 (1905~1945)	1906	경성일보 건립
	1910	조선총독부/경성경기도청사/경성부청/조선보병대 사령부/보험관리국 건립
	1912	조선총독부 우편위체저금관리소/통신국 건립, 황토현을 헐고 너비 100m 길이 220m의 광장 설치
	1914	광화문에서 황토현광장 도로 개수
	1916	경복궁 내 조선총독부 청사 착공(1926년 완공)
	1922	남대문시장/법학전문학교 → 중앙전신국 건립
	1926	세종로 양측 경계선에 대한 지적 분할(1928년 완료)
	1927	육조거리의 상징물인 광화문 철거 이전 및 좌우 연결담 철거
	1929	서학당 → 덕안궁 건립
	1935	조선일보/부민관 건립
	1936	세종로(53m)/태평로(34m) 확장
		남대문소학교/경찰관강습소/지적관리소 건립
전후 혼란기 (1946~1960)	1946	서울시청 건립

경제성장기 (1961~1994)	1952	세종로 100m 확장 계획(66년부터 68m 너비로 확장공사 시작)
	1968	광화문 복원, 이순신장군 동상 건립
	1970	중앙청을 중심으로 세종로 폭 100m로 확장, 예조 터에 정부종합청사 건립
	1972	코리아나 호텔 건립
	1978	정부종합청사 별관/문화체육관광부/미국대사관/정통부/한국통신/교보빌딩 /세종문화회관 건립
	1884	대한상공회의소 건립
	1985	서울신문사 건립
		중앙행정관청/남대문시장 본동상가/무역진흥회관 건립
민선자치기 (1995~현재)	1995	구 총독부건물 철거
	1997	의정부터 광화문 시민열린마당 조성(1999년 개장)
	2004	서울광장 조성
	2005	청계광장 조성
	2006	광화문 복원사업 시작
	2009	광화문광장 조성
		KT빌딩 건립, 세종로공원/남대문광장 조성

6 · 주요시설의 변화

일제 식민통치기 (1905~1945)	1907	영희전 터에 본정경찰서 건립
	1911	창경궁 훼손(창경원으로 개칭, 동·식물원 설치)
	1913	원구단 철거(총독부 철도 호텔 황궁우 잔존)
	1915	경복궁 훼손(조선물산공진회 지칭 박람회 개최로 전각 훼손)/경희궁 훼손 (경성중학교 및 경성사범 부속 소학교 건립)
	1921	사직단 주변 공원으로 조성
	1925	조선총독부 완공, 경모궁 훼손(전각 철거)
	1927	광화문 훼손(조선총독부 광장 조성으로 경복궁 동측으로 이전)
경제성장기 (1961~1994)	1968	원구단부지 훼손(조선 호텔 건립)
	1970	칠궁 훼손(자하문길 확장)

	1978	경모궁 훼손(서울대학병원 및 서울대 의과대학 건립)
	1980	독립문 현 위치로 이전(금화터널 연결 고가도로 건설)
	1981	덕수궁 대안문 및 돌담 훼손(태평로 확장)
	1982	영희전 훼손(중부경찰서 건립)
민선자치기 (1995~현재)		경희궁 터와 정문 회복

7 · 남산의 변화

대한제국기 (1882~1904)	1885	일본공사관 건립
	1898	경성신사 건립
일제 식민통치기 (1905~1945)	1906	통감관저로 변경(구 일본공사관)
	1910	조선총독부로 변경(구 통감관저)
	1920	을미사변 순국장병을 기리는 장충단에 일본색의 장충단 공원 건립
	1925	조선신궁 조성, 태조를 모시는 국사당을 인왕산으로 이전
	1930	노기신사 건립
	1932	장충단 공원 훼손(히로부미를 기리는 박문사 건립)
전후 혼란기 (1946~1960)	1946	일본사찰터와 전매국 인쇄공장 터에 동국대학교 입지(1950년대 후반 건축)
	1954	숭의학원 이전(구 경성신사, 점거자/연고자 불하조치로 가건물 개념 건축)
	1955	일본사찰 동본원사 터에 경성중앙방송국 입지
	1957	직업소년원 입지(구 노기신사/1973, 리라학원으로 법인 변경)
	1958	교육과학정보원 건립(구 조선신궁)
	1960	재향군인회 장충단 공원 내 대지사용권 확보(공원해제, 1987년 동국대에 매각)
경제성장기 (1961~1994)	1961	야외음악당 건립(국회건립부지)
	1962	반공자유센터 건립(장충단공원 및 한남공원 부지)
	1963	장충단공원 일부 중앙공무원교육원 건립(1974년 동국대에 매각)
	1965	남산시립도서관 건립(구 조선신궁)
	1967	국립극장 기공식

	1968	타워 호텔 건립
	1969	외인아파트 건립(한남공원 부지 일부 및 공원 해제)/어린이회관 건립(옛 조선신궁)
	1971	하얏트 호텔 건립
	1975	영빈관을 삼성에 불하, 신라 호텔 건립(옛 박문사)
	1988	교육과학연구원 건립

8 · 시민시설 설치와 신장소의 생성

대한제국기 (1882~1904)	1897	탑골공원 건립(원각사 터)
일제 식민통치기 (1905~1945)	1912	광화문광장 조성
	1915	선은앞광장 조성
	1920	장충단공원 조성(일제강점기 이후 축소)
	1921	사직단 주변 공원 조성
전후 혼란기 (1946~1960)	1952	교통 요충지 광장계획(중앙청 앞/종묘 앞, 남대문/동대문/독립문 앞 등)/시청앞광장 확장 계획
경제성장기 (1961~1994)	1975	마로니에 공원
	1987	원서공원 조성
		경운궁 앞 대안문광장 조성 → 교통광장(1970년대)
		정동공원/명동공원 조성(경제성장기 이후 상업시설)
민선자치기 (1995~현재)	1997	훈련원공원
	1999	광화문 열린 시민마당 조성
	2004	서울광장 조성
	2005	숭례문광장 조성
	2008	종묘공원 성역화
	2009	광화문광장/세운초록띠공원 조성
		동대문역사문화공원
		세종로공원 조성/동대문광장 조성

9 · 시민시설의 설립

대한제국기 (1882~1904)	1883	영희전 부근 출판기관인 박문국 건립, 한성순보 창간
	1884	우정총국 건립(1년 만에 폐지)
	1885	고종 후원 근대병원 광혜원(제중원) 건립
	1886	이화학당/배재학당 건립
	1895	한성사범학교/법관양성소 건립
	1895	통신부 내 한성우체사 건립
	1899	경성의학교/상공학교 건립
	1902	봉상사내 국립극장 희대 설립(원각사 전신)
		기기국/전환국(조폐)/광무국(광산) 설치
일제 식민통치기 (1905~1945)	1905	경성우편국 건립
	1906	공업전습소 건립
	1907	대한의원 건립(내부의원 후신)
	1908	이왕가 박물관 건립(1936년, 덕수궁으로 이전)
	1916	경성공업전문학교 중앙시험소 건립(구 공업전습소)
	1923	남별궁 터에 조선총독부 도서관(국립도서관) 건립
	1924	공업전습소 인근에 경성대학교(법과, 문과, 공과) 건립
	1926	경성운동장 건립
	1935	다목적회관인 부민관 건립
	1936	명동 예술극장 명치좌 건립(국립극장 전신)

10 · 중심대로의 변화와 새로운 정체성 요소의 형성

대한제국기 (1882~1904)	1883	청국영사관 건립
	1885	제중원 건립
	1886	조폐창 전환국 건립, 일본인 체류 합법화 이후 진고개 일대 일인촌 형성
	1888	제일은행 출장소 건립
	1890	십팔은행 건립

	1891	영사관 노점영업규칙 선포(남대문시장 진출 및 거류지화)
	1894	육의전 및 금난전권 폐지
	1896	선혜청 창내장 건립, 조선은행 건립
	1897	공옥학교/한성은행/대조선저마제사회사/대한직조공장 건립
	1898	천주교당(명동성당) 건립
	1899	전차차고/황궁우 건립, 대한천일은행 건립
	1900	대한제국인공양잠합자회사 건립
	1901	상동교회 건립, 경성우체국 건립
	1901	독일공사관(1904년 완료)
	1903	한성전기회사/황성기독교청년회관/석고각/한성은행지점/청년회관 건립
	1904	메가타 개혁(화폐/금융/세제개혁 단행)
		러일전쟁 이후 일본인 인구 급증, 주거지 확산: 남대문, 명치정 일대 상업지 형성
일제 식민통치기	1905	창신사/한일은행/광장시장주식회사/광장시장 건립
(1905~1945)	1906	한호농공은행 건립
	1907	본정경찰서 건립
	1908	삼창상회/한양상회/남대문소학교 건립
	1910	유창상회/동양서원/동양척식주식회사/경성구락부/전매지국 건립
	1911	경성직유회사(경방)/상업은행지점/제일은행지점/조선농업주식회사(1911)
		→ 중앙물산시장(1936년) 건립
	1912	황금정길 건설로 업무지구 급성장, 선혜청기지 조선농업주식회사에 대부
		(1921년 화재로 1922년 일본인회사인 중앙물산주식회사에 양도)
	1914	조선 호텔 건립
	1915	경성우편국 건립
	1916	대창무역회사/동아부인상회/덕원상회 건립
	1917	낭화관 건립
	1918	조선식산은행 건립
	1921	상업은행 건립
	1921	조지아백화점 건립(1935년 완료)
	1922	경성주식현물시장 건립, 미나카이백화점(1932년 완료)
	1923	총독부도서관/중앙전화국 건립, 일본공사관 → 조선총독부(1926년까지)
	1928	경성전기/히리다백화점

	1929	저축은행/성공장려관 건립, 중앙물산 부채로 토지 헐값 매각
	1930	김희준상점/미쓰코시백화점 건립
	1931	화신백화점/화신상회(1931년) → 화신백화점 동관
	1932	동아백화점(1932년) → 화신백화점 서관
	1933	삼화은행지점 건립, 남대문시장상인연합회 건립
	1934	미쓰이물산/중앙극장/한청빌딩 건립
	1935	한청빌딩/아시아증권주식회사/야스마은행 건립
	1936	명치좌 건립, 경성식료품주식회사 건립
	1937	영보빌딩 건립
	1945	한국은행 개칭
전후 혼란기 (1946~1960)	1949	서울중앙우체국 개칭
	1953	종각 중건
	1955	신신백화점 건립
	1956	KBS방송국 건립
	1960	남대문 본동상가 건립
경제성장기 (1961~1994)	1961	한전사옥 건립
	1963	신세계백화점 건립
	1970	동대문종합시장 건립
	1977	국토통일원 청사 개칭(구 KBS), 남대문로 확장(중앙우체국 철거, 신탁은행/한일은행 일부 철거, 종각 및 신신백화점 훼손), 종로 확장(남측 시전흔적 훼손)
	1979	롯데백화점 건립
	1982	중부경찰서 개칭(구■본정경찰서)
	1985	종묘공원 조성

11 · 도시조직의 변화: 판자촌 및 골목길의 정비

일제 식민통치기 (1905~1945)	1937	돈암/대현지구 불량주거지 정비
전후 혼란기	1952	전재복구사업으로 을지3/충무/관철/종로5/묵정지구 토지구획정리사업 추진

(1946~1960)~ 경제성장기 (1961~1994)	1962	도시계획법 제정
	1965	도시계획법에 도심재개발사업 지정근거 마련
	1966	세운상가 재개발 착공
	1971	도시계획법에 도심재개발사업 시행근거 마련 소공재개발 철거
	1973	도심재개발 11개 구역 지정 (소공/서울역/서대문 1,2,3/을지로1가/장교/다동/서린/적선/도렴지구) 특정가구정비 4개소 지정 (반도/금문도/세종로/을지로5·6가)
	1975	도심재개발 3개소 추가 (광화문/신문로/청계천7가)
	1977	도심재개발 5개소 추가 (을지로2가/명동/청진/남대문/회현)
	1978	도심재개발 9개소 추가 (양동/서소문/소공4/명동2가/공평/신문로2/봉래동 1가/남대문로5가/동자)
	1980	도심재개발 4개소 해제 (명동2/신문로2/남대문)
	1982	세운상가 도심재개발구역 지정
	1983	도심재개발 2개소 재지정 (명동/신문로2)
	1984	도심재개발 1개소 추가 (북창)
	1987	세운상가 서측 2,3구역 추가
	1988	남대문구역 일부 해제
	1993	도심재개발 1개소 지정 (내수)
	1994	도심재개발 1개소 지정 (세종로)

12 · 경관 및 분위기 훼손

일제 식민통치기 (1905~1945)		도심부 내 평균층고 1~2층 최고층 건물은 반도 호텔로 8층
전후 혼란기 (1946~1960)	1953	서울시 건축행정요강 공포(상업지역 건물높이 25m 이상, 노변 3층 이상, 12m~15m 노변 2층 이상 제한 고층화 유도)
경제성장기 (1961~1994)	1972	특정가구정비지구/재개발촉진지구 지정 (높이/용적률 별도규정 가능)
	1974	국립중앙도서관 매각(조선총독부도서관 철거)

	국무회의장 매각(반도 호텔 철거)
1981	산업은행 주차장/시설녹지지구 결정(조선식산은행 철거)
1983	주요 간선도로변 건축물 최고고도 기준 책정 (도심부 고층화의 기준과 원칙 중론 형성, 북한산/남산 경관 보호를 위한 높이제한 검토)
	도심재개발구역 내 고도제한조치 해제, 용적률 1,000% 완화

도심부 정체성에 대한 시민설문조사지

안녕하십니까? 저는 여론조사 전문기관인 리서치플러스 면접원 ○○○입니다.
저희는 서울시정개발연구원으로부터 조사 의뢰를 받아 서울시민을 대상으로 여론조사를 시행하고 있습니다.

서울시정개발연구원에서는 서울시 도심부의 정체성을 살려 시민들의 자긍심을 높일 수 있는 정책 방향을 마련하기 위하여 시민 여러분의 의견을 반영하기 위함입니다.

설문 응답결과는 무기명으로 전산 처리되며, 개인적인 응답내용은 통계법 제33조(비밀의 보호)에 의거하여 연구목적 이외의 다른 목적으로 절대 사용하지 않을 것입니다.
귀하의 의견이 서울특별시의 자긍심을 높이기 위한 정책수립에 소중한 정보로 활용되오니 바쁘시더라도 조사에 적극적인 협조를 부탁드립니다. 감사합니다.

2012년 4월

(주)리서치플러스

연구수행기관 : 서울연구원

조사수행기관 : ㈜리서치플러스

조사문의 : 서울특별시 서대문구 충정로 3가 엘림넷빌딩 4층

(주)리서치플러스 담당 연구원 : 장현중 부장 (02-312-0884), jhj@rsplus.co.kr

■ 기초 사항

Q1	거주 지역	도심	① 종로구	② 중구	③ 용산구	
		동북1	④ 성동구	⑤ 광진구	⑥ 동대문구	⑦ 중랑구
		동북2	⑧ 성북구	⑨ 강북구	⑩ 도봉구	⑪ 노원구
		서북	⑫ 은평구	⑬ 서대문구	⑭ 마포구	
		서남1	⑮ 양천구	⑯ 강서구		
		서남2	⑰ 구로구	⑱ 금천구	⑲ 영등포구	
		서남3	⑳ 동작구	㉑ 관악구		
		동남1	㉒ 서초구	㉓ 강남구		
		동남2	㉔ 송파구	㉕ 강동구	(☞ 쿼터 확인)	
Q2	성별	① 남성 ② 여성 (☞ 쿼터 확인)				
Q3	연령	만 ( )세 (☞ 만 20세 이상 대상, 쿼터 확인)				

■ 면접원 기록사항

응답자 성명		연 락 처	유 선 ☎ ( )–( )–( )
			핸드폰 ☎ ( )–( )–( )
응답자 주소	서울시 ( )구 ( )동		
면 접 일 시	2012년 4월 ____일 ____시 ____분경 (소요 시간 : 분)		
면접원 성명		검증원 확인	
코딩원 확인		S / V 확 인	

A. 서울 도심부에 대한 일반적인 인식

문A1. 귀하께서는 서울의 도심부 하면 가장 먼저 떠오르는 장소는 어디입니까?

( )

문A2. 다음 보기는 서울 도심부에서 사람들이 자주 방문하는 주요 장소입니다. 귀하께서는 서울 도심부에서 업무적인 일이 아닌 개인적인 차원에서 자주 방문하는 곳은 어디입니까? 자주 방문하는 순서대로 2개 까지 말씀해주시기 바랍니다. (1순위:) (2순위:)

① 남산 및 남산타워　　　　　② 서울성곽 (인왕산, 북악산, 낙산지역 포함)
③ 명동　　　　　　　　　　　④ 인사동

⑤ 북촌 한옥마을, 삼청동길　　⑥ 청계천 및 천변지역
⑦ 정동 등지 시립박물관 및 역사박물관　　⑧ 대학로
⑨ 남대문 시장　　　　　　　　　　⑩ 광장시장
⑪ 동대문시장 및 동대문운동장 주변　　⑫ 광화문광장
⑬ 시청앞 서울광장　　　　　　　　⑭ 남산 한옥마을
⑮ 고궁 (경복궁, 덕수궁, 창경궁, 창덕궁 등)　⑯ 종로 및 종각 주변지역
⑰ 기타 (　　　)

문A2-1. 자주 방문하는 주된 이유는 무엇입니까? (문A2에서 자주 방문하는 1순위 기준)
　① 자연 체험　　② 문화 체험　　③ 쇼핑 체험　　④ 역사유적 체험　　⑤ 기타 (　　)

문A3. 귀하께서는 서울의 도심부에서 매력적이고 특성이 있다고 생각되는 장소는 어디라고 생
　　각하십니까? 순서대로 2개까지 말씀해 주시기 바랍니다. (1순위 :　　) (2순위 :　　)
　① 남산 및 남산타워　　　　　　　② 서울성곽 (인왕산, 북악산, 낙산지역 포함)
　③ 명동　　　　　　　　　　　　　④ 인사동
　⑤ 북촌 한옥마을, 삼청동길　　　　⑥ 청계천 및 천변지역
　⑦ 정동 등지 시립박물관 및 역사박물관　　⑧ 대학로
　⑨ 남대문 시장　　　　　　　　　⑩ 광장시장
　⑪ 동대문시장 및 동대문운동장 주변　　⑫ 광화문광장
　⑬ 시청앞 서울광장　　　　　　　　⑭ 남산 한옥마을
　⑮ 고궁 (경복궁, 덕수궁, 창경궁, 창덕궁 등)　⑯ 종로 및 종각 주변지역
　⑰ 기타 (　　　)

문A3-1. 가장 매력적이라고 생각하는 이유는 무엇입니까? (　　)

구 분	매력적이라고 생각되는 이유 (단수응답)			
1순위 장소	① 경관적 독특성	② 분위기와 활력	③ 역사성	④ 기타 (　　)
2순위 장소	① 경관적 독특성	② 분위기와 활력	③ 역사성	④ 기타 (　　)

문A4. 다음은 서울과 비견되는 해외의 대도시로 한 나라의 역사와 문화를 대표하는 도시들입
　　니다. 귀하께서 방문하신 경험이 있는 도시는 어디입니까? 모두 체크해 주세요.
　① 뉴욕　　② 파리　　③ 런던　　④ 베이징　　⑤ 동경　　⑥ 없음

※ 도시의 정체성을 구성하는 요소로 자연적인 경관이나 역사적 분위기, 문화적 다양성, 쇼핑
　활력 등을 들 수 있습니다. 이를 참고하여 다음의 질문에 답하여 주시기 바랍니다.

문A5. 귀하께서 생각하시기에 다음 도시들 중에서 자연적 경관이 뛰어난 도시는 어디입니까?
순서대로 보기의 도시에 대해 순위를 매겨 주시기 바랍니다.

(1순위:) (2순위:) (3순위:) (4순위:) (5순위:) (6순위:)
① 뉴욕   ② 파리   ③ 서울   ④ 베이징   ⑤ 동경   ⑥ 런던

문A6. 귀하께서 생각하시기에 다음 도시들 중에서 역사적 분위기가 강한 도시는 어디입니까?
순서대로 보기의 도시에 대해 순위를 매겨 주시기 바랍니다.

(1순위:) (2순위:) (3순위:) (4순위:) (5순위:) (6순위:)
① 뉴욕   ② 파리   ③ 서울   ④ 베이징   ⑤ 동경   ⑥ 런던

문A7. 귀하께서 생각하시기에 다음 도시들 중에서 문화적 다양성이 풍부한 도시는 어디입니
까? 순서대로 보기의 도시에 대해 순위를 매겨 주시기 바랍니다.

(1순위:) (2순위:) (3순위:) (4순위:) (5순위:) (6순위:)
① 뉴욕   ② 파리   ③ 서울   ④ 베이징   ⑤ 동경   ⑥ 런던

문A8. 귀하께서 생각하시기에 다음 도시들 중에서 쇼핑 활력이 높은 도시는 어디입니까?
순서대로 보기의 도시에 대해 순위를 매겨 주시기 바랍니다.

(1순위:) (2순위:) (3순위:) (4순위:) (5순위:) (6순위:)
① 뉴욕   ② 파리   ③ 서울   ④ 베이징   ⑤ 동경   ⑥ 런던

문A9. 귀하께서 생각하시기에 전반적으로 도시의 성격이 분명하고 독특성이 강하여 도시의 정
체성이 강한 도시는 어디입니까? 순서대로 보기의 도시에 대해 순위를 매겨 주시기 바랍
니다.

(1순위:) (2순위:) (3순위:) (4순위:) (5순위:) (6순위:)
① 뉴욕   ② 파리   ③ 서울   ④ 베이징   ⑤ 동경   ⑥ 런던

B. 서울의 정체성에 대한 질문

문B1. 귀하께서는 현재 살고 계시는 서울에 대해 얼마나 자긍심을 느끼고 계십니까?
① 매우 자긍심이 강하다   ② 다소 자긍심을 느끼고 있다
③ 보통이다   ④ 별로 자긍심을 느끼지 못한다
⑤ 전혀 자긍심을 느낀 적 없다

문B1-1. [문B1에서 1, 2, 3에 응답한 경우] 귀하께서는 서울에 대한 자긍심은 어디로부터 온다고 생각하십니까?

① 서울이 갖는 우월한 역사와 문화
② 폐허 속에서 단기간에 이뤄낸 경제성장
③ 한국을 대표하는 수도 (서울에 청와대, 국회, 사법부 등이 있음)
④ 해외에서도 인지하는 대표적 도시 중 하나

문B1-2. [문B1에서 4, 5에 응답한 경우] 자긍심을 느끼지 못하는 이유는 무엇입니까?

① 해외 대도시(파리, 로마, 북경 등)에 비해 보잘 것 없는 역사와 문화
② 훼손되어 사라져 버린 도시의 역사와 문화
③ 비좁은 골목길과 오두막집 같이 쓰러져가는 건물들
④ 도시 활동에 불편하고 쾌적하지 못한 도시 환경
⑤ 기타 (   )

문B2. 다음 중 서울의 정체성을 가장 잘 느낄 수 있는 공간은 무엇입니까?

① 내사산(남산, 인왕산, 북악산 등)으로 둘러싸인 사대문 안 역사문화 공간 (고궁, 한옥 등)
② 개항 이후 일제 강점기를 거치면서 형성된 근대 역사문화 공간
③ 한강과 강변 다리 및 건물 경관
④ 여의도와 테헤란로의 고층건물(63빌딩, 코엑스)과 아파트
⑤ 홍대 클럽문화와 이태원, 가로수 길의 다국적성
⑥ 서민들의 삶과 서울의 풍물을 느낄 수 있는 남대문시장 등 재래시장

문B3. 귀하께서 생각하시기에 '서울의 정체성'은 어디에서부터 온다고 생각하십니까?

① 조선왕조에서부터 근현대로 이어지는 역사문화 공간
② 1960년대 후반 이후 고도의 경제성장 과정 속에서 형성된 고층 고밀의 현대적 공간
③ 산으로 둘러싸이고 하천이 중심에 흐르는 자연적 독특성
④ 대한민국의 수도가 갖는 정치, 경제, 사회적 중심지라는 동질성
⑤ 기타 (   )

문B4. 귀하께서 생각하시기에 '서울 사대문 안의 역사적 공간 회복'은 서울의 정체성 구현에서 얼마나 중요하다고 생각하십니까?

① 매우 중요하다   ② 다소 중요하다   ③ 보통이다
④ 별로 중요하지 않다   ⑤ 전혀 중요하지 않다

C. 서울 도심부 정체성 요소에 대한 질문

※ 다음은 역사적 공간인 서울 도심 사대문 안의 정체성을 형성하고 있는 주요요소입니다.

① 도심을 둘러싼 내사산(인왕산, 백악산, 남산, 낙산)과 도성 및 성문
② 역사공간인 궁궐(경복궁, 창덕/창경궁, 덕수궁, 경희궁)과 제사공간(사직단/환구단/영희전/ 경덕궁 등)
③ 사대문 안 주요 장소를 잇는 종로(종각)와 남대문로, 광화문광장(육조거리), 돈화문로
④ 도심부의 자연 하수로이자 생태통로이면서 위락공간인 청계천의 지류와 세류
⑤ 북촌, 인사동, 서촌 등 한옥 밀집지역

문C1. 위에서와 같이 서울도심 사대문 안의 정체성을 형성하고 있는 주요 원형적 요소의 회복은 어떠한 방향으로 이루어져야 한다고 생각하십니까?
  ① 전체 요소가 다 복원될 필요가 있다.
  ② 현실적인 여건을 고려하여 일부 요소에 대해서 복원이 필요하다.
  ③ 기존에 만들어진 것도 도심부 정체성의 일부이므로, 복원하더라도 기존에 만들어진 것을 신중하게 검토하여 복원이 이루어져야 한다.
  ④ 현재의 모습도 도심부 정체성의 일부이므로, 복원은 불필요하다.

※ 문C1에서 1, 2, 3에 응답하신 경우에 한해 문C2번 질문

문C2. 이들 원형적 요소의 회복이 이루어진다면, 어떠한 방향으로 이루어져야 한다고 생각하십니까?
  ① 원형이 갖고 있는 형태와 특성 그대로 회복
  ② 원형이 갖고 있는 형태와 특성을 지키면서, 현대적 활용성 고려
  ③ 현대적 활용성을 중심으로 하면서, 일부 원형적 형태와 특성 가미
  ④ 원형적 형태와 특성에 대한 고려 없이 현재의 필요에 따라 이루어져야 한다.

문C3. 다음 요소 중에서 서울 사대문 안의 정체성을 형성하는데 비중이 높아 회복이 시급히 필요하다고 생각하는 요소를 순서대로 2가지만 골라 주시기 바랍니다.
  (1순위:) (2순위:)
  ① 내사산(인왕산, 백악산, 남산, 낙산)과 도성 및 성문 등 회복
  ② 훼손 궁궐(경복궁/덕수궁/경희궁등)과 제사공간(사직단/환구단/영희전/경덕궁 등)
  ③ 사대문 안 주요 장소를 잇는 종로(종각)와 남대문로, 광화문광장(육조거리), 돈화문로
  ④ 도심부의 자연 하수로이자 생태통로이면서 위락공간인 청계천의 지류와 세류
  ⑤ 북촌, 인사동, 서촌 등 한옥 밀집지역

D. 도심부 정책 및 사업 관련 질문

문D1. 다음은 서울의 도심부 보존/보전을 위한 사업입니다. 보기 중에서 의미가 있고, 성과도 있었다고 생각되는 사업을 순서대로 2개까지 말씀해 주시기 바랍니다. 보존/보전사업이란 본래 있던 것을 유지하되, 약간의 정비작업을 추가 수행하는 것을 말합니다.
(1순위:) (2순위:)
① 북촌 한옥 보존 및 보전사업   ② 인사동 보존 및 보전사업
③ 대학로 및 명동 보존 및 보전사업   ④ 광장시장 및 남대문시장 보존 및 보전사업
⑤ 정동 근대역사지구 보존 및 보전사업

문D2. 다음은 서울의 도심부 복원을 위한 사업들입니다. 보기 중에서 의미가 있고, 성과도 있었다고 생각되는 사업을 순서대로 2개까지 말씀해 주시기 바랍니다. 복원사업이란 기존에 사라진 것을 원래대로 회복하는 것을 말합니다. (1순위:) (2순위:)
① 궁궐 및 제사 공간 (종묘, 사직단 등) 복원 사업
② 청계천 복원사업
③ 남산 외인아파트철거, 기무대 군사시설 이전 등 남산 회복사업
④ 성곽 및 사소문(광희문, 돈의문) 복원사업

문D3. 다음은 서울 도심부의 주요 미화사업들입니다. 보기 중에서 의미도 있고, 성과도 있었다고 생각되는 사업을 순서대로 2개까지 말씀해 주시기 바랍니다. 미화사업이란 본래 있던 것의 미적, 경관적 가치를 높이는 것을 말합니다. (1순위:) (2순위:)
① 광화문광장, 서울광장 조성사업
② 삼청동길, 무교동길, 돈화문로 등 간판정비 및 가로시설물 개선사업
③ 동대문운동장 공원화 및 디자인플라자 조성사업
④ 서울 시립미술관, 역사박물관 등 문화시설 조성사업
⑤ 대형 건축물의 전면부에 시민들이 휴식할 수 있는 공간을 조성하는 사업

문D4. 귀하께서 생각하시기에 서울의 도심부 내 정비 사업은 어떻게 추진하는 것이 바람직하다고 생각하십니까?
① 노후 건축물을 철거하고 대형 오피스나 주상복합건물을 세우는 철거 재개발방식
② 골목길은 그대로 살리면서 노후 건축물을 스스로 개보수하는 환경개선형 정비방식
③ 도로를 확장하면서 건축물들은 몇 개 단위의 소규모 형태로 공동 개발하는 방식
④ 정비가 불필요하므로, 자생적으로 정비할 수 있도록 그대로 둔다.

문D5. 다음은 서울 도심부의 정비 및 미화, 복원을 위한 사업들입니다. 귀하께서 생각하시기에 시간과 비용 투자에 비하여 서울의 특성을 살리는 데 기여도가 미흡하고 성과도 부진했다

고 생각하는 사업을 순서대로 2개까지 말씀해주시기 바랍니다. (1순위:) (2순위:)

① 광화문광장 조성사업   ② 청계천 복원사업
③ 성곽 복원사업   ④ 서울광장 조성사업
⑤ 인사동 차 없는 거리사업   ⑥ 북촌 가꾸기 사업
⑦ 남산 외인아파트 철거   ⑧ 남대문시장/광장시장 정비사업
⑨ 명동 환경개선사업   ⑩ 삼청동길. 대학로 등 디자인 서울거리 사업
⑪ 기타 (   )

문D6. 귀하께서 생각하시기에 서울의 도심부 사업 및 정책 중에서 가장 중시되어야 한다고 생
각하는 정책과 사업은 무엇입니까? (   )

① 기존에 형성된 역사 자원을 보존 및 보전하는 정책과 사업들
② 역사 자원 및 자연 자원을 다시 회복하는 복원정책과 사업들
③ 낙후된 건물과 골목길을 정비하는 정비정책과 사업들
④ 도심부의 특정 장소와 시설을 꾸미는 도시미화 사업들
⑤ 도심부의 경제와 산업을 활성화하는 정책과 사업들

E. 서울 도심부 정책 방향에 대한 질문

문E1. 귀하께서 생각하시기에 현재 서울 도심부의 가장 큰 문제점은 무엇이라고 생각하십니
까?

① 사라지거나 훼손된 역사적 문화재
② 경제적 활력 저하 및 낙후된 중소산업시설들
③ 차량접근이 어려운 도로여건과 낙후된 건물들
④ 재개발에 따라 점차 사라지는 역사성과 장소성
⑤ 기타 (   )

문E2. 앞으로 서울 도심부 정책에서 역점을 두어야 할 것은 무엇이라 생각하십니까?
순서대로 2개까지 말씀해 주시기 바랍니다. (1순위 :   ) (2순위 :   )

① 경제적 활성화
② 도시의 역사성 회복 및 하천/내사산의 생태 회복
③ 도시미관 개선 및 문화적 개방공간의 확충
④ 특성지역의 장소성 보전
⑤ 낙후된 건물과 골목길의 도로여건 개선
⑥ 기타 (   )

문E3. 귀하께서 생각하시기에 향후 서울 도심부 정책은 어떠한 방향으로 이루어져야 한다고
생각하십니까?
① 경제적 활성화에 역점을 두면서 역사성 및 장소성 회복
② 역사성 및 장소성 회복에 역점을 두면서 경제적 활성화 일부 수용
③ 경제적 활성화 중심의 정책 추진
④ 역사성 및 장소성 회복 중심의 정책 추진
⑤ 기타 (   )

문E4. 귀하께서 생각하시기에 서울 사대문 안의 정체성 회복은 어느 정도 필요하다고 생각하
십니까?
① 매우 필요하다   ② 다소 필요하다   ③ 보통이다
④ 별로 필요하지 않다   ⑤ 전혀 필요하지 않다

문E4-1. (문E4에서 1,2,3에 응답한 경우에 한해) 서울 사대문 안의 정체성 회복은 어떤 측면에
서 필요하다고 생각하십니까?
① 한국민과 서울시민의 자긍심 회복 차원
② 서울과 대한민국의 대외적인 브랜드가치 상승 차원
③ 관광산업의 활성화 차원
④ 시민들의 역사문화 접근성 개선 및 교육 차원

문E5. 귀하께서 생각하시기에 서울 사대문 안의 정체성을 훼손하는 주된 원인은 어디에 있다
고 생각하십니까?
① 옛 골목길과 건물들을 없애는 도심재개발사업
② 내사산과 문화재를 향한 시야를 차단하고, 스카이라인을 어지럽히는 초고층화
③ 남산을 침식하고 있는 고층 호텔과 건물들
④ 하천을 덮고 있는 도로
⑤ 한옥 및 내사산과 어울리지 않는 무국적의 현대적인 건물들
⑥ 기타 (   )

F. 서울 도심부 정체성 회복을 위한 복원 방향

※ 다음은 서울 도심부의 정체성 회복을 위한 사업으로 본 연구에서 제안하는 [종로-남대문로-
육조거리-돈화문로] 복원사업입니다.

(1) 종로 - 남대문로 - 육조거리 - 돈화문로 복원사업

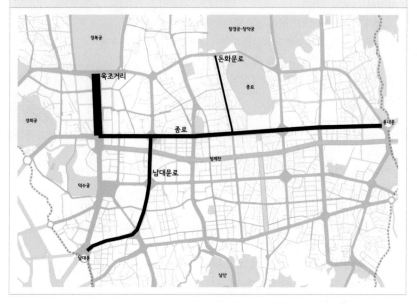

문F1. 귀하께서는 서울 도심부의 정체성을 회복하기 위하여 도심부의 공간적 질서를 제공하는 [종로 - 남대문로 - 육조거리 - 돈화문로]의 역사성을 회복하는 방안에 대하여 어떻게 생각하십니까?

① 종로 - 남대문로 - 육조거리 - 돈화문로를 일체적으로 연결하는 데 전적으로 찬성하고, 가능한 한 예전의 시전의 형태 등 역사성을 복원하는 방향으로 이루어져야 한다.

② 종로 - 남대문로 - 육조거리 - 돈화문로를 일체적으로 연결하는 데는 찬성하지만, 역사성 회복은 교통여건과 상업 활성화 등을 감안하여 이루어져야 한다.

③ 종로 - 남대문로 - 육조거리 - 돈화문로를 일체적으로 연결하는 것에 찬성하고, 교통여건과 상업 활성화보다 우선 역사성 복원 정비가 이루어져야 한다.

④ 현재의 도심부 여건이 많이 바뀌었으므로, 종로 - 남대문로 - 육조거리 - 돈화문로의 역사성을 회복하는 데 반대한다.

※ 문F1에서 1, 2, 3에 응답한 경우에 한해 문F1-1번 질문

문F1-1. 종로 - 남대문로 - 육조거리 - 돈화문로의 역사성을 회복한다면, 어떠한 방향으로 이루어져야 한다고 생각하십니까?

① 예전(조선조)의 형태와 분위기를 가능한 살리는 방향으로 이루어져야 한다.

② 예전의 형태와 분위기를 살리되, 교통 및 상업 활성화 등을 고려하여 이루어져야 한다.

③ 교통 및 상업 활성화 등을 우선 고려하되, 일부 예전의 형태와 분위기를 살리도록 해야 한다.

④ 예전의 형태와 분위기를 살리기보다는 현재의 필요조건에 부합하도록 정비되어야 한다.

※ 다음은 서울 도심부의 정체성 회복을 위해 본 연구에서 제안하고 있는 사업으로 [청계천 지류 및 세천 복원 사업]을 나타낸 그림입니다.

(2) 청계천 지류 및 세천 복원 사업

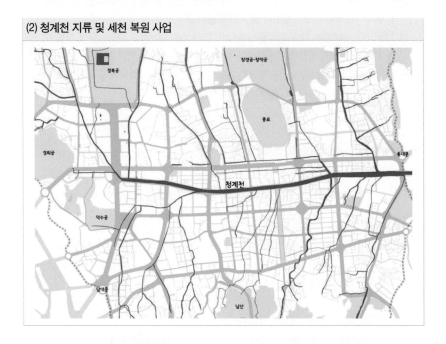

문F2. 서울의 도심부 정체성 회복을 위하여 시가지 형성의 질서를 제공하고 상하수 기능 외에 생태 위락적 기능을 수행했던 [청계천 지류 및 세천]을 회복하는 방안에 대하여 어떻게 생각하십니까?

① 장기적인 시간비용투자계획을 세워서라도 상하수오수망 개선을 포함하여 청계천 지류 및 세천을 회복해나가야 한다.

② 각 구간마다 시가지 여건이 다르므로, 복원이 가능한 구간은 원래의 형태로 회복하되, 일부 복원이 어려운 구간은 실개천 등 물길을 표현하는 수준으로 정비한다.

③ 정비하려면 시간과 비용투입이 대단하므로, 청계천 지류와 세천의 물길은 실개천 등으로 표현하는 수준으로 정비하도록 한다.

④ 시간과 비용투입에 비하여 큰 효과가 없으므로, 복원을 고려할 필요가 없다.

문F3. 서울의 도심부는 철거 재개발사업을 통해 현대적인 건물로 바뀌어 예전의 분위기를 찾아보기 어렵게 되었습니다. 이는 예전의 우리나라 한옥 및 민가 건축 스타일이 사라졌기 때문입니다. 서울의 도심부 분위기 재현을 위해 한옥 스타일을 현대적으로 구현하여 건축 시 적용하는 방안에 대하여 어떻게 생각하십니까?

① 전통성을 회복하는 차원에서 반드시 이루어져야 하고, 도심부 전역에 적용될 수 있도록 해야 한다.

② 전통성을 회복하는 차원에서 이루어져야 하지만, 전역에 적용되기보다는 역사성이 있는 일부지역에 국한하여 적용하는 방안이 바람직하다.

③ 전통성을 회복하는 차원에서 필요하지만, 현대성을 가미하고 창의성을 발휘할 수 있도록 유연성을 주어 독창적인 스타일이 창출될 수 있는 방안이어야 한다.

④ 한옥 스타일을 개발하여 인위적으로 유도하는 것은 전통성 회복에 도움이 되지 않으며, 또 다른 전통성 논란을 야기할 수 있어 바람직하지 않다.

■ 마지막으로 통계처리를 위한 질문입니다.

문DQ1. 귀하께서는 서울에서 거주하신 기간이 얼마나 됩니까? (년)

문DQ2. 귀하의 직업은 무엇입니까?

① 농림 어업　② 자영업　③ 판매/서비스직　④ 기술/숙련공
⑤ 사무직　⑥ 경영/관리직　⑦ 전문/자유직　⑧ 전업주부
⑨ 학생　⑩ 무직　⑪ 기타

문DQ3. 귀하의 최종 학력은 어떻게 되십니까?

① 초등학교 졸업 (무학·중퇴 포함)　② 중학교 졸업 (중퇴포함)
③ 고등학교 졸업 (중퇴 포함)　④ 대학(전문대) 졸업 (재학, 중퇴 포함)
⑤ 대학교 졸업 (재학, 중퇴 포함)　⑥ 대학원 수료/졸업 (재학, 중퇴 포함)

문DQ4. 귀하의 혼인 상태는 어떠합니까?

① 미혼　② 기혼　③ 기타 (사별, 이혼 등)

문DQ5. 귀하 가구 전체의 월평균 소득은 대략 어느 정도입니까?

① 100만 원 미만　② 100~199만 원　③ 200~299만 원　④ 300~399만 원
⑤ 400-499만 원　⑥ 500~599만 원　⑦ 600만 원 이상

※ 설문에 응해주셔서 대단히 감사드립니다.

중심대로변 주요시설에 대한 사료 검토[*]

1 • 육조대로 행랑의 형태와 배치

1) 사료 검토

태조 1년(1392) 조선을 개국하고, 태조 3년(1394) 9월 1일 한양에 궁궐을 건설하기 위한 궁궐조성도감이 설치되었다. 이어 같은 해 12월 4일에 종묘와 궁궐의 공역이 시작되었고, 이듬해인 태조 4년(1395) 9월 29일에 경복궁과 종묘, 그리고 육조대로의 관아가 완성되었다. 당시 사료에는 광화문 밖 좌우에 의정부·삼군부·육조·사헌부 등의 각사 공청이 벌여 있었다는 간략한 기록만 남아 있다.[1] 이런 소략한 자료만으로 당시 육조관청의 모습이나 건축구성 등을 짐

....

* 본 검토는 (주)금성종합건축사사무소와 (재)역사건축기술연구소가 공동협력하여 수행하였다.
1 『태종실록』 권 8, 태종 4년 9월 29일(경신).

작하기는 쉽지 않다.

육조대로의 변화는 태종대에 들어서 행랑을 지으면서 시작되었다. 태종은 태종 5년(1405년) 송도에서 한양으로 돌아온 이후 왕권을 강화하며 한양의 도시기반을 확충하는 일에 전념하였다. 이후 태종 6년(1406) 개천을 파고 공해를 수리하였고, 태종 11년(1411)에는 개천을 준설하고, 성안에 장랑(행랑)을 짓도록 명하였다. 이후 태종 12년(1412) 2월에 시전 좌우행랑 800여 칸(혜정교~창덕궁 동구까지)의 터를 닦았으며, 태종 13년(1413) 5월 총 1,360칸의 장행랑(종루에서 서북으로 경복궁까지, 동쪽은 창덕궁 종묘 앞 누문까지, 남쪽은 숭례문 전후까지)을 건설하였는데, 이러한 기록을 토대로 경복궁 앞의 육조대로 행랑은 1413년에 조성되었음을 알 수 있다.

당시 건설된 행랑의 기능에 관해서는 아래에 주요한 사료를 열거하였다. 이를 통해 행랑의 기능은 위치에 따라 조금씩 차이가 있었음을 알 수 있다. 행랑의 일부 구간은 백성들의 살림집을 가리는 기능을, 일부 구간에는 시전기능을 부여하여 사용하는 다용도 공간이었다. 태종이 한양 행랑을 건설할 때 송도 행랑을 본보기로 삼았다고 추정하는 견해는 흥미를 끈다.[2] 아래 사료는 『태종실록』에 수록된 조선 초기 육조대로 행랑 및 시전행랑과 관련된 주요 사료이다.

성 안에 장랑長廊을 지으라고 명하고, 강원도 군정軍丁 1만 3,000명으로써 재목 材木을 베었다.[3]

비로소 시전市廛의 좌우 행랑左右行廊 8백여 간의 터를 닦았는데, 혜정교惠政橋에서 창덕궁昌德宮 동구洞口에 이르렀다. 외방의 유수游手 승도僧徒를 모아서 양식을 주어 역사시키고, 인하여 개천도감開川都監으로 하여금 그 일을 맡게 하였다. 사헌

<hr>

2   김동욱, 「태종의 개천·장랑 건설과 박자청: 한양건설에서 송도의 영향」, 한국건축역사학회 2011년 9월 월례학술대회(2011), 13쪽.

3   『태종실록』 권 22, 11년(1411 신묘/명 영락永樂 9년) 윤12월 13일(기사) 6번째 기사.

부에서 사람을 보내어 점고하여 살피고, 부역赴役한 군정 가운데 물고物故한 자가 11인이고, 병든 자가 200여 인이라고 아뢰었다.[4]

행랑조성도감行廊造成都監에 내온內醞을 내려 주었다. 임금이 "행랑行廊을 조성하는 일을 처음에는 모두 어렵다고 생각하였는데, 지어 놓고 보니 국가에 모양模樣이 있어볼 만하다. 만일 남은 힘이 있으면 종루鍾樓 동서쪽에도 지었으면 좋겠다." 하니, 좌정승左政丞 성석린成石璘이 대답하기를 "재목은 넉넉합니다" 하니, 임금이 말하였다. "명년 가을과 겨울을 기다려서 조성하는 것이 좋겠다."[5]

행랑조성도감行廊造成都監과 누지樓池를 만드는 역도役徒에게 술을 내려 주었다.[6]

조성도감造成都監에 궁온宮醞을 내려 주었다. 임금이 "행랑行廊에서 와요瓦窯를 끝냈다고 하니, 역도役徒를 또한 놓아 보내는 것이 좋겠다" 하였으니, 때가 고열苦熱이 가까워지기 때문이었다.[7]

행랑行廊의 역사를 정지하였다.[8]

도성都城 좌우의 행랑行廊이 완성되었다. 궐문闕門에서 정선방貞善坊 동구洞口까지 행랑이 472칸이고, 진선문進善門 남쪽에 누문樓門 5칸을 세워서 '돈화문敦化門'이라고 이름하였다. 의정부에서 창덕궁昌德宮 문 밖의 행랑을 각사에 나누어주어 조방朝房으로 만들 것을 청하고 또 아뢰었다. "금년 가을에 행랑行廊을 수리하고 장식하

<hr>

4 『태종실록』권 23, 12년(1412 임진/명 영락永樂 10년) 2월 10일(을축) 1번째 기사.
5 같은 책, 12년(1412 임진/명 영락永樂 10년) 4월 3일(정사) 2번째 기사 .
6 같은 책, 12년(1412 임진/명 영락永樂 10년) 4월 19일(계유) 4번째 기사.
7 같은 책, 12년(1412 임진/명 영락永樂 10년) 5월 9일(임진) 3번째 기사.
8 『태종실록』권 24, 12년(1412 임진/명 영락永樂 10년) 10월 8일(경신) 2번째 기사.

는 일과 창고倉庫를 조성造成하는 등의 일에 유수遊手·승도僧徒와 대장隊長·대부隊
副로 하여금 역사에 나오게 하소서."그대로 따랐다.[9]

다시 행랑行廊의 역사役事를 시작하였다. 경복궁의 남쪽부터 종묘 앞까지 좌우
행랑이 모두 881칸間이고, 또 종묘의 남로南路에 층루層樓 5칸을 세웠다. 또 청운교
青雲橋의 서종루西鍾樓 2층 5칸을 순금사巡禁司의 남쪽, 광통교廣通橋의 북쪽에 옮기
고, 또 용산강龍山江에 새로 군자고軍資庫를 지으며, 서강西江에 새로 풍저창豐儲倉을
지으니, 역정役丁이 2천 1백 41명, 승군僧軍이 500명이었다. 전 판사判事 이간李陳
등 22인이 그 역사를 감독하고, 성산 부원군星山府院君 이직李稷, 지의정부사 이응李
膺, 공조 판서 박자청朴子青 등이 그 일을 영솔하였다.[10]

장행랑長行廊이 모두 이루어지니, 종루鍾樓로부터 서북은 경복궁景福宮에 이르고,
동북은 창덕궁昌德宮과 종묘宗廟 앞 누문樓門에 이르며, 남쪽은 숭례문崇禮門 전후前
後에 이르니, 이루어진 좌우의 행랑이 합계하여 1,360칸이며, 역도役徒는 모두 대
장隊長·대부隊副, 군기감軍器監 별군別軍, 각사各司 하전下典과 중僧人을 합계하여
2,641명이었다.[11]

별요別窯를 혁파할 것을 의논하니, 호조 판서 박신朴信이, "경성京城의 와옥瓦屋은
모두 다 이것에 의지하여 판비辦備하였는데, 이제 만약 이를 혁파한다면 사서士庶
의 집에서는 기와를 얻을 길이 없을 것입니다" 하니, 임금이 말하였다. "태조太祖
가 도읍을 세우고, 내가 새로 행랑行廊을 지어서 경읍京邑의 체모가 대개 겉이나마
완성되었지만, 다만 남대문 안의 행랑行廊을 아직 세우지 못한 것이 한스럽다."[12]

....
9 『태종실록』 권 23, 12년(1412 임진/명 영락永樂 10년) 5월 22일(을사) 2번째 기사.
10 『태종실록』 권 25, 13년(1413 계사/명 영락永樂 11년) 2월 6일(을묘) 2번째 기사.
11 같은 책, 13년(1413 계사/명 영락永樂 11년) 5월 16일(갑오) 2번째 기사.
12 『태종실록』 권 27, 14년(1414 갑오/명 영락永樂 12년) 2월 4일(무신) 1번째 기사.

육조대로에 설치한 행랑은 각 관청 전면에 자리를 잡았을 텐데 조선 말기와 얼마만큼 공통점이 있었는지 아니면 전혀 달랐는지는 알기 어렵다. 이 과제에서 육조대로의 행랑을 조선 말기의 모습에 근거하여 도면을 작도한 이유가 바로 여기에 있다. 사실 조선 전기 광화문 앞은 사신들의 접대와 각종 왕실행사 때 중요한 장소였다. 이와 같이 광화문 앞이 국가의례를 펴는 데 매우 중요한 장소였다는 점을 상기하면 육조대로에 설치한 행랑은 다른 데에 마련한 행랑과 약간 차별화된 건축이었을 가능성도 점쳐지나 지금으로서는 조선 말기를 통해 추론할 수밖에 없다는 점을 밝혀둔다.

장랑 건설 이후 육조대로를 짐작케 하는 사료는 거의 찾아보기 힘들다. 게다가 임진왜란으로 경복궁이 소실되고 법궁 기능을 창덕궁으로 옮기면서 육조대로는 조선 전기와는 위상이 달라져 돈화문 앞이 경복궁 앞을 대신하게 되었다. 고종 대에 들어서 경복궁을 중건하고 이후 육조 관청이 재건되면서 육조대로의 행랑은 다시금 역할이 주어졌다. 이와 관련된 자료는 사진과 도면으로 확인할 수 있다.

2) '서울 육조대로 유적' 발굴 내용[13]

○ 조사개요
- 1차 조사 : 2008.9.5~2008.10.21 서울 광화문광장 조성 사업부지
- 2차 조사 : 2009.5.6~2009.06.15 세종대왕 동상 건립부지

서울시는 2007년 '광화문광장 조성계획'을 발표하고 2008~2009년 대상 지역의 발굴조사를 실시하였다. 조사 지역이 육조대로의 중앙에 위치하여 육조대로 행랑 유적은 확인하기 어려웠으나 육조 거리의 도로 사용 현황은 파악이

---

[13] 한강문화재연구원, 「서울 육조대로 유적」(2011), 91, 106~108쪽.

서울 육조대로 유적 발굴 내용	1차 도로면	2차 도로면	3차 도로면	4차 도로면
깊이	지표로부터 3.16m 하부(해발 26.5m)	지표로부터 2.26m 하부(해발 27.14m)	지표로부터 1.43m 하부(해발 28.23m)	지표로부터 50㎝ 하부(해발 29.1m)
내용	인위적으로 조성한 최초 공도로면으로 조선 전기 사용 층위	굴곡이 심한 노면을 정지한 조선 전기 사용 층위	조선 중기 임진왜란 이후 사용 층위	고종 2년(1865) 경복궁 중건 시 사용 층위
출토 유구	분청사기 6점(15세기 중엽 추정)	동물뼈, 자기편, 기와편 등 (15세기 중엽~16세기 추정)	흑갈색 유기물, 다량의 기와편, 자기편 등(48층) 백자 3점, 청화백자 3점(18~19세기)	백자 2점, 청화백자 4점(19세기 후반~20세기)
특이점	굵은 사질토 처리 상면 고르게 정지됨 토질은 단단하게 고정화되어 있음	도로 조성 후 여러 차례 반복된 하천 범람 흔적과 심하게 파이고 울퉁불퉁한 양상 66, 67, 68층은 굴곡진 부분을 정지한 층위임	회흑색 사질토를 뿌려 정지한 후 굵은 입자를 가진 암회색 사질토를 도로 전반에 뿌려 노면 정리	암회흑색 사질점토층으로 토질이 단단함. 광화문 월대의 해발고도와 연장선상 위치 경복궁부터 황토현까지 완만한 경사를 이루며 하강

가능하였다.

　육조대로는 경복궁 광화문에서 태평로 사거리까지는 해발고도의 차이가 크지 않고 완만한 경사를 이루며 낮아진다. 발굴조사 2지점에서 1지점까지 같은 층위의 해발고도가 1m가량 낮아지는 경향을 나타낸다. 또한 백운동천과 중학천 등 하천의 영향으로 홍수 및 범람으로 인한 층위가 확인되었다.

　도로 조성 시 특별한 재료를 사용하거나 도로 구축에 특정 방법을 사용하였다는 문헌 기록은 확인할 수 없었다. 도로의 노폭이나 구획을 위하여 조선 왕실의 개창기 때부터 수차례에 걸쳐서 규정을 정한 것에 비해 도로의 관리는 극히 소극적인 면모를 보인 것으로 판단된다. 발굴조사에서는 인위적으로 정지 작업을 하거나 정비를 한 흔적이 보이는 4개의 대표적 도로 층위를 확인할 수 있다.

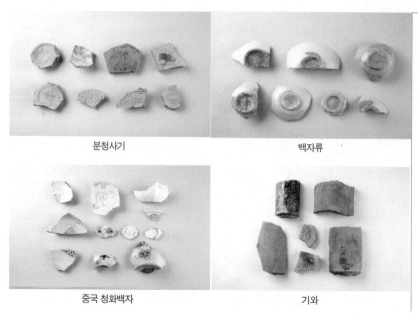

4차 도로면　3차 도로면　2차 도로면　1차 도로면

1지점 7트렌치
북벽 토층도

광화문광장
발굴 조사 시
출토한 유물

분청사기

백자류

중국 청화백자

기와

3) 육조관아의 배치변화

육조대로는 조선시대 대로 좌우에 이·호·예·병·형·공조의 육조관아가 배치되어 있던 데서 유래한다. 조선 전기 육조대로는 동쪽에는 의정부, 이조, 한성부, 호조가 자리했고, 서쪽에는 예조, 중추부, 사헌부, 병조, 형조, 공조 등이 위치했다. 또한 육조에 속한 행정기관은 아니지만 기로소耆老所가 포함되어 있다. 임진왜란 이후 경복궁이 복원되지 않고, 창덕궁을 법궁으로 삼으면서 육조대로는 법궁과 함께하지 못한 채 관아거리로만 남아 있었다.

1867년(고종 5년) 경복궁이 중건되고, 흥선대원군은 정치·군사 양 권력을 장악하고 있던 비변사를 폐지하고 조선 초기의 관제대로 삼군부를 부활시켜, 정치는 의정부에서, 군사는 삼군부에서 맡도록 하였다. 육조대로의 동측에는 기존의 의정부를 중건하여 배치시키고, 서측에는 삼군부를 복설시켜 두 기관이 국정운영의 두 축임을 공간적으로 명확히 밝혔다.

조선 후기 육조대로 관아의 변천	육조 대로	18세기 중반 도성대지도	1865년 전후	1903년 한국경성전도	1907~1910년 광화문외제관아 실측평면도	1907년 최신경성전도	1910년 경성시가전도
	동쪽	의정부	의정부	내부	내부	내부	내부(내각관보과)
		이조	이조	외부	법무원	통감부	
		한성부	예조(한성부 터)	학부	학부	학부	학부
		호조	호조	탁지부/지계아문	탁지부	탁지부/지계아문	건축소
				농상공부		농상공부	토지조사국법학교
		기로소		기영사	법관양성소	기영사	
	서쪽	예조	삼군부	시위제2대대	근위대대	시위제1대대	근위보병대
		중추원	중추부	헌병사령부	경시청	헌병사령부	헌병제2분대
		사헌부	사헌부	경부	경시청	경부	
		병조	병조	군부	군부	군부	친위부
		형조	형조	법부	법부	법부	한성부
		공조	공조	체신원	통신관리국	통신관리국	저금관리국통신국

대한제국 시기에 들어서는 육조대로의 삼군부 자리에 근위대대가 자리 잡았다. 경운궁이 건설되면서 육조대로 남측 황토현을 깎고 새로운 길(태평로)을 개설하였다. 1903년 한국경성전도, 1907년 최신경성전도 등을 통하여 외부가 통감부로 변하고, 공조에 통신관리국이 설치되는 등 일제 침탈에 따라 변모된 현황을 확인할 수 있다.

4) 육조대로 행랑의 규모와 배치

① 행랑의 규모

광화문외제관아실측평면도와 경성광화문통관유지일람도 등 도면을 통하여 당시 관아의 배치 및 보칸(양통)의 규모 확인이 가능하다. 두 도면으로 파악한 행랑의 보칸 규모는 1.5칸에서 2칸 정도로 보인다. 특히 중심 행정관청인 의정부와 삼군부는 2칸의 규모이며, 기타 관아는 다소간의 차이는 있지만 1.5칸의 규모로 유지된 것으로 파악되나 향후 추가 연구가 필요한 부분이다.

행랑의 남북 규모는 해당 관아의 필지와 일치하는 것으로 판단된다. 동쪽은 의정부와 예조 사이 골목이 열려 있으므로 그 사이 필지들은 서로 연결되어 있고, 각각의 관아가 차지한 육조대로 전면 길이만큼 행랑은 길게 연결되어 있다. 서쪽도 크게 다르지 않아서 삼군부와 중추부로 연결된 필지 남쪽과 공조 아래의 골목 두 군데만 육조대로와 통하게 되어 있고 나머지 필지는 모두 행랑으로 채워져 있었다고 판단된다. 육조관청과 직결된 관아는 아니나 「본영도영」에도 지적 외곽을 따라 조성된 행랑의 보칸 규모가 2칸, 1.5칸 두 유형으로 나타나 행랑의 규모는 대략 같은 범위라고 판단된다. 궁궐의 행랑도 정전을 에워싼 행랑의 보칸 규모는 2칸을 따르고 있다.

② 행랑의 공간구성

『탁지지度支志』는 육조관아 중 호조의 사례事例를 정리하여 편찬한 책이며, 『추관지秋官志』는 형조의 사례를 모아 편찬한 책으로 두 책 모두 1787년(정조 11)에 작성되었다. 관제부官制部 관사館舍에 기록된 건물명과 칸수를 통하여 그 규모와 용도, 위치 등을 확인할 수 있다. 이를 통하여 행랑의 용도는 방房, 마루廬, 창고庫 등의 부속 시설로 구성되어 있으며, 창고는 누상고樓上庫와 누하고樓下庫의 형태로 이용하였음을 알 수 있다. 누상고와 누하고는 내부를 상하로 나눠 지은 창고로 이를 통해 짐작되듯 단층보다 약간 층고가 높은 건물도 지어졌다.

근대기 사진자료에도 이러한 공간구성이 대략 드러나 있는데 온돌방이 있는 부분은 굴뚝이 지붕 위로 솟아 있고, 솟을삼문은 외관상 확연하게 구분이 된다.

행랑의 공간구성은 관아 성격에 따라 조금씩 차이를 보인다고 판단된다. 예를 들어 한성부와 같은 관아는 호적을 비롯한 서류를 보관하는 시설이 많았을 것이며, 삼군부는 무기고와 같은 시설이 더 필요하였을 것으로 추정되기 때문이다. 하지만 이들을 수용하던 시설이 확연하게 다른 건축특성을 지녔다고 보기보다는 명칭에서 차이가 날 뿐 실내구성은 방, 마루, 헛간, 누상고·누하고 등을 적절하게 혼용하였을 것으로 보이기 때문에 실상 각 관아의 행랑에서 뚜렷한 차이가 발견되지 않을 것으로 생각된다.

③ 행랑의 입면구성

육조관아 관련 기록화 중 대표적인 것으로는『숙천제아도』가 있다. 이는 조선 말기의 문신이었던 한필교(1807~1878)가 자신이 평생 근무했던 관아를 그린 화집이다.

호조 전도는『탁지지』와 비교하여 채색이 되어 있고, 행랑의 칸수에서 차이가 있을 뿐 건물의 배치구성이나 형태에서 차이가 보이진 않는다. 호조는 크게 안쪽의 당상대청과 연지를 둘러싼 영역, 당상삼문 밖의 산학청사 영역, 그리고 서리장방 영역의 세 부분으로 구분할 수 있는데, 육조대로에 면한 쪽에는 서리장방과 서사방, 고직상직방 등이 있으며, 대문은 평삼문 형태이다. 공조는 당상과 낭청이 있는 영역과 서리가 업무를 보는 영역으로 나눌 수 있다. 육조대로에 면한 쪽에는 창고와 대문이 있으며, 대문은 솟을삼문 형태이다. 기록화를 통하여 삼문 및 행랑의 입면구성을 확인할 수 있으나 용도에 따른 세부적 묘사가 부족하여 정확한 상황을 파악하기에 한계가 있다.

그 밖에 행랑의 입면구성을 확인할 수 있는 자료로 근대 사진이 있다. 지붕은 기본적으로 맞배지붕이며, 행랑이 교차되는 지점은 우진각지붕으로 처리되어 있다. 벽체는 하부에 화방벽을 설치하고 중방 위로는 실내 기능에 맞춰서 한 짝 또는 네 짝, 두 짝의 창호를 두었으며, 약간 반복되는 패턴을 보이기도 한다.

④ 육조 관청 대문

사진 및 도면을 통해 살펴본 결과, 육조 관청의 대문은 외삼문이 솟을삼문 형식으로 보이며, 그 밖에 관원들의 출입 등의 기타 쓰임에 따라 평삼문, 협문 등의 문이 있다.

1852년에 저술된 『경조부지京兆府誌』 좌아坐衙(출근)편에 실린 다음의 글을 통해 대문의 크기를 가늠할 수 있다. "낭청은 정문으로 출입하고, 소속 관청의 관원들은 모두 대문에서 말을 내려 협문으로 출입하는데, 평상시에는 협문 밖에서 말을 내려 협문으로 출입한다." 이 글을 통해 낭청 이상이 말을 타고 드나들 수 있을 높이의 솟을대문이라는 점과 관원들이 드나드는 협문이 대문 옆에 있다는 점을 알 수 있다.

2 · 시전행랑의 형태와 배치

1) 사료 및 기존 연구 검토

전廛은 도시에 있던 상설점포를 말한다. 한양의 시전은 개성의 시전을 모범으로 삼아 조성되었다. 고려 이전의 것이나, 초기에 만들어진 시전 건물의 규모나 위치에 대한 기록은 별로 없다. 그러나 13세기경에 이르러 시전 상업이 점차 발달함에 따라 건국 초에 세워졌던 건물들은 다시 확대 건축되었다. 1208년(희종 4)에는 대시大市를 개축하였는데, 개성의 광화문廣化門에서 십자가十字街에 이르는 길의 좌·우변에 1,008개의 기둥이 있는 연립장랑連立長廊이었다. 고려 조정에서는 그것을 일정한 넓이로 칸을 나눈 다음 상인들에게 빌려주어 장사를 하게 하였으며, 이로써 개성시민들의 생활필수품이나 관부의 수요품을 조달하게 하였다. 상인들은 시전 건물을 빌려 쓰는 대신 정부에 대하여 일정한 액수의 세금을 냈다.[14]

태조 7년(1398) 1차 왕자의 난을 계기로 정종이 즉위하고 태종 5년(1405) 한양 환도가 이루어지기까지 운종가雲從街는 상인들이 밀집하여 문란한 상태였으며,[15] 순조 8년(1808) 편찬된 『만기요람』의 기록으로 미루어 시전행랑 조성 이전에는 상설점포가 개설되지는 않았던 것으로 짐작된다.[16] 태종의 한양 환도 이후 시전행랑은 육조대로의 행랑과 같은 시기인 태종 12년(1412) 2월에서 14년(1414) 7월 사이에 건설되었다.

정부는 이러한 과정을 거쳐 신축한 시전건물들을 자신들이 지정한 상인들에게 빌려주고 그 대가로 공랑세公廊稅를 받았다. 이러한 공랑세에 대해 『경국대전』에는 시전 상인들이 건물 1칸마다 봄·가을에 각각 저화楮貨 20장을 납부하도록 규정되어 있다. 그리고 이 공랑세는 나중에 일정한 상행위에 대한 과세를 넘어서 국역國役을 부담하게 되는데 이로 말미암아 관부의 어용상전인 육의전六矣廛을 발생케 하였다. 시전상인들은 같은 상품을 판매하는 사람들끼리 모

----

14 http://yoksa.aks.ac.kr, 한국사기초사전.

15 『태종실록』 권 13, 태종 7년 4월 20일 갑진.

16 나각순, 「조선왕조의 개창과 종로지역」, 『종로구지 상』(1994), 158쪽, 『만기요람』 재용편 각전조各廛條. "행상行商들이 모여와 교역하고 교역이 끝나면 돌아가는 곳을 장場이라 한다. 옛날에 낮에 시市를 이룬 것과 같다."

여 일정한 동업자조합을 이루어 자신들의 상권을 보호하였다. 조합원의 자격과 가입조건은 매우 엄격하였으며 혈연관계를 중시하였다. 시전들은 정부로부터 조합에 가입되어 있지 않은 상인들이 그들이 취급하는 것과 같은 상품을 판매할 수 없도록 하는 일종의 특권을 부여받았다.[17]

지금까지 알려진 바로는 행랑 건설은 4차에 걸쳐 이루어졌고, 1차 건설은 혜정교에서 창덕궁 동구昌德宮 洞口까지 800칸,[18] 2차 건설은 돈화문에서 정선방 동구貞善坊 洞口까지 472칸,[19] 3차 건설은 경복궁의 남쪽부터 종묘 앞까지 881칸,[20] 4차 건설은 종루에서 숭례문, 종묘전문루에서 흥인문까지였다.[21]

한편 최근 연구에서 1차 건설은 돈화문에서 오늘날 종로와 만나는 돈화문로에서만 이루어졌다는 주장이 제기되었다. 이는 이 시기 법궁이 창덕궁이기 때문에 창덕궁을 중심으로 한 행정 축을 먼저 조성하였다고 보았기 때문이다.[22] 돈화문로 시전 터로 알려진 창덕궁 궐문에서 정선방 동구까지의 472칸에 대해서는 창덕궁의 법궁 기능을 감안하여 조방朝房, 즉 때를 기다리기 위하여 아침에 각사에서 모이던 방으로 쓰였다고 보고 있다. 돈화문로 큰 길에 형성된 행랑들은 조지도와 지적원도에서 확인할 수 있다. 돈화문로 주변으로 종로 시전과 같은 형태로 전후면의 이중 가로 체계로 구성된 길이 연이어 형성되어 있음을 살필 수 있다.[23]

세종 즉위 초에는 자연 재해가 많았는데 세종 3년(1421) 여름에 대홍수로 도

....

17 http://yoksa.aks.ac.kr, 한국사기초사전.
18 『태종실록』 권 23, 태종 12년 2월 10일 무신.
19 같은 책, 태종 12년 5월 22일 을사.
20 같은 책, 태종 13년 2월 6일 을묘.
21 같은 책, 태종 14년 7월 21일 임진.
22 권영상, 「조선 후기 한성부 도시공간의 구조」. 서울대학교 박사학위논문(2003), 158~164쪽.
23 서울특별시·(재)한울문화재연구원·(재)한강문화재연구원, 「4대문안 문화유적 보존방안 연구 2」(2011), 632쪽.

성의 많은 부분이 무너지고 주요 하천과 지류의 범람이 있었다. 이에 따라 도성 내 지류와 세천細川이 정비되었고 시전행랑 뒤편에 도랑을 파서 물길을 냈다.[24] 세종 8년(1426)에는 도성민의 방화 폭동이 일어나 경시서 및 북쪽 행랑 106칸과 도성 내 2,300여 민가가 소실되었다.[25] 이 때문에 행랑에 방화장을 쌓았으며,[26] 별요別窯를 두어 도성 내 건물을 와가로 교체하였다고 한다. 『세종실록지리지』에는 도성 좌우행랑이 대략 2,027칸으로 명기되어 있다.

조선 초기 기록은 아니지만 17세기 후반 반계 유형원은 남북 6보步, 동서 10보의 크기를 시전행랑의 1좌座 또는 1칸이라고 했다고 한다. 이를 현대 미터법으로 환산하면 1칸의 크기는 남북 7.2m, 동서 12m의 크기에 해당한다. 면적은 86.4m²이며 평으로 환산하면 26평 정도로 계산된다.[27]

18세기 중반 한양의 모습을 그린 한양도에는 시전행랑의 모습이 묘사되어 있는데 시전행랑이 지닌 건축특성을 잘 포착하여 표현한 것으로 판단된다. 여기에 묘사된 시전행랑을 보면 남쪽은 종로사거리 좌우와 숭례문방향으로, 북쪽은 종로사거리 주변만 행랑이 배치되어 있다. 실제와 얼마나 닮았을지 단언하기는 어려우나 전혀 근거 없는 그림이 아니라는 생각은 든다.

한양도에 묘사된 시전의 건축형태는 두 가지 뚜렷한 특징이 살펴진다. 먼저 구간별로 지붕의 높낮이를 달리하고 있고, 지붕재료는 기와를 사용하고 있다는 점이다. 구간별로 높낮이를 달리한 지붕구조를 미뤄 볼 때 구간마다 영업형태가 다르거나 지붕 용마루 높이를 달리함으로써 변화를 주려는 의도가 반영되었는지도 모른다. 근대기 사진자료에 보이는 시전행랑의 지붕도 일정한 높이가 규칙적으로 나타나는 방식이 아니라 높낮이를 달리하고 있기 때문이다. 지붕재료로 기와를 사용한 모습은 사료에서도 확인되는 부분으로 시전행랑의

---

24 『세종실록』 권 12, 세종 3년 7월 3일 계해.
25 『세종실록』 권 31, 세종 8년 2월 15일 기묘.
26 같은 책, 세종 8년 2월 20일 갑신.
27 고동환, 「조선 후기 시전의 구조와 기능」, ≪역사와 현실≫, 통권 44호(2002), 89~90쪽.

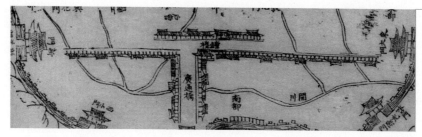

지붕재료는 조선 후기까지도 계속하여 기와를 쓴 방식을 고수하였다. 근대기 사진자료에 보이는 초가는 시전행랑 전면에 보이는 가가로 판단된다.

시전 상인들의 특권은 17세기에 들어 금난전권禁亂廛權이라는 강력한 특권으로 나타나게 된다. 금난전권은 일종의 도고권都賈權으로, 국역을 부담하는 육의전을 비롯한 시전이 서울 도성 안과 성저십리城底十里(도성 아래 10리까지) 이내의 지역에서 난전의 활동을 규제하고 특정 상품에 대한 전매특권을 지킬 수 있도록 조정으로부터 부여받았던 상업상의 특권을 말한다. 정부가 시전상인들에게 이와 같은 일종의 전매특권을 부여한 것은 재정의 궁핍을 느끼게 된 조정과 점차 늘어나는 사상인私商人인 난전 상인들로부터 자신들의 상권을 지키기 위해 조정의 권력을 이용하려는 시전상인들의 요구가 서로 부합하게 된 데서 비롯된 것이다. 원래 금난전권은 육의전에만 부여한 것이었으나 나중에는 일반시전까지 확대되어 자유로운 상공업의 발전을 저해하였다.[28]

이러한 변화는 건축에도 반영되었다. 시전행랑의 평면 규모와 건축형태가 조선전후기에 다른 것은 건설주체의 변화와 직결되어 있다. 즉 국가의 간여 방법이 달라진 것이다. 정부 재정으로 시전행랑을 건설하던 조선 초기에는 1칸마다 춘추 양등에 부과하던 행랑세가 저화 1장씩에서 각각 전 1백 20문으로 전환되는 등의 변화가 있었다.[29] 그런데 17세기 후반에는 앞서 말했듯이 시전행

....

[28] http://yoksa.aks.ac.kr, 한국사기초사전.
[29] 『세종실록』 권 29, 세종 7년 8월 20일(병술).

랑에 대한 수세가 사라졌다. 영조 10년(1734) 시전행랑 건설기록을 보면, 정부가 행랑 건설자금을 일부 보조하고 건설에 필요한 목재를 무상 공급하는 형태로 행랑재건이 추진되었다. 현종 10년(1844)에는 건물 신축자금을 정부기관이 무이자로 대여하고, 이를 수년에 걸쳐 분할 상환하게 하는 방식이 채택되었다.[30] 이처럼 조선 초기에 정부가 시전행랑을 짓고 세를 걷는 방식을 취했으나 조선 후기에는 국가가 자금이나 재료를 보조하여 무상 공급하거나 공사비를 분할 상환하게 하는 방식이 채택되면서 시전행랑의 건축형태도 달라진 것으로 보이나 향후 추가 연구가 필요하다.

2) 발굴자료 검토

2000년대 중반 서울 강북지역을 중심으로 도심재개발사업이 진행되면서 종로 가로변을 중심으로 시전행랑 유구가 확인되었다. 지금까지 시전행랑 유구는 총 4건의 발굴조사에서 보고되었고 모두 종로 북측 지역에서 발견되었다.

최초의 발굴조사 보고서는 2004년 조사되어 2007년 보고된 『서울 청진6지구 유적 Ⅰ, Ⅱ』(한국건축문화연구소)이다. 여기에서는 조선 전 시기에 걸친 6개 층의 시전행랑 유구가 확인되었으며, 2010년 『종로2가 40번지 시전행랑 유적』(한울문화재연구원)에서는 2개 층의 시전행랑 유구가 확인되었다. 또한 2011년에는 「종로 청진 8지구 발굴조사 약보고서」, 「청진 12~16지구 발굴조사 약보고서」(이상 한울문화재연구원)에서도 시기별 시전행랑 유구를 확인할 수 있다.

평면검토

이 중에서 비교적 내용이 충실한 '청진6지구'의 제5문화층 시전행랑과 '종로2가 40번지'의 1차 시전행랑 유구를 비교해보면, 두 유적 모두 방과 마루, 방과

---

30 고동환, 「조선 후기 시전의 구조와 기능」, 87~88쪽.

구분	규모(m)									면적
	서칸			동칸			측면			
	방	마루	계	방	토방	계	전면	후면	계	
청진6지구 제5문화층 시전행랑 유구(16세기)	1.79	2.17	3.96	1.67	2.13	3.8	3.34	1.82	5.16	40.04m²
종로2가 40번지 1차 시전행랑 유구(16세기)	1.46	2.36	3.82	1.5	2.36	3.86	3.62	1.59	5.21	40.04m²

조선 전기 시전행랑 유적 면적 비교

구분	규모(尺)									면적
	서칸			동칸			측면			
	방	마루	계	방	토방	계	전면	후면	계	
기준	5.5	7	12.5	5.5	7	12.5	11	6	17	40.04m²

조선 전기 시전행랑의 영조척 환산 추정값

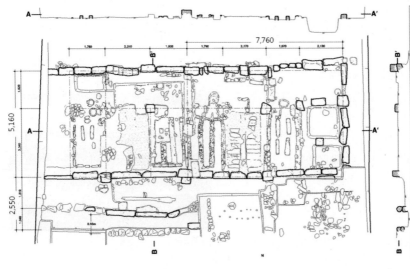

청진6지구 제5문화층 시전행랑 추정 유구 평면도

자료_ 한국건축문화연구소, 『서울 청진6지구 유적』 1,2 (2007).

토방의 2칸이 반복되어 배치되는 양상을 보인다. 시전행랑의 기본 단위와 관련된 문헌을 찾아볼 수 없지만, 유구의 조사 결과로는 방과 마루, 방과 토방으로 구성된 각각의 1칸을 합한 2칸이 최소단위일 것으로 추정한다.

조사된 유구는 정면 2칸, 측면 1.5칸의 규모로 각각은 2개의 공간으로 구분

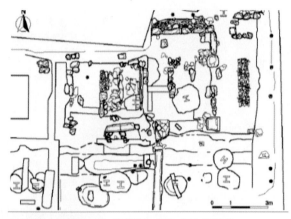

종로2가 40번지 1차 시전행랑 추정 유구 평면도

자료_ 한국건축문화연구소, 『서울 청진6지구 유적』 1,2(2007).

된다. 각 칸의 내부공간은 소규모의 방과 마루, 방과 토방이 배치되는데 방의 크기가 마루나 토방의 크기보다 다소 작다. 두 유적에서 공통으로 나타나는 정면 2칸의 규모는 대략 40.04㎡로 내부공간에 대한 크기 역시 거의 동일하다는 것을 확인할 수 있다. 16세기에 건설된 숭례문은 영조척을 308mm로 추정하고 있다. 이를 근거로 시전행랑을 검토해 보면 정면 1칸은 약 12.5척, 측면 1칸은 약 17척으로 추정할 수 있다.

발굴조사를 통한 시전의 형태와 규모

서울 청진 6지구~종로1가 25·26번지	
제5문화층	
(조선 전기: 16세기 추정)	
깊이	지표로부터 약 3.1m 하부(해발 27.2m)
규모	정면 2칸, 측면 1.5칸
	건축면적 약 40.4㎡
	방과 마루, 방과 고방 구분
출토 유구	장대석: 길이 80~160cm, 폭 25~30cm, 높이 30cm 내외(남측 1단으로 조성, 북측 2~4단 조성)
	온돌시설: 3줄 고래, 고래 길이 약 2.4m, 폭 34~36cm, 높이 32cm 내외, 아궁이 북측 설치(서측에 굴뚝 추정시설)
	배수로: 약 60~90cm (장대석, 목판재 사용)
특이점	남측 배수시설에 다량의 기와편: 행랑의 지붕끝선이 배수구 상부 형성
	서측 고래둑: 기와편, 동측 고래둑: 장대석
	토방 앞 차양 사용 가능성
	2고주 5량, 1고주 5량 등 여러 구법 사용 추정
	양쪽 집 중앙 초석 앞으로 쌓여닫이문 흔적

서울 청진 6지구~종로1가 25·26번지 제6문화층 (조선 초기: 15세기 추정)	
깊이	지표로부터 약 3.6m 하부(해발 26.7m)
규모	정면 2칸, 측면 1.5칸 건축면적 약 40.4m² 방과 마루, 방과 고방 구분
출토 유구	온돌시설: 3줄 고래, 3줄 고래, 고래 길이 약 2.4m, 폭 34~36cm, 높이 32cm 내외, 아궁이 교란 배수로: 약 60~90cm(장대석, 목판재 사용) 3~4인치 작은 말뚝 박고 잡석 지정 올린 뒤 적심 초석을 올림
특이점	맞걸이 3량으로 뒤쪽에 서까래를 걸쳐 토방을 만듦 전면 2칸, 배면 4칸(세금 절감) 토대로 쓴 하인방 사용(소호헌) 늦지 조성: 3~4인치 작은 말뚝 박고 잡석 지정 올린 뒤 적심 초석을 올림

「종로 청진 8지구 발굴조사 약보고서」(2011) 제6문화층 (조선 초기: 15세기 추정)	
깊이	지표로부터 약 3.8~4.2m 하부(해발 25.8~26.2m)
규모	정면 4칸, 측면 2칸 주칸 거리 4,000mm 내외 방과 마루, 방과 고방 구분
출토 유구	초석: 약 70 × 80 × 40cm(방형) 방화장(시전행랑 후면): 장대석과 잡석기초 온돌: 3줄 고래와 부넘기, 아궁이 확인 고맥이: 잡석과 와편 함께 사용 남측 배수로 : 약 60~80cm(장대석, 목판재 사용)
특이점	청진6지구와 유사 온돌 유구 온전한 상태로 잔존

「종로 청진12-16지구 발굴조사 약보고서」(2011) 제5문화층(조선 전기: 16세기 추정)	
깊이	지표로부터 약 3.2~4.0m 하부(해발 26~26.8m)
규모	정면 14칸, 측면 1.5칸 주칸 거리 4,000mm 내외 내부 2:3 비율로 온돌방 및 마루 구획
특이점	제6문화층 유구 잔존 상태 불량 제5,6문화층의 규모와 배치는 유사 규모에 비해 큰 초석 사용, 자연층 기반 전면 배수로 유실된 상태

「종로2가 40번지 시전행랑 유적 발굴 보고서」(2010) 1차 시전행랑(제5문화층)	
깊이	해발고도 약 23m
규모	정면 2칸, 측면 1.5칸 건축면적 약 40.44m² 소규모 온돌방, 마루 또는 토방(토마루)
출토 유구	초석: 폭 약 70cm, 30cm 내외 방화장(시전행랑 후면) : 장대석 쌓고 뒤편으로 70cm 폭으로 잡석 뒤채움 다량의 집선문계 기와편 마루귀틀(수종 소나무):1487년(성종 18년) 절대연대
특이점	제6문화층 유구 잔존 상태 불량 하인방과 기와편 등을 다짐하여 쌓은 내벽

3) 평시서平市署

평시서는 조선시대 시전과 도량형, 물가 등의 일을 관장하던 관청이다. 태조 1년(1392)에 고려의 제도를 본받아 경시서京市署를 설치하였다가 세조 12년(1466)에 이르러 평시서로 명칭을 바꾸었다. 1894년 갑오경장 때 폐지된 평시서는 조선 전기에 대체로 물가를 통제, 조절하고 상도의를 바로 잡는 일이 그 주된 업무였다. 그러나 조선 후기에 이르러 금난전권禁亂廛權이 강화된 뒤에는 각 시전의 전안물종廛案物種을 결정하고 그것의 전매권을 보호해주는 역할을 담당하였고, 통공정책通共政策의 실시에서도 실제업무를 담당하였다. 또한 각 시전에 대하여 그 전매품을 기록한 허가장을 발급하였는데, 한 예로 평시서가 1883년(고종 20)에 도자전刀子廛에 등급謄給한 문서에 의하면, 도자전의 판매 허가물종은 남은장도男銀粧刀・여은장도女銀粧刀・남석장도男錫杖刀・은항남녀장도銀項男女粧刀・석항남녀장도・여도병女刀柄・남도병男刀柄・피도갑皮刀匣・첨자尖子 등으로 되어 있

평시서 위치

자료_ 서울특별시, 「4대문 안 문화유적 보존방안 연구」(2011).

다. 관원은 겸직인 제조提調 1명과 영슈(종5품) 1명, 주부主簿(종6품) 1명, 직장直長(종7품) 1명, 봉사奉事(종8품) 1명이 있고, 이속吏屬으로는 서원書員 5명, 고직庫直 1명, 사령使令 11명이 있었다.[31]

이러한 기능에 맞게 평시서는 시전행랑과 근접한 위치에 자리를 잡았다. 최근 조사된 연구결과를 보면 평시서는 종로2가 38번지(현 종로구 종로2가 39번지 일대)에 있었고, 1912년 당시 지목은 대지이며 소유관계는 국유로 되어 있음을 확인할 수 있다.[32]

4) 1912년 지적원도와 시전행랑의 필지

시전행랑 각각의 규모는 지적원도와 「토지조사부」를 통해 살펴볼 수 있을 것으로 판단되나 이미 1912년 언저리에 기존 필지를 합필한 규모로 판단되는

---

[31] http;//yoksa.aks.ac.kr, 한국사기초사전.

[32] 서울특별시・(재)한울문화재연구원・(재)한강문화재연구원, 「4대문안 문화유적 보존방안 연구」 2(2011), 623~632쪽.

시기별 시전 구성	『동국문헌비고』(영조대)	정조 18년(1794)	순조 1년(1801)	『경조부지』(19세기 중반)
	綿廛	綿廛	綿廛	立廛
	綿布廛	綿布廛	綿布廛	綿紬廛
	綿紬廛	綿紬廛	綿紬廛	白木廛(綿布廛)
	內魚物廛·靑布廛	布廛	內外魚物廛	苧布廛
	紙廛	紙廛	紙廛	紙廛
	苧布廛	苧布廛	苧布廛·布廛	內外魚物廛

필지가 보이기 때문에 이들 초기자료로도 시전행랑 각각의 규모를 파악하기는 쉽지 않다.

도성대지도(18세기), 수선총도(19세기), 도성전도(19세기)에는 시전행랑의 배치 상황을 대략이나마 보여준다. 도성대지도에는 상어물전계, 상미전계, 박정계, 계전계, 사기전계 등이 배치되어 있다. 수선총도에는 상미, 우산, 생선, 사기 등으로 판매상품을 적고 있다. 도성전도에는 우산, 생선, 사기, 면주 등의 상품명이 기재되어 있다.

보다 상세한 자료는 시기가 늦으나 『경성부사』에 실려 있는데, 여기에는 종로 네거리를 중심으로 한 가게 배치도가 전해진다. 보신각을 중심으로 두 겹의 가게가 줄지어 배치된 모습이 작도되어 있다.

이처럼 한양의 시전 배치는 시기별로 차이가 있지만 처음에는 태종 10년 (1410) 구경舊京, 즉 송도의 제도에 근거하여 배치기준을 잡았다.[33] 서울에서 활

....

33 『태종실록』 권 19, 태종 10년 1월 28일(을미). 사헌부에서 올린 시무책 가운데 하나로 그 내용은 다음과 같다. "공장工은 가게肆가 없고 업業이 전일專一하지 못하기 때문에, 구경舊京에 있을 때는 포백布帛·모혁毛革·기명器皿·관복冠服·혜화鞋靴·편특鞭勒 등을 점店으로 나누어 크게 팔았습니다. 그리고 우마牛馬를 매매하는 데서도 일정한 장소가 있었으며, 기타 미곡米穀 등류에서도 각각 사屠는 곳에서 매매하였는데, 천도遷都한 이래로 운

동하는 상인들이 운종가에 밀집하여 상거래가 상당히 문란한 상태여서 정부는 왕경王京 상업의 오랜 전통을 가진 구도 개경의 시전제도에 따라 서울 상업의 정비원칙을 세우고 판매물종별 시전배치안을 만든 것이다.[34] 이후 이를 근간으로 삼아 시기별로 여러 차례 변화를 겪었으나 시기별 시전의 규모와 건축특성에 관해서는 아직 상세한 연구가 없어 전모를 이해하는 데는 턱없이 부족하다.

다만 필지筆地는 개략적인 모습이 짐작되는데, 조선시대 필지는 명확하지 않지만 최근 종로 일대 발굴조사 결과를 지적도와 겹쳐본 연구결과를 보면 거의 필지의 변화가 없었던 것으로 보인다. 종로구 청진동 일대를 발굴한 끝에 청진 I 지구로 명명된 지역은 지적도를 볼 때 조선 초기와 중기, 말기의 지적이 별로 다르지 않다는 분석결과가 나왔다. 도로 모습도 비슷한데 20세기 말에는 일부 구간에서 토지가 겸병되는 현상을 보이기도 한다는 연구결과도 있다.[35]

이런 점에서 볼 때 1912년 지적도는 시전의 필지를 파악하는 데 큰 도움이된다. 그런데 1912년 지적도와 1929년 지적도 사이의 변화를 보면 종로 일대의 도로가 얼마나 변하였는지 쉽게 짐작할 수 있다. 종로 측으로 도로가 확폭되고 우정국로도 확폭되면서 종로 네거리의 가각街角 전체가 나타나는 것을 알수 있다. 일부 필지는 다소 대형화되고 그에 따라 뒷길인 피맛길이 변형되고 있음을 보여준다.

1912년 지적도와 1929년 지적도를 비교하면 도로변화뿐 아니라 필지변화도 살펴볼 수 있다. 필지는 도로 변화와 민감하게 직결되어 있는 사안이기 때문이다. 조선시대 필지선은 알 수 없으나 일제강점기 시구개정이 실시된 이후 종로

　　종가雲從街에 잡처雜處하여 남녀男女의 분별이 없고 상고商買가 혼잡混雜하여, 기회와 틈을
　　엿보아 서로 훔치고 도둑질하기를 힘쓰니, 원컨대 경시서京市署로 하여금 한결같이 구경
　　舊京의 제도에 의하게 하소서.”
[34]　이태진 외, 『서울상업사』(태학사, 2000), 34쪽.
[35]　김홍식, 「600년 전 서울의 지적을 찾다」, ≪건축역사연구≫, 67호(2009), 160~161쪽.

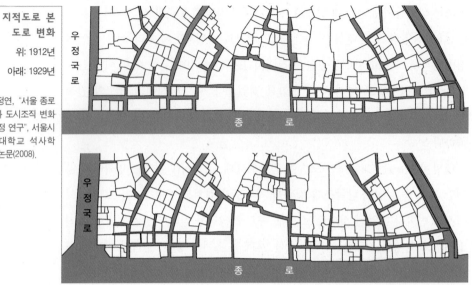

지적도로 본
도로 변화

위: 1912년

아래: 1929년

자료_ 안정연, "서울 종로
2가 도시조직 변화
과정 연구", 서울시
립대학교 석사학
위논문(2008).

와 우정국로에 면한 부분은 도로확장에 의해 필지가 분할되고, 종로2가 화신
상회가 있었던 피맛길의 남북으로 필지 분할이 일어났다. 1912년 한 개의 필지
였던 종로 2정목 1번지가 2-1, 2-2, 3-1, 3-2, 4-1, 4-2번지로 분필되었다. 그 외
2~3개 지역에서 필지 분할이 일어났다. 이처럼 필지가 분할되는 이유는 주로
도로확장에 따른 결과로 보고 있다.[36]

따라서 1912년 지적도에 나타나는 시전행랑 범위의 필지들은 조선시대 시
전의 필지 규모를 파악하는 데 기초자료가 될 수 있음을 알 수 있다. 종로1가의
1912년 지적상 시전행랑 필지 규모는 길 양쪽으로 각각 400×20m 정도이며,
총면적은 5,000여 평(1만 5,000m^2)이다. 흥미로운 가게는 은점銀店으로 알려진
필지인데, 3×2m의 아주 소규모로 20여 군데에 있었으며, 면적은 총 60평
(200m^2) 정도이다. 귀금속 가게의 특성상 규모가 클 필요는 없었던 듯하다.

....

36 안정연, 「서울 종로2가 도시조직 변화과정 연구」, 서울시립대학교 대학원 도시공학과
석사학위논문(2008), 38쪽.

5) 이문里門과 병문屛門

길가에 죽 늘어선 행랑에는 각 동네를 드나드는 용도의 이문과 이와 유사한 병문이 도로 입구에 배치되어 있었다. 현재 종로에는 발굴된 자료에 근거하여 사주문 형태의 이문이 한 채 복원되어 있으나 이문과 병문의 구체적인 형태는 사료에 보이는 간략한 규모 외에 파악되지 않는다.

이문은 행랑에만 설치된 문이 아니다. 세조 11년(1465) 경성의 여항閭巷에 모든 이문을 짓되 그 기지는 한성부·병조·형조·도총부에서 살펴 정하고 우선 형문衡門을 설치하라고 한성부에 지시하였다.[37] 여기서 말하는 형문은 두 기둥에다 한 개의 횡목橫木을 가로질러 만든 허술한 문을 말한다. 이문에는 숙직하는 사람도 배치시켰던 것으로 보인다. 세조 12년(1466) 병조에서 서울 안의 이문 직숙인直宿人은 각각 그 이내里內 사람으로 헤아려 정하는데 이문 안에 10호 이하는 밤마다 두 사람, 20호 이하는 세 사람, 30호 이하는 네 사람씩으로 하고, 이것을 넘으면 다섯 사람을 비례로 삼아 차례로 돌려가면서 직숙토록 하였다.[38]

성종 14년(1483) 병조에서 이문과 경수소警守所에서의 직무 수행 방법에 대해 아뢴 내용을 보면[39] 이문 곁에는 경수소라는 숙직 공간을 마련하였던 것으로 보인다.

> 병조兵曹에서 아뢰기를,
> "전에 전교를 받으니, '요즘 인가人家의 실화失火함이 상당히 많은데, 지금 흉년을 당하여, 이는 반드시 여염閭閻의 간사한 무리가 불을 지르고 도둑질을 하려고 하는 짓일 것이다. 그 이문里門과 경수소警守所에서 숙직宿直하는 일을 다시 천명하여 거행擧行할 계획을 상의하여 아뢰라' 하였는데, 신 등이 사의事宜를 상세히 참고

37 『세조실록』 권 37, 세조 11년 11월 8일(임자).
38 『세조실록』 권 38, 세조 12년 2월 16일(무자).
39 『성종실록』 권 151, 성종 14년 2월 19일(임오).

하여 다음에 조목별로 기록합니다.

1. 제부諸部에서, 여염閭閻에 만약 도둑의 무리가 숨어 있는 곳이 있으면, 각각 그 부의 관원이 맡아 다스리되 불시에 순찰하여 수색 체포해서 곧 형조刑曹에 보고할 것이며, 그 규찰糾察을 제대로 못한 것이 다른 일로 인해 사후事後에 나타나게 되면 그 부의 관리를 추고推考하여 과죄科罪한다.

1. 한성부 낭청漢城府郎廳에 소관되는 각 부의 관원이 불시에 순찰하여 행동이 수상한 자를 만나면 검문 조사한다.

1. 경수警守는 정병正兵 두 사람, 방리인防里人 다섯 사람이 숙직하되, 순찰관은 경更마다 순찰한다. 이문里門 감찰은 동네 안의 인가人家의 다소에 따라 번갈아가면서 숙직하되, 각각 그 부의 관원이 도둑을 잡아낸다. 이것은 구례舊例이나, 순찰관과 각 부의 관원으로서 검거에 뜻을 두지 않는 자가 있으니, 이는 의금부義禁府·한성부漢城府·형조刑曹로 하여금 숙직하는 낭청에게 감찰을 엄격히 가하여 만약 어기는 자가 있으면 해당 순찰관과 부의 관원을 문초하여 죄를 묻는다.

1. 경수소와 이문이 몹시 허물어진 곳이 있는데, 경수소는 선공감繕工監, 이문은 방리인坊里人을 시켜 보수케 한다."

하니, 그대로 따랐다.

이문에서는 분향하고 기우新雨하는 일도 치렀다. 명종 12년(1557) 기우제를 지내면서 사대문에 분향하고 기우하는 일을 예조에 계하하였으니 각 마을의 이문에서 분향하고 기우하는 일을 거행했어야 하는데 이를 거행하지 않은 곳과 관원·관령이 참석하지 않은 곳을 살펴 추문하라는 지시가 내려졌다.[40]

이문과 역할이 같았던 병문도 사료에 종종 나타난다. 이른 기록은 세종 19년(1437)에 보이는데, 병조 장문墻門과 월차소 행랑과 수진방 동구의 병문에 집을 짓고 모두 금고金鼓를 설치하라는 조치가 그것이다. 아래 해당 사료를 옮겨본다.

---

[40] 『명종실록』 권 22, 명종 12년 5월 27일(기묘).

의정부에서 아뢰기를, "국초國初에는 사방으로 통하는 거리에 종루鍾樓를 두고 의금부의 누기漏器를 맡은 사람으로 하여금 시각을 맞추어 밤과 새벽으로 종을 쳐서, 만백성의 집에서 밤에 자고 새벽에 일어나는 시기를 조절하게 하였으나, 그 누기가 맞지 아니하고, 또 맡은 사람의 착오로 인하여 공사간公私間의 출입할 때에 이르고 늦은 실수가 매우 많으므로 심히 불편하오니, 원컨대, 병조 장문兵曹墻門과 월차소 행랑月差所行廊과 수진방壽進坊 동구洞口의 병문屛門에 집을 짓고 모두 금고金鼓를 설치하여 궁중의 자격루自擊漏 소리를 듣고, 이것을 전하여 종을 쳐서 의금부 까지 이르게 하여 영구히 항식으로 삼게 하옵소서."하니, 그대로 따랐다.[41]

위 사료를 보면 병조 장문과 월차소 행랑, 수진방 동구의 병문에 집을 짓고 여기다 금고를 설치하여 궁중의 자격루 소리를 듣고 종을 치며 이 소리가 의금 부에 이르는 방식이었다. 이 사료를 통해 세종 무렵 마을 입구에는 병문이 있 고 그 곁에는 종을 매단 건물이 있었음을 알 수 있다. 마을 입구인 동구에 병문 을 설치한 사례는 상당수 전해진다.

병문의 건축형태는 소략하지만 삼간병문三間屛門이란 사료를 통해[42] 세 칸 규 모였을 가능성이 보인다. 하지만 나중에는 7칸의 병문 기둥에 벼락이 떨어졌 다는 기록도 보이고[43] 명례방 동네에 허병문虛屛門이란 사료도 나타나[44] 병문의 형태도 여럿일 수 있음을 보여준다.

삼간병문에도 출입하는 예의가 있었던 모양인데 정간正間은 어로御路로 인정 하고 있다.[45] 같은 기사에서는 종루 어간도 어로로 인식하고 있다.[46]

....

[41] 『세종실록』 권 22, 세종 19년 6월 28일(병술).

[42] 『세조실록』 권 33, 세조 10년 7월 24일(을해), 『성종실록』 권 18, 성종 3년 5월 11일(정 미), 『성종실록』 권 217, 성종 19년 6월 7일(기해), 『연산군일기』 권 61, 연산군 12년 1 월 8일(무자).

[43] 『명종실록』 권 33, 명종 21년 10월 16일(계유).

[44] 『광해군일기』 권 33, 광해군 2년 9월 4일(병오).

[45] 『명종실록』 권 29, 명종 18년 10월 24일(기사).

6) 종묘 앞 누각의 건축형태와 구조

조선 초기에는 종묘 앞에도 누문을 조성하였다. 태종 13년(1413) 행랑 공사를 다시 시작하면서 경복궁 남쪽부터 종묘 앞까지 좌우 행랑 881칸을 지었는데 이때 종묘 앞 남로南路에 층루 5칸을 세우게 하였다.[47] 공사는 바로 시작하여 약 3개월이 지난 5월에 들어서 완공된 것으로 보인다. 태종 13년 5월 16일에 장행랑이 모두 지어졌고, 그 구간은 종루로부터 서북이 경복궁에 이르고, 동북은 창덕궁과 종묘 앞 누문이 이른다고 기록되어 있어[48] 이 무렵에 종묘 앞 누문도 마무리되었을 것으로 추정되기 때문이다.

소략한 사료지만 위에서 거론한 두 사료를 통해 종묘 앞에 지은 누각의 건축구조를 약간은 짐작할 수 있다. 먼저 층루 5칸이란 단서를 통해 정면 칸수는 5칸이며 최소한 2층 이상의 누각구조임을 알 수 있다. 또한 누문이란 명칭을 볼 때 누각 하부는 드나드는 데 쓰는 문이었음을 추리할 수 있다.

그런데, 세종 8년(1426)에 한성부에 큰 화재가 나서 경시서 북쪽의 행랑 106칸과 중부의 인가를 비롯하여 수많은 인명피해가 발생하였는데 종묘는 다행스럽게 화재를 피했으나[49] 종묘 앞 누문의 상황은 알려지지 않았다.

이때 발생한 화재 때문에 도성에는 곧바로 방화장防火墻이란 조치를 취하게 되었다. 화재 뒤 며칠 지나지 않아 행랑에 방화장을 쌓고 성내의 도로를 사방으로 통하게 만들었으며, 궁성이나 전곡錢穀이 있는 관청과 가까이 붙어 있는

----

46 같은 책. "심통원이 의논드리기를, '종루의 어간을 통행하는 것이 과연 미안하기 때문에 도감都監에서 다시 역대의 의궤儀軌를 상고하여본즉, 장순 빈嬪順嬪 때에 종루의 서쪽 허로虛路를 경유하여 나온 전례가 있었습니다. 다만 종루의 서쪽 처마 밑은 계단은 높고 도로는 낮아서 부득이 도로에 흙을 메워 계단과 서로 평평하게 만든 뒤에야 편안히 통행할 수 있습니다.'"

47 『태종실록』 권 25, 태종 13년 2월 6일(을묘).

48 같은 책, 태종 13년 5월 16일(갑오).

49 『세종실록』 권 31, 세종 8년 2월 15일(기묘).

가옥은 적당히 철거하고, 행랑은 10칸마다, 개인 집은 5칸마다 우물을 하나씩 파며, 각 관청 안에는 우물 두 개씩을 파서 물을 저장하여두고, 종묘와 대궐 안과 종루의 누문에는 불을 끄는 기계를 만들어서 비치해 화재가 발생하면 곧 쫓아가서 끄게 하는 대책을 마련하였다.[50] 종묘 누문에 이런 시설을 마련할 것을 지시하는 정황으로 미뤄 볼 때 태종 때 지은 종묘 앞 누문은 화재를 모면하였던 것으로 판단된다. 하지만 아쉽게도 이후 종묘 앞 누문에 관한 사료는 거의 보이지 않아 이후의 상황은 살피기 어렵다.

　　태종 때 지은 종묘 앞 누문의 정면 규모가 정면 5칸이고 누각구조라는 것은 단서에 지나지 않지만, 종각의 규모를 감안할 때 종묘 앞 누각의 측면 칸수는 4칸일 가능성이 크다고 판단된다.

3 • 종각의 건축형태와 구조

1) 조선 전기 종루의 건축형태와 구조

　　한양으로 도읍을 옮긴 조선 태조는 고려의 제도를 따라 태조 5년(1396) 청운교 서쪽(지금의 인사동 입구)에 각을 짓고 종을 걸어 종소리에 따라 각 성문을 열고 닫게 하였다. 즉 새벽종은 파루罷漏라 하여 오전 4시경에 33천天을 뜻하여 33번을 쳤고 저녁 종은 인경人定이라 하여 28숙宿을 뜻하여 28번을 쳤으며 도성 안에 큰 화재가 나도 종을 쳐서 성안 주민에게 알렸다. 이때 종루鐘樓의 건축형태는 2층 5칸이었다.[51] 아래 사료는 청운교 서쪽에 있던 처음 종루에 관한 내용이다.

50　같은 책, 세종 8년 2월 20일(갑신).
51　서울특별시사편찬위원회, 『서울六百年史』, 문화사적편, 714쪽.

임금이 종루鐘樓에 거둥하여 새로 주조鑄造한 종鐘을 보았다.[52]

종루鐘樓에 거둥하여 종을 다는 것을 보았다.[53]

종루鐘樓에 거둥하여 종을 쳐서 소리를 들었다.[54]

경루更漏를 종루鐘樓에 설치하였다.[55]

　태조가 조성한 종루는 태종 13년(1413)에 현재 종로네거리로 위치를 옮겼다. 태종은 행랑 역사를 다시 시작하면서 종묘 남로에 층루 5칸을 세우고 기존의 청운교의 서종루西鐘樓 2층 5칸을 순금사巡禁司 남쪽, 광통교의 북쪽(현 종로네거리)으로 옮기는 조치를 단행하였다.[56] 옮긴 이유는 실록에 구체적으로 드러나지 않으나 종소리를 듣지 못하는 일을 염려한다는[57] 기록이 간혹 보여 도성 곳곳에서 잘 들리게 하려는 의도가 내포되지 않았나 싶다. 태종 13년 4월에 들어서 종루가 완성되고 종을 매달았다고 하므로[58] 공사기간은 두 달 남짓 소요되었음을 알 수 있다.

　종루는 종을 걸고 치는 용도 외에도 석전石戰을 관람하는 용도로도 쓰였다. 세종 3년(1421) 임금은 상왕과 함께 종루에 행차하여 석전을 보고,[59] 세종 9년(1427)에도 사신들이 종루에 올라 돌싸움하는 유희를 구경하였다고 기록되어 있어[60] 종루 상부와 종로네거리 넓은 도로를 다용도로 사용하였음을 짐작할

....

52　『태조실록』 권 10, 태조 5년 12월 7일(신묘).

53　『태조실록』 권 13, 태조 7년 4월 15일(신묘).

54　같은 책, 태조 7년 4월 28일(갑진).

55　『태조실록』 권 14, 태조 7년 윤5월 10일(을유).

56　『태종실록』 권 25, 태종 13년 2월 6일(을묘).

57　『태종실록』 권 22, 태종 11년 12월 17일(계묘).

58　『태종실록』 권 25, 태종 13년 4월 11일(기미).

59　『세종실록』 권 12, 세종 3년 5월 4일(을축).

60　『세종실록』 권 36, 세종 9년 5월 3일(경인).

수 있다.

세종 8년(1426)에는 전옥서 서쪽의 민가에서 불이 일어나 일대 행랑을 태우고 종루에까지 미쳤으나 겨우 화재를 진압하여 종루는 보전되었지만 불꽃이 종루 동쪽까지 튀어서 인가가 연소되는 일이 일어났다.[61] 행랑을 설명할 때도 언급하겠지만 이때 화재로 인해 행랑에는 방화장을 쌓고 관청에 우물을 파서 물을 저장하며 누문에는 불 끄는 기계를 비치하였다가 대비하는 조치를 마련하게 되었다.[62]

종루의 또 다른 용도로는 도성 안의 화재를 감시하는 초소로도 쓰였음을 알수 있다. 세종 8년에 금화도감禁火都監에서 금화禁火하는 일에 대해 올린 문서를 보면, 화재에 대처하는 방안이 세 가지로 제시되어 있다.

1. 불을 끄는 사람이 인정人定이 지난 뒤에 불이 난 장소로 달려가다가, 혹 순관巡官에게 구류를 당하여 제때에 달려가서 끄지 못하게 되오니, 그들에게 신패信牌를 만들어 주어 밤중에 불을 끄러 가는 증명이 되게 할 것.
1. 화재가 발생했을 경우, 각처의 군인은 병조에서, 각 관청의 노예는 한성부에서 사찰하게 할 것.
1. "화재가 뜻밖에 발생했을 때에 멀리 떨어져 있거나, 혹은 밤이 깊어서 담당 관원이나 군인이 잘 알지 못하여 제때에 불을 끄지 못하게 되오니, 의금부로 하여금 종루를 맡아 지키게 하여, 밤낮으로 관망하다가 화재가 발생한 곳이 있으면, 곧 종을 쳐서 소리를 듣고 곧 달려가게 할 것입니다."
  하니, 명하여 계한대로 따르게 하되, 관공서에서 화재가 났을 때에만 종을 치게 하고, 그 밖에는 치지 말도록 하였다.[63]

....

61 『세종실록』 권 31, 세종 8년 2월 16일(경진).
62 같은 책, 세종 8년 2월 20일(갑신).
63 『세종실록』 권 31, 세종 8년 3월 3일(정유).

경복궁으로 통하는 주요 도로에 자리한 종루는 사신이나 나라의 경사, 임금의 행차 때 채색비단을 매서 장식하는 장소로도 쓰였다.[64] 금령을 요약한 글판을 만들어서 종루 등지에 걸기도 하였으며,[65] 노등路燈 행사도 열렸고,[66] 억울한 일을 당한 사람들이 종루에 올라가 함부로 종을 치는 일도 발생하였는데 이 때문에 세종 17년(1435)에는 의금부에서 문을 잠그고 임의로 치지 못하도록 하는 조처가 내려졌다.[67]

의정부에서 아뢰기를, "국초國初에는 사방으로 통하는 거리에 종루를 두고 의금부의 누기漏器를 맡은 사람으로 하여금 시각을 맞추어 밤과 새벽으로 종을 쳐서, 만백성의 집에서 밤에 자고 새벽에 일어나는 시기를 조절하게 하였으나, 그 누기가 맞지 아니하고, 또 맡은 사람의 착오로 인하여 공사간公私間의 출입할 때에 이르고 늦은 실수가 매우 많으므로 심히 불편하오니, 원컨대, 병조兵曹 장문墻門과 월차소月差所 행낭行廊과 수진방 동구洞口의 병문屛門에 집을 짓고 모두 금고金鼓를 설치하여 궁중의 자격루自擊漏 소리를 듣고, 이것을 전하여 종을 쳐서 의금부까지 이르게 하여 영구히 항식으로 삼게 하옵소서."하니, 그대로 따랐다.[68]

세종 22년(1440)에는 종루를 완성하였다는 기사가 보인다.[69] 이때 전보다 규모를 확장하였다고 알려져 있다.[70] 그 후 세종 22년(1440)에 종전에 있었던 종

....
64 『세종실록』 권 36, 세종 9년 4월 21일(기묘).
65 『세종실록』 권 43, 세종 11년 2월 5일(신사).
66 『세종실록』 권 53, 세종 13년 9월 12일(계유). "창성昌盛이 두목을 시켜 지등紙燈 700개를 만들어 숭례문崇禮門으로부터 누문樓門 · 종류鍾樓 · 야지현也知峴 · 개천로開川路 위에까지 열 자가량씩 격하여 길 위에 잇달아 등燈을 달고 불을 켜서 예배를 행하고, 악공 18명과 승도 20명으로 하여금 소리를 하며 즐겼는데, 이름을 노등路燈이라고 불렀다."
67 『세종실록』 권 67, 세종 17년 1월 14일(병술).
68 『세종실록』 권 77, 세종 19년 6월 28일(병술).
69 『세종실록』 권 89, 세종 22년 5월 13일(갑인).

루를 헐고 개구改構하였는데, 그 이유는 자세히 알 수 없으나 종각의 규모를 크게 한 것으로 추측된다. 『증보문헌비고增補文獻備考』에 의하면 이때 규모는 동서 5칸, 남북 4칸으로 위층에는 종을 달고 누 아래로는 인마人馬가 다니게 하였다. 『동전고東典考』에는 세종 때 층루로 만들고 종을 걸었다고 나와 있다.[71] 세조 4년(1458) 새로 주조한 대종을 종루 아래에 매달았다고 한다.[72] 도성 안 중심에 있고 단층 건물이 즐비한 상황에서 종루 상부는 세종 때 이후 화재를 살피는 망루 용도로도 쓰였다.[73]

불을 끄는 사목事目을 도총부·병조·공조·한성부에 내려주었는데, 그 사목에 이르기를,

"1. 문서가 있고 전곡이 있는 여러 관사는 방화장을 쌓을 것.

1. 불을 끄는 군사 50인을 정하여 도끼 20개, 철구鐵鉤 15개, 숙마긍熟麻絚 5개를 주고, 종루에 올라가서 망을 보게 할 것.

1. 여러 관사에 불을 끄는 기계와 숙직하고 순경하는 등의 일은 도총부와 승정원에서 무시로 검찰하고, 또 병조·공조·한성부의 낭관이 매 철 계월에 불을 금지하는 근만勤慢을 자세히 기록하여서 아뢸 것.

1. 5부의 방리에서 대호大戶에서는 도끼 3개, 철구 2개, 장제長梯 1개를 준비하고, 중호中戶에서는 도끼 2개, 철구 1개, 장제 1개를 준비하고, 소호小戶에서는 각기 도끼 1개를 준비하되, 3호에서 아울러 장제 1개를 준비하여, 화재를 방지하며, 한성부의 낭관과 5부의 관원이 무시로 검찰할 것"이라 하였다.

다른 상세한 건축특성은 살피기 어려우나 조선 전기 사료에는 종루를 분명

......
70 『증보문헌비고』 권 38, 여지고 26, 궁실 2.
71 『동전고東典考』, 世宗搆層樓懸鍾鼓以警晨昏權近撰鐘銘幷序.
72 『세조실록』 권 11, 세조 4년 2월 11일(경자).
73 『세조실록』 권 44, 세조 13년 12월 20일(임자).

하게 구분하여 기록하고 있어 종루가 누각구조의 건축형태임을 시사해준다. 조선 전기 사료에 드러나는 종각은 대개 광화문 앞에 지은 종각으로 종루와 종각은 위치, 건축구조뿐 아니라 그 나름대로의 위상에도 차이가 있었음을 짐작할 수 있다.

종루는 임진왜란 때 소실된 것으로 보인다. 선조 28년(1595) 군기시에서 각종 화포를 주조하는 일에 앞서서 종루의 깨진 종을 캐냈다고 보고하고 있다. 2/5쯤은 녹아 떨어져 나가고 나머지가 대략 2만근이 되나 중기重器를 부수어 다른 물건으로 주조하는 일이 온당치 않다는 물의가 있음을 언급하면서 호조로 하여금 처리하게 하자는 의견을 올렸다.[74] 깨진 종루의 종을 처리하라는 지시를 받은 호조에서는 2만 근의 중기를 옮기기가 매우 어렵다는 사정을 설명하고 뒷날에 대비하여 현재 있는 곳에 묻어 두고 이를 수호하는 인력을 배치하기를 아뢰었다.[75]

(2) 조선 후기 종각의 건축형태와 구조

종루는 바로 중건하지 못한 채 시간이 지나갔다. 광해군 9년(1617)에는 종루 옛터에 무뢰배들이 모여서 물건을 강매하는 일이 벌어졌는데 초석 위에다 목면을 진열해두었다는 사실로 미뤄[76] 초석만은 남아 있었던 것으로 짐작된다.

광해군 11년(1619)에 들어서 종루 중건은 속도를 내기 시작하였다. 종루를

....

74 『선조실록』 권 64, 선조 28년 6월 4일(을사). 회암사檜巖寺 옛터에 큰 종이 있는데 또한 불에 탔으나 전체는 건재하며 그 무게는 이 종보다 갑절이 된다고 합니다. 이것을 가져다 쓰면 별로 구애될 것이 없습니다. 그리고 훈련도감도 조총을 주조하는데 주철이 부족하니, 그 군인들과 힘을 합해 실어다가 화포에 소용될 것을 제외하고 수를 헤아려 도감에 나누어 쓰면 참으로 편리하겠습니다.

75 같은 책, 선조 28년 6월 5일(병오).

76 『광해군일기』 권 114, 광해 9년 4월 3일(정유).

속히 중건하고 금종金鐘을 즉각 다시 달도록 하라는 임금의 지시가 내려졌다. 하지만 병조에서 서울과 지방의 모두 재료가 고갈되어 종루를 중건하기란 쉽지 않으니, 우선 전일의 규정에 따라 종각을 개조하고 즉시 종을 다는 게 좋겠다는 의견을 개진하자 임금이 이를 받아들였다.[77] 결국 종루를 옛터에 짓는 것으로 결정이 났다.[78]

인조 25년(1647)에는 종루의 종이 저절로 울려 시장 사람들이 담을 치듯 모여서 구경하기도 하였다.[79]

현종 12년(1671)에는 종루와 경복궁 앞과 동대문 안 등 세 곳의 큰 종에서 진액이 흘렀는데 빛은 옅은 황색이고 맛은 조금 짰다고 되어 있다.[80] 이를 통해서 당시 도성 안에는 종루, 경복궁 앞, 동대문 안 등 세 곳에 큰 종을 달아 사용하였음을 알 수 있다.

숙종 11년(1685) 1월에는 종각에 불이 났는데, 3일 안에 고쳐 세우기를 명했다는 기록이 있어[81] 전소가 아니라 부분 훼손으로 짐작된다. 그런데 이로부터 정말 3일 만인 같은 달 11일에 종각을 개수하여 세웠다.[82] 개수공사 기간을 감안하면 공사범위는 아주 소규모였을 것으로 판단된다.[83]

....

[77] 『광해군일기』 권 139, 광해 11년 4월 14일(정묘).

[78] 같은 책, 광해 11년 4월 25일(무인). "전교하기를, '종루鐘樓를 옛터에 지을 것이니, 병조의 당상과 낭청의 각 1명이 중사와 함께 성지性智에게 가서 상세히 문의하라' 하였다. 성지는 곧 영남의 승려로서 풍수학風水學을 조금 아는데 내시의 연줄을 타고 들어와 두 궁궐의 터를 잡았다. 이로 인해 그 무리와 함께 새 궁전의 별당에 들어와 거처하면서 조정의 벼슬아치를 얕잡아 보았고 연달아 큰 역사를 일으키자, 조정과 재야가 분노하고 미워하였는데, 계해년 반정 후에 죽였다."

[79] 『인조실록』 권 48, 인조 25년 3월 22일(계해).

[80] 『현종실록』 권 19, 현종 12년 10월 4일(임오).

[81] 『숙종실록』 권 16, 숙종 11년 1월 9일(기사).

[82] 같은 책, 숙종 11년 1월 11일(신미).

[83] 『서울六百年史』(문화사적편, 715쪽) 등에서는 숙종 12년에 화재가 일어났고 이때 다시 세웠다고 하였다.

종각은 임금이 백성을 만나는 자리로도 쓰였다.[84] 영조는 여러 차례 종각에서 연을 멈추고 백성을 만나 대화를 나눴다.

정조 5년(1781)에는 대궐과 가종街鐘(종각을 말함)사이의 거리가 멀어 경루更漏(밤 시간을 표시하는 물시계)가 내리지 않았는데도 종을 친 일이 일어났다.[85]

정조 11년(1787)에 "일찍이 실록實錄에 살펴 낸 것을 보고 비로소 제치制置한 본의本意를 알았다. 종을 둔 곳은 모두 세 곳이었는데, 첫 번째는 광화문光化門이니 지금의 부어교 종각鮒魚橋鍾閣이 이것이고, 두 번째는 누가樓街이니 지금의 종각이 이것이고, 세 번째는 종현鍾峴이니 지금은 종이 보존되지 않고 고개 이름만 전한다"[86]고 기록되어 있어 도성 안의 종을 두는 건물의 위치를 알려준다. 앞서 살펴본 조선 전기, 현종 때 사료와 일치하는 기록이다.

고종 1년(1864) 지전紙廛에서 불이 나서 종각까지 번지는 바람에 종각은 철거해야 할 정도로 손상을 입었으나 다행스럽게 종은 화를 모면하였다.[87] 두 달여 뒤에는 종각을 고쳐 짓는 공사가 거의 막바지에 도달하자 종을 걸어 인정과 파루를 전례대로 거행하겠다는 보고가 올려졌다.[88] 며칠 뒤에는 종각을 개건하는 일을 맡았던 감동당상 이하에게 시상을 하여[89] 공사는 이즈음 마무리된 것으로 짐작된다. 그런데 이로부터 겨우 5년이 지난 고종 6년(1869)에 마상전에서 발생한 화재가 번져 또 종각이 훼손되었으나 종은 무사하였다.[90]

종각은 고종 6년(1869) 종로1가 일대에 대화재가 발생하여 포전布廛, 지전紙廛, 동상전東床廛 등과 함께 소실되어 10월에 다시 건립되었으며 고종 32년(1895) 3월 15일 임금이 사액을 내려 '보신각普信閣'이란 현판을 건 뒤부터 보신각이라 부

....

84 『영조실록』 권 93, 영조 35년 2월 2일(계축).
85 『정조실록』 권 11, 정조 5년 2월 2일(을사).
86 『정조실록』 권 24, 정조 11년 8월 26일(신유).
87 『고종실록』 권 1, 고종 1년 4월 20일(경인).
88 같은 책, 고종 1년 5월 24일(계해).
89 같은 책, 고종 1년 5월 28일(정묘).
90 『고종실록』 권 6, 고종 6년 9월 4일(임신).

르고 있다.[91] 이때의 건물은 정면 3칸, 측면 2칸의 단층 팔작지붕이었다.

이 종각은 1915년 도로를 보수할 때 원래 있던 위치에서 약간 뒤로 옮겨졌으나 1950년 6·25 전쟁으로 파괴되어 1953년 12월 12일 그 위치에서 다시 뒤로 물려 중건되었다. 1979년 8월 15일 다시 뒤로 물려 대지를 145평에서 850여 평으로 확장하고 주위에 돌난간을 돌렸으며 정면 5칸, 측면 4칸 연건평 144평의 중층重層 누각을 철근 콘크리트조로 재건하고 상층에 종을 걸었다.[92]

보신각 옆 중관왕묘 배면
자료_ 문화콘텐츠진흥원 / 디지털한양.

보신각 서편 지하 3m에서 지하철 공사를 하다가 발견된 주초석과 장대석長臺石은 현재 서울역사박물관 전면 광장에 전시되어 있다. 이들의 규모로 보아 종루의 규모도 컸고 다락 밑으로 수레가 다닐 수 있도록 높게 지었던 것으로 보아 임진왜란으로 불타기 전의 유구로 추정된다.

1912년 지적도상의 중관왕묘
자료_ 문화콘텐츠진흥원 / 디지털한양.

원래 종루 터는 종로구간 지하철 공사 때 지하 4~5m 아래에서 발견되었다. 당시 거대한 초석 11개와 기단에 사용되었던 장대석 몇 점도 함께 출토되었다.

----

91 서울특별시사편찬위원회, 『서울六百年史』, 문화사적편, 715쪽.

92 같은 책, 715쪽.

이 초석 하나의 무게가 5톤에 달해 원래 2층 누각 건물의 종루가 있었음을 알게 되었다. 결과적으로 태조 때의 종각이 세종 때 종루로 개축될 시기의 지표면은 지금보다 4~5m 아래에 있었음을 짐작하게 되었다.[93]

조선 말기 보신각 옆에는 관왕묘關王廟가 자리를 잡고 있었다. 서울 한 가운데에 있기 때문에 동서남북 관왕묘에 빗대서 중관왕묘中廟로 불렸으며 시전상인 가운데 백목전에서 이를 기렸다. 보신각을 촬영한 여러 사진자료 가운데 하나에서 보이는 보신각 바로 옆에 붙은 작은 기와집이 바로 중관왕묘이다. 남쪽으로 출입문을 냈기 때문에 종로 방향에서는 벽체만 보인다. 1912년 당시 지적도에서도 보신각 바로 옆에 작은 필지 하나가 붙어 있는데 바로 이 필지가 동관왕묘이다.

93 조유전, "조유전의 문화재 다시보기 52: 보신각종의 수난", http://news.hankooki.com.

집필에 도움을 주신 분들 ───────────────

자료정리 및 편집	남성우	도시공간연구실 연구원
	최재은	도시공간연구실 연구원
	임동민	도시공간연구실 연구원

자료수집 및 도면제작 김문이 김사리 김환성 윤혜정 조은정

중심대로 구상안 검토 김용미 조영귀 (주)금성종합건축사사무소

중심대로 사료 검토 이경미 박진홍 (재)역사문화기술연구소

시민의식설문 조사·분석 변미리 미래사회연구실 연구위원

장현중 (주)리서치플러스

* 이 책은 서울연구원의 정책연구로 수행한 결과물임.

지은이_ **임 희 지** ───────────────

서울대학교 환경대학원에서 도시설계를 전공하고 박사학위를 받았다. 2007년에는 콜럼비아 대학교 건축도시계획보존대학원에서 방문연구원으로 뉴욕대도시권 공간변화 연구를 수행했으며, 서울대학교·중앙대학교·홍익대학교에서 강의했다. 서울연구원 도시공간연구실장을 역임하면서 지난 10여 년간 청계천 복원 등 서울 도심부의 연구 및 정책 수립에 관여해왔다.

현재 서울연구원에서 연구위원으로 재직하면서 역사도심 관리 기본계획에 참여하고 있다. 서울시 도시계획정책자문단과 주거재생정책자문단 위원으로도 활동 중이다.

한울아카데미 1666
한성의 정체성 회복 이야기
개잔 이후 한성의 공간변천사

ⓒ 임희지, 2014

지은이 | 임희지
펴낸이 | 김종수
펴낸곳 | 도서출판 한울
편집 | 김경아

초판 1쇄 인쇄 | 2014년 2월 10일
초판 1쇄 발행 | 2014년 3월 5일

주소 | 413-756 경기도 파주시 파주출판도시 광인사길 153 한울시소빌딩 3층
전화 | 031-955-0655
팩스 | 031-955-0656
홈페이지 | www.hanulbooks.co.kr
등록번호 | 제406-2003-000051호

ISBN 978-89-460-5666-4 93980

* 책값은 겉표지에 있습니다.